全国高等专科教育计算机类规划教材

计算机文化基础应用教程

第2版

主　编　尤霞光
副主编　杨　晔
参　编　张　靖　魏春雪　高　英

机 械 工 业 出 版 社

本教材是根据“高职高专教育计算机文化基础课程教学基本要求”，贯彻教育部2006年16号“关于全面提高高等职业教育教学质量的若干意见”的文件精神，在继承原有教材建设成果的基础上，充分吸取高职高专近几年计算机文化基础教学改革经验编写而成的。

本教材共分8章，内容包括：计算机基础知识、Windows XP操作系统、Word 2003、Excel 2003、PowerPoint 2003、计算机网络基础、计算机信息安全、常用工具软件等内容。为配合教学需要，本教材部分章节附有习题。不同专业按需要自行取舍教学内容，学生也可以根据各自所需选择习题练习。通过本课程的教学，为后续计算机课程及其他相关课程打下基础。

本教材主要适用于各专业“计算机文化基础”课程教学。

通过本教材的学习，读者可以很快掌握计算机文化基础各部分内容的基本功能和使用方法。本教材力求通俗易懂，可作为大、中专学生学习计算机的入门教材，同时也可作为各行各业计算机初学者的自学教材及必备参考书。

本教材配有电子教案及习题答案，可登录机械工业出版社教材服务网www.cmpedu.com下载，或发送电子邮件至cmpgaozhi@sina.com索取。咨询电话：010-88379375。

图书在版编目(CIP)数据

计算机文化基础应用教程/尤霞光主编. —2版. —北京：机械工业出版社，2009.2(2012.10重印)
全国高等专科教育计算机类规划教材
ISBN 978-7-111-19133-9

Ⅰ.计… Ⅱ.尤… Ⅲ.电子计算机—高等学校—教材 Ⅳ.TP3

中国版本图书馆CIP数据核字(2008)第148948号

机械工业出版社(北京市百万庄大街22号 邮政编码100037)
策划编辑：王玉鑫 责任编辑：王玉鑫 责任校对：李 婷
封面设计：王伟光 责任印制：乔 宇

北京铭成印刷有限公司印刷

2012年10月第2版第4次印刷
184mm×260mm·16印张·395千字
9001—11500册
标准书号：ISBN 978-7-111-19133-9
定价：29.00元

凡购本书，如有缺页、倒页、脱页，由本社发行部调换

电话服务	网络服务
社服务中心：(010)88361066	教材网：http://www.cmpedu.com
销售一部：(010)68326294	机工官网：http://www.cmpbook.com
销售二部：(010)88379649	机工官博：http://weibo.com/cmp1952
读者购书热线：(010)88379203	**封面无防伪标均为盗版**

第2版前言

自《计算机文化基础应用教程》出版以来，得到了各高职高专院校的专家、教师和广大学生的好评和支持，并迅速得到了广泛的使用，对此，我们深感荣幸且倍受鼓舞，同时对关心、支持并对本书提出意见和建议的专家、教师及广大读者表示衷心的感谢！

本教材是根据“高职高专教育计算机文化基础课程教学基本要求”，贯彻教育部2006年16号“关于全面提高高等职业教育教学质量的若干意见”的文件精神，在继承原有教材建设成果的基础上，充分吸取高职高专近几年计算机文化基础教学改革经验编写而成的。编者用通俗的语言对计算机的基础知识进行深入浅出的介绍。通过学习，学生对计算机的基础知识有一个初步的了解，同时掌握 Windows XP 操作系统和 Office 2003 的基本操作方法，计算机网络的基础知识，计算机信息安全的知识和常用工具软件的使用。

由于计算机技术飞速发展的特点，客观上要求计算机基础教育在教学内容上必须迅速跟上，尤其在“计算机文化基础”这一层次的课程上，其内容的变化和更新更快。因此，我们及时对《计算机文化基础应用教程》一书进行修订，供大家学习、教学和实践使用。在第2版中编者添加了许多图片，以便对概念能够更加直观地理解，并对习题进行了补充和调整。

本教材的最大特点是紧跟计算机发展的最新技术，介绍常用软件并增加了近几年发展的新知识、新技术。例如：①最常用的移动硬盘、U 盘、MP3 和 MP4；②计算机常用软件（介绍目前用得较多的卡巴斯基杀毒软件、目前特别流行的迅雷和 Web 迅雷等下载软件、WinRAR 等压缩软件的使用。对新出现的“熊猫烧香”病毒也做了介绍）；③增加了计算机网络知识介绍（如网络设备交换机、路由器）；④增加了一般的课本中没有介绍，但却最常见的计算机知识（如机房中的硬盘保护卡和软件加密的方法，在同是教育网中下载软件最快的方法等）。

本教材共分为8章。第1章介绍了计算机的基础知识，第2章介绍了 Windows XP 操作系统的基本知识和操作，第3章对 Word 2003 的功能及使用作了详细说明，第4章介绍了 Excel 2003 的功能和使用方法，第5章对 PowerPoint 2003 的使用作了介绍，第6章介绍了计算机网络的基础知识，第7章介绍计算机信息安全的知识，第8章介绍了常用工具软件的使用。

本教材由尤霞光任主编，负责组稿、统稿；杨晔任副主编。其中张靖编写了第1章，杨晔编写了第2、5章，尤霞光编写了第3、6章，魏春雪编写了第4章，高英编写了第7、8章。

由于时间仓促，加上编者的水平有限，书中难免有不足之处，欢迎大家批评指正。邮箱地址：youxg66@163.com。

编　者

第1版前言

随着信息科学的迅猛发展与广泛应用，人类社会的发展进程以至人们的工作方式与思维方式均受到了深远的影响，发生了巨大的改变。作为信息科学核心的计算机更是渗透到了社会的各个领域。随着经济社会的发展，计算机知识的掌握与应用已成为人们工作生活必备的一项能力，任何一位专业技术人才都应该随着计算机技术的发展而学习和更新相应的计算机知识。

“计算机文化基础应用教程”是大学生学习计算机的基础课。编写本教材的出发点是：使学生对计算机的产生、发展、特点与运用等基本知识有一个初步的了解；让学生对计算机的硬件、软件、计算机系统构成、操作系统、计算机网络等概念有初步的认识；同时，要使学生掌握 Windows XP 操作系统与 Office 2003 等常用软件的基本操作方法；本教材还对计算机网络和计算机安全方面的知识作了简单的介绍，对计算机的一些常用软件的使用方法也作了介绍。希望学生通过对本教材的学习，可以为后继的计算机课程学习打好基础。

主要内容：《计算机文化基础应用教程》共分 8 章。第 1 章介绍了计算机的基础知识。第 2 章介绍了 Windows XP 操作系统的基本知识和操作。第 3 章对 Word 2003 的功能及使用作了详细说明。第 4 章介绍了 Excel 2003 的功能和使用方法。第 5 章对 PowerPoint 2003 的使用作了介绍。第 6 章介绍了计算机网络的基础知识。第 7 章介绍了计算机信息安全的知识。第 8 章介绍了常用工具软件的使用。

适用对象：参加本教材编写的教师根据多年的教学经验和学生特点以及计算机技术的发展趋势，用通俗的语言，对计算机的基础知识进行了深入浅出的介绍。在全体参编教师的共同努力下，本教材做到了通俗易懂、实用性强，可作为大、中专学生学习计算机基础知识的入门教材，适合各高等院校、高职高专及中等专业学校作为计算机基础教学用书，也适合广大计算机应用技术人员和计算机爱好者用来学习参考。

编写分工：本教材由尤霞光任主编，负责组稿、统稿；杨晔任副主编。由尤霞光、杨晔、王珊君、邱文严、陈建国、高英担任全书的编写工作。其中邱文严编写了第 1 章，杨晔编写了第 2、5 章，尤霞光编写了第 3 章，王珊君编写了第 4、8 章，陈建国编写了第 6 章，高英编写了第 7 章。王珊君在编写时得到了陈芳和宋丽蓉两位老师的帮助，在此表示感谢。

由于时间仓促，加上水平有限，书中难免有不足之处，欢迎大家批评指正。邮箱地址：youxg66@163.com。

编　者

目　录

第1章　计算机基础知识

学习目标

1）了解计算机的概念、发展、分类以及计算机的特点和应用。

2）掌握计算机的系统组成。

3）熟练使用鼠标、键盘等输入/输出设备。

4）掌握一种常用中文输入法。

5）了解外部存储器的使用方法。

6）了解多媒体的技术基础。

7）掌握二进制、八进制、十六进制、十进制之间的相互转换。

1.1　概述

1.1.1　计算机的定义

计算机在我们的学习、生活和工作中几乎无所不能，我们可以用它来上网、写作和炒股，甚至可用它在工作中进行远程管理和远程监督。计算机是电子数字计算机的简称，它是一台能存储程序和数据，并能自动执行程序的机器；是一种能对各种数字化信息进行处理，即协助人们获取、处理、存储和传递信息的工具。它由电子器件组成，再配以程序。程序输入后，执行程序，自动工作。为了便于程序和数据的输入/输出，计算机还配以外部设备，如键盘、鼠标、显示器、打印机等。

1.1.2　计算机的发展

1. 计算机的产生

20世纪中期，电子技术的迅速发展，为现代电子计算机的产生创造了条件。1946年，世界上第一台电子数字计算机研制成功，取名为ENIAC(Electronic Numerical Integrator And Calculator)。ENIAC采用电子管为基本器件，使用了18000只电子管，占地170m^2，重达30t，功率140kW，内存储器容量17KB，字长12位，每秒可进行5000次加法运算，价值40多万美元，是一个昂贵又耗电的“庞然大物”。它的诞生宣布了电子计算机时代的到来，奠定了计算机发展的基础，开辟了计算机科学技术的新纪元。第一台电子数字计算机主要用于新武器的研制，它把过去需要100多名工程师一年才能解决的导弹弹道计算问题缩短为两个小时完成，大大地提高了工作效率，促进了科学技术的发展。1951年，在美籍数学家冯·诺依曼(John Von Neumann)的主持和参与下研制成的EDVAC(Electronic Discrete Variable Automatic Computer)计算机，完全实现了冯·诺依曼所提出的“存储程序”的思想，故称为冯·诺依曼计算机。

2. 计算机的发展阶段

从第一台电子计算机的诞生到现在，已经走过了半个多世纪的发展历程。在这期间，计算机的系统结构不断变化，经历了主机——微机——网络等阶段，所用的电子器件经历了电子管、晶体管、集成电路、超大规模集成电路等阶段，使计算机的体积越来越小，功能越来越强，价格越来越低，应用领域越来越广泛。根据计算机所采用的主要物理器件，将计算机的发展划分成以下几个阶段，一个阶段称为一代。

（1）第一代(1946~1957年)——电子管　第一代计算机的基本电子器件是电子管。主存储器使用的是延迟线，外存储器有穿孔纸带、穿孔卡片和磁鼓，运算速度为每秒几千到几万次。编程语言采用最基本的机器语言和汇编语言，主要用于科学计算。其特点是主存储器容量小、体积大、功耗大、成本高。到了后期，开始用磁芯构成主存储器，而且出现了高级语言。

（2）第二代(1958~1964年)——晶体管　第二代计算机的基本电子器件是晶体管。主存储器主要使用的是磁芯存储器，外存储器有穿孔纸带、磁鼓、磁盘和磁带等。程序设计语言主要使用汇编语言和高级语言。在对计算机管理方面出现了操作系统。主存储器容量大幅度增加，可达几百千字节。运算速度明显提高，达到每秒100万次以上。而且体积和功耗减小，可靠性提高，主要用于科学计算和自动控制方面。

（3）第三代(1965~1970年)——中小规模集成电路　第三代计算机的基本电子器件是集成电路。所谓集成电路，是把许多晶体管电路制作在一块半导体芯片中。由于是在几平方毫米的半导体芯片上制作几十到几百个晶体管电路，因此称为中、小规模集成电路。主存储器仍以磁芯存储器为主，容量增大，外存储器主要使用磁盘和磁带。操作系统进一步发展，高级语言种类增加，功能增强。体积进一步减小，功耗进一步降低，可靠性比第二代提高了一个数量级，运算速度可达每秒1000万次。产品向标准化、模块化和系列化的方向发展。在这一时期，突破性的发展是计算机与通信技术相结合，出现了计算机网络。除了用于科学计算、工业自动控制之外，计算机开始用于数据信息处理和事务管理等方面。

（4）第四代(1971年至今)——大规模/超大规模集成电路　第四代计算机的基本电子器件是大规模或超大规模集成电路。在几平方毫米的半导体芯片上制作几万到上千万个晶体管电路。主存储器使用半导体存储器，容量大幅度增加，可达几十兆字节到几十吉字节，巨型机可达上百吉字节。外存储器主要有磁盘、磁带和光盘。在进入20世纪70年代后，计算机进一步向标准化、模块化、系列化和多元化方向发展，各种系列机大量涌现，运算速度可达每秒几亿至千万亿次以上。尤其是20世纪80年代以来，微型计算机迅速发展，其数量和功能几乎每年增加一个数量级，而成本则急剧下降。操作系统进一步发展，种类进一步增加，功能进一步增强和完善，而且发展成为集成化环境。随着操作系统的发展，涌现出大量功能很强的高级语言。与此同时，各种高性能的外部设备出现，且与多媒体技术结合，产生了大量高性能的多媒体计算机。在计算机网络方面，进一步与通信技术结合，向着立体化、全球化的方向发展，使各种局域网、广域网遍及全球，如国家信息网、教育与科研网以及Internet等。

新一代计算机(New Generation Computer)或未来型计算机(Future Generation Computer)应该是一种智能计算机。从20世纪80年代开始，日本、美国以及欧洲共同体都相继开展了新一代计算机(FGCS)的研究。新一代计算机是把信息采集、存储、处理、通信和人工智能结合在一起的计算机系统，它不仅能进行一般信息处理，而且能面向知识处理，具有形式推理、联想、学习和解释能力，能帮助人类开拓未知的领域和获取新的知识。

3. 计算机的发展趋势

计算机的发展表现为五种趋势：巨型化、微型化、网络化、多媒体化和智能化。

（1）巨型化　巨型化是指发展高速、大存储容量和强功能的超大型计算机。这既是天文、气象、宇航等尖端科学以及进一步探索的新兴科学如基因工程、生物工程的需要，也是让计算机具有人脑学习、推理的复杂功能的要求。

（2）微型化　微型化是指计算机的结构紧凑、体积小。微处理器是把构成计算机的中央处理器制作在一块集成电路芯片中。微型化计算机起始于 1971 年，至今已经历了 4 个发展时期。在微处理器和单片机的基础上出现了许多个人计算机、专用工业控制机、笔记本计算机、单片机装置以及各种形式的掌上计算机等。

（3）网络化　计算机网络是用通信线路把不同地域的多台计算机连接起来，一方面希望众多用户能共享信息资源，另一方面也希望各计算机之间能相互传递信息进行通信，真正实现信息交流和资源共享。计算机网络技术是在 20 世纪 60 年代末到 70 年代初开始发展起来的，由于它符合社会发展的趋势，因此发展的速度很快。目前，已经出现了许多网络产品，应用也比较普遍，尤其在现代企业的管理中发挥着越来越重要的作用。实际上，像银行系统、商业系统、交通运输系统等单位，要真正实现自动化，具有快速反应能力，都离不开信息传输，离不开计算机网络。现在各种局域网、广域网遍及全球，例如我国的 Chinanet、CERNET 以及全球化的 Internet 已融入我们的日常生活之中。Internet 是目前世界上规模最大、用户最多、资源最丰富，几乎覆盖全球的计算机网络，由于它把各种计算机网络连接在一起，因此也称为“网上网”。

计算机网络与通信网的结合，可以使众多的计算机不仅能够同时处理文字、数据、图像、声音等信息，而且还可以使这些信息四通八达，及时与全国乃至全世界的信息进行交换。随着社会及科学技术的发展，对计算机网络的发展提出了更高的要求，同时也为其发展提供了更加有利的条件。

（4）多媒体化　多媒体是“以数字技术为核心的图像、声音与计算机、通信等融为一体的信息环境”的总称。多媒体技术的目标是：无论在什么地方，只需要简单的设备就能自由自在地以交互和对话方式收发所需要的信息。多媒体技术的实质就是让人们利用计算机以更接近自然的方式交换信息。

（5）智能化　智能化是建立在现代化科学基础之上、综合性很强的边缘学科。它是让计算机来模拟人的感觉、行为、思维过程，是用计算机模拟人脑的逻辑思维、逻辑推理，使计算机能自我学习，进行知识积累、知识重构和自我完善。从目前的发展来看，人工智能包括三个方面，即知识工程、模式识别和机器人学，其核心是知识工程。知识工程建立在专家系统的基础上，用计算机对专家的知识和经验进行组织、加工和处理，模拟专家们的思维方法进行推理，并预测未来的发展。计算机在推理的过程中不断学习，进行知识的积累和更新。

1.1.3　计算机的分类

1. 按处理方式分类

按处理方式分类，可以把计算机分为模拟计算机、数字计算机以及数字模拟混合计算机。模拟计算机主要用于处理模拟信息，如工业控制中的温度、压力等。该类计算机的运算部件是一些电子电路，运算速度极快，但精度不高，使用也不够方便。数字计算机采用二进制运算，特点是解题精度高，便于存储信息，是通用性很强的计算工具，既能胜任科学计算和数字处理，也能进行过程控制和CAD/CAM等工作。混合计算机是取数字、模拟计算机之长，既能高速运算，又便于存储信息，但这类计算机造价昂贵。现在人们所使用的大都属于数字计算机。

2. 按功能分类

按计算机的功能分类，一般可分为专用计算机与通用计算机。专用计算机功能单一，可靠性高，结构简单，适应性差。但在特定用途下最有效、最经济、最快速，是其他计算机无法替代的，如军事系统、银行系统的计算机等。通用计算机功能齐全，适应性强，目前人们所使用的大都是通用计算机。

3. 按规模分类

按照计算机规模，并参考其运算速度、输入/输出能力、存储能力等因素划分，通常将计算机分为巨型机、大型机、小型机、微型机等几类。

(1) 巨型机　巨型机运算速度快，存储量大，结构复杂，价格昂贵，主要用于尖端科学研究领域，如IBM390系列、银河机等。

(2) 大型机　大型机规模次于巨型机，它有比较完善的指令系统和丰富的外部设备，主要用于计算机网络和大型计算中，如IBM4300。

(3) 小型机　小型机较之大型机成本较低，维护也较容易，小型机用途广泛，可以用于科学计算和数据处理，也可用于生产过程自动控制和数据采集及分析处理等。

(4) 微型机　微型机由微处理器、半导体存储器和输入/输出接口等芯片组成，使得它比小型机体积更小、价格更低、灵活性更好、可靠性更高、使用更加方便。目前许多微型机的性能已超过以前的大中型机。

4. 按照工作模式分类

按照工作模式分类，可分为两类：服务器和工作站。

(1) 服务器　服务器是一种可供网络用户共享的、高性能的计算机。服务器一般具有大容量的存储设备和丰富的外部设备，运行网络操作系统，要求较高的运行速度，对此，很多服务器都配置了双CPU。服务器上的资源可供网络用户共享。

(2) 工作站　工作站是高档计算机，它的独到之处是易于联网，配有大容量主存，大屏幕显示器，特别适合于CAD/CAM和办公自动化。

1.1.4　计算机的特点

现代电子数字计算机与以往的计算工具有着本质的区别。计算机不仅可以高速地进行数字计算与数据信息处理，而且具有超强的记忆功能和高可靠性的逻辑判断能力。计算机今天的功效是当初设计者远远没有想到的，主要特点可概括如下：

1) 由基本电子器件构成，采用二进制计数方式。计算机是由电子器件组成的，考虑到经济、可靠、容易实现、运算简便、节省器件等因素，在计算机中的数都是用二进制表示而不是用十进制表示。这是因为二进制计数只需要两个数字符号0和1，在电路中用两种不同的状态——低电平(0)和高电平(1)来表示，其运算电路的实现比较简单；而要制造出具有10种稳定状态的电子器件分别代表十进制中的10个数字符号是很困难的。在计算机内部，一切信息(包括数值、字符、指令等)的存储、处理与传送均采用二进制。

2）除了数值计算和逻辑运算之外，计算机还能处理包括数字、文字、符号、图形、图像以及声音在内的所有可转换成数字信号的信息。

3）采用“存储程序”的方式进行工作。计算机是由程序控制其操作过程的。只要根据应用需要，事先编制好程序并输入计算机，计算机就能自动地、连续地工作，完成预定的处理任务。计算机中可以存储大量的程序和数据，因此，计算机的全部工作过程就是执行程序的过程。

4）具有超强的信息存储能力和高速的运算与信息处理能力。现代计算机都配有大容量的存储器，仅微型计算机的内存储器容量就有几十兆字节至几吉字节。外存储器采用可更换的磁盘、磁带或光盘，从而构成海量存储器，存储容量大使得计算机不仅可以存储所需要的原始数据信息、处理的中间结果与最后结果，还可以存储指挥计算机工作的程序。计算机具有神奇的运算速度，这是以往其他一些计算工具无法做到的。例如，为了将圆周率 π 的近似值计算到 707 位，一位数学家曾为此花了十几年的时间，如果用现代的计算机来计算，只需要很短的时间就能完成。因此计算机不仅能保存大量的文字、图像、声音等信息资料，还能对这些信息加以处理、分析和重新组合，以满足在各种应用中对这些信息的需求。

5）与通信网络互联，构成跨地区、跨国界乃至全球的计算机通信网，实现各种资源的共享。为了充分发挥计算机的功能，就需要联网，因此人们常说：“网络就是计算机”。

总之，人们所进行的任何复杂的脑力工作，只要能分解为计算机可执行的基本操作，并以计算机所能识别的形式表示出来，存入计算机，计算机就能模仿人脑，按照人们的意愿自动工作。所以有人把计算机称为“电脑”，以强调它的计算、记忆、逻辑判断与思维能力。作为“电脑”，它不能完全代替人脑，但有许多超越人脑的能力。计算机为人们所制造，为人们服务，以弥补人脑的不足。

1.1.5　计算机的应用

1. 科学计算

计算机能快速而准确地计算出结果，促进科学研究的发展。科学计算是当初计算机设计制造者的初衷，如今仍是计算机应用的一个重要方面。例如，空间技术、机械制造、遗传工程、大型建筑物的设计、天气预报、大系统工程的论证以及石油矿产勘探等，都需要进行大量的精确计算。计算模拟还成为一种新的研究方法，如模拟核爆炸等。

2. 信息处理与办公自动化

人们的社会生活中有大量数据信息需要处理，办公人员的办公室里有大量公文需要传送。例如，情报管理、财务管理、人事档案管理、银行业务、证券市场、民航铁路运输，一个地区、一个部门乃至全国国民经济的统计、规划及预算、填表报名等，都需要使用计算机进行计算，其信息通过计算机网络进行传送。在实现现代化的科学管理中，计算机及其网络是必备的工具和技术。例如，人们常说的信息管理系统（MIS）、决策支持系统（DSS）都是依靠计算机及其网络进行的。

3. 自动控制

由于计算机具有很强的算术与逻辑运算能力，很适合于自动控制中的信号采集、分析与处理，因此在现代化的自动控制中，计算机是控制中枢。例如自动化生产线、电力传输、无人工厂、航天飞行器、火箭、导弹等，都是依靠计算机进行控制的。

4. 网络应用

Internet 对人们来说已经不再陌生。使用它可进行全球信息查询、邮件传送、票据兑付、银行存/贷款、文化娱乐、学习以及电子商务等各种活动。如今，各种跨地域的邮电通信、卫星通信以及其中的大型交换机都是依靠计算机进行控制的，通过这些网络可以传送电子邮件、信函，甚至进行可视化通信等。

5. 计算机辅助设计、辅助制造与辅助测试

计算机辅助设计(CAD)、计算机辅助制造(CAM)和计算机辅助测试(CAT)是利用计算机帮助人们进行工程设计、模拟制造和测试的工具。在计算机辅助设计中，设计人员只要按要求输入必要的参数，计算机通过计算，确定设计方案，然后绘制出全部图样，其中包括零件图、结构图、装配图以及工艺流程图等。例如，一个概念航天飞机，可以先用 CAD 设计出来，再用计算机“制造”出虚拟样本，并对它进行运动学及动力学的虚拟测试，发现问题就修改设计，反复多次，直到虚拟样机通过测试。在对超大、超小和超远的物体测量中，需要使用计算机进行信号的采集、分析与处理。例如，各种粒子的测量、太空探测以及地下资源的勘探等都离不开计算机。

6. 计算机辅助教学

随着多媒体技术的发展，计算机辅助教学(CAI)得到了迅速的发展。利用计算机来辅助教师进行各种教学活动，可把各种用文字难以表达的知识通过计算机演示出来，做到图、文、声并茂，生动形象，易于理解。例如，锅炉的燃烧、电力生产过程等都可以通过计算机进行模拟，驾驶员、飞行员也可以通过计算机进行模拟训练。使用计算机辅助教学还可以使教学规范化、科学化，把教学与管理结合起来，有利于提高教学质量。通过计算机网络传送教学内容，实施管理，还可实现跨地区的远程教育。

7. 人工智能的研究

利用计算机的逻辑推理，模拟人类大脑的逻辑思维、逻辑推理，使计算机通过学习进行知识积累、知识重构和自我完善。如今的专家系统、人工智能、神经网络技术就是这方面的代表。

8. 机器人

机器人是一门涉及多种学科领域的综合技术，近年来发展很快，可用于工业自动化生产、海洋作业、星球探测、医院和家庭护理等方面，它能代替人们进行一些繁重、危险的体力劳动以及部分简单的脑力劳动。在机器人中，计算机是其控制中枢。机器人的发展依赖于计算机，也是计算机应用的一个重要方面。

9. 智能仪器仪表与家用电器

智能仪器仪表是把各种测量技术与计算机结合起来，采用人工智能技术把对信号的测量、分析、综合处理结合起来，从而构成智能化的仪器仪表，再配以通信接口，可以与控制网络联接。另外，各种家用电器、影像设备、电子游戏机都引入了微处理器或单片机，实现了人们常说的“电脑控制”。

1.2 微型计算机的系统组成

计算机是一个系统，包括硬件系统和软件系统两大部分。图 1-1 是微机系统的基本组成。

- 微型计算机系统结构
  - 硬件系统
    - 主机
      - 中央处理器（CPU）
        - 控制器
        - 运算器、寄存器等
      - 主（内）存储器
        - 只读存储器（ROM）
        - 随机存储器（RAM）
        - 高速缓冲存储器（Cache）
    - 外部设备
      - 输入设备（键盘、鼠标、光笔、扫描仪等）
      - 输出设备（显示器、打印机、绘图仪等）
      - 辅助（外）存储器（软盘、硬盘、光盘、U 盘、磁带等）
      - 其他：网络设备（网卡或调制解调器等）、声卡、显示卡等
  - 软件系统
    - 系统软件
      - 操作系统（DOS、Windows、UNIX、Linux 等）
      - 程序设计语言（机器语言、汇编语言、高级语言——C 语言等）和语言处理程序（语言编译和解释系统）
      - 数据库管理系统
      - 网络软件
      - 系统服务程序（界面工具程序、编辑程序、连接装配程序、诊断程序等）
    - 应用软件 —— 文字处理、电子表格、绘图、课件制作、网络通信等软件及用户程序，如 Word、WPS、Excel、PowerPoint 等

图 1-1　微机系统的基本组成

计算机硬件是看得见、摸得着的物体，如同人的大脑和五官。计算机硬件是组成计算机系统的物理器件（如插件板、电路板、机箱、外部设备等），如图 1-2 所示。计算机由主机和外部设备组成。硬件是计算机的物质基础，而软件是无形的，软件如同人的知识和思想。计算机软件是计算机的灵魂，由技术文档资料和相关程序组成。软件和硬件之间相辅相成，缺一不可。总的来说，硬件是计算机的躯体，软件是计算机的灵魂，只有硬件而无软件的计算机称为“裸机”，“裸机”是不能开展任何工作的。

图 1-2　微机系统的外部组成

随着数码产品的逐渐丰富，计算机出现了多种形态：笔记本和平板计算机，如图 1-3 所示。平板计算机就是无需翻盖、没有键盘、小到足以放入手袋，但却是功能完整的微型计算机。比之笔记本计算机，它除了拥有其所有功能外，还支持手写输入或者语音输入、无线网络联接、移动性和便携性都更胜一筹。

a)

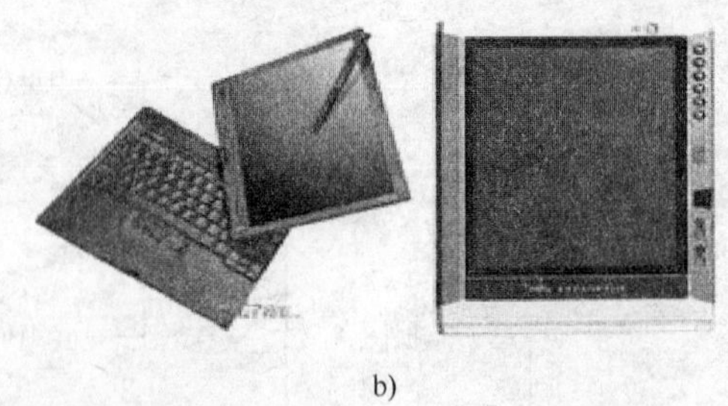

b)

图 1-3　笔记本和平板计算机

a）笔记本　b）平板计算机

1.2.1　计算机的硬件系统

计算机的硬件系统按功能分为运算器、控制器、存储器、输入设备、输出设备五大部分，也称为计算机的五大部件，如图 1-4 所示。

1. 硬件系统各种组成部分的作用

（1）运算器　运算器又称算术逻辑单元(Arithmetic Logic Unit, ALU)，是计算机对数据进行加工处理的部件，主要由寄存器、加法器和控制电路组成，用来实现算术与逻辑运算。在计算机中，任何复杂的运算都化为基本的算术与逻辑运算进行处理。运算器在控制器的控制下实现其功能，运算结果由控制器指挥送到内存储器中。

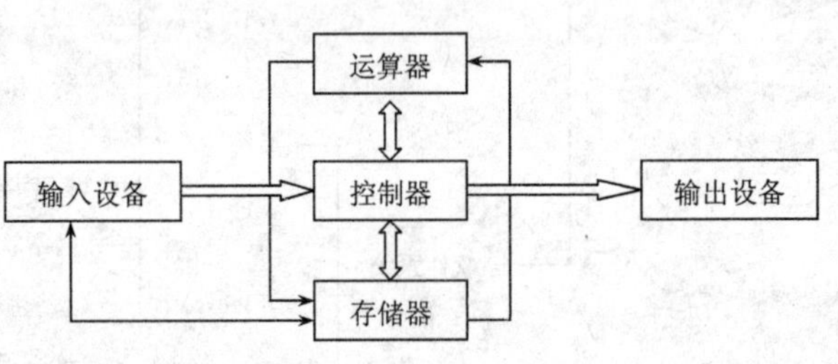

图 1-4　计算机的五大部件组成

（2）控制器　控制器用来控制计算机各个部件协调工作，并使整个处理过程有序地进行。它的基本功能是从内存中取出指令和执行指令。控制器在工作过程中，还要接受各部件反馈回来的信息。

（3）存储器　存储器是计算机的记忆部件，存放计算机系统和用户的数据，包括程序。在计算机内部，各种信息都是以二进制编码形式存储的。信息单位有“位”、“字节”等。

1）位(bit)。一个二进制位，记为 bit。位是度量数据的最小单位。

2）字节(Byte)。一个字节由 8 位二进制位组成(1Byte = 8bit)。字节是信息存储中最常用的基本单位。

3）存储容量。通常以字节来表示计算机存储器的容量。常用的单位有 KB(千字节)、MB(兆字节)、GB(吉字节)：

$1KB = 2^{10}B = 1024B$

$1MB = 2^{10}KB = 1024KB$

$1GB = 2^{10}MB = 1024MB$

存储器也是计算机的主要组成部件，主存与中央处理器合在一起一般称为主机。设置在计算机内部，如图 1-5 所示的内存外观。可由 CPU 直接存取的存储器称为内存储器(简称内存)或者主存储器(简称主存)，主要存放正在运行的程序或正在处理的数据，其容量是衡量计算机数据信息处理能力的重要标志。由于内存储器一般容量较小，因此常在计算机的外部配以容量更大的外存储器，常见的外存储器有磁盘、磁带及光盘等。外存储器也称为辅助存储器，其容量一般为几百兆字节到几百吉字节。

1）内存储器。内存储器也称主存储器，它是记忆或用来存放处理程序、待处理程序及运算结果的部件。根据其功能可以分为两种基本类型，即 RAM 和 ROM。

图 1-5　内存

随机存取存储器（Random Access Memory，RAM）又叫做读/写存储器，开机后，操作系统和用户所需要的应用软件被调入 RAM，再由 CPU 取出执行；用户输入的数据和 CPU 处理后的结果也存储在 RAM 中。RAM 是计算机中主要工作的存储器，因此也称为主内存，用来存放当前的程序与数据，可以从 RAM 中读取数据又可向它写入数据，但一旦断电，RAM 中的信息会丢失。

只读存储器（Read-Only Memory，ROM）是用来存放固定程序的存储器，一旦程序放进去之后，即不可改变。也就是说，不能再"写"入新的字节，而只能"读"出其所存储的内容。其信息通常是厂家制造时在脱机情况下或者非正常情况下写入的。ROM 中的启动程序在开机时会自动运行，掉电后 ROM 中的程序和数据不会丢失，因此常用 ROM 来存放至关重要的、经常要用到的程序和数据，如监控程序等，只要一接通电源，需要时就可调入 RAM，即使发生电源中断，也不会破坏存储的程序。因此，主内存存储容量小，速度快。

随着 CPU 工作频率的不断提高，RAM 的读写速度相对 CPU 较慢，为解决内存速度与 CPU 速度不匹配影响系统运行速度的问题，在 CPU 与内存之间设计了一个容量较小（相对主存）但速度较快的高速缓冲存储器（Cache），如图 1-6 所示。CPU 访问指令和数据时，先访问 Cache，如果目标内容已在 Cache 中，CPU 则直接从 Cache 中读取，否则就从主内存中读取，同时将读取的内容存于 Cache 中。这种技术早期在大型计算机中使用，现在应用在微机中，使微机的性能大幅度提高。随着 CPU 的速度越来越快，系统主内存越来越大，Cache 的存储容量也由 128MB、256MB 扩大到现在的 512MB 或更大。需要注意的是：Cache 的容量并不是越大越好，过大的 Cache 会降低 CPU 在 Cache 中查找的效率。

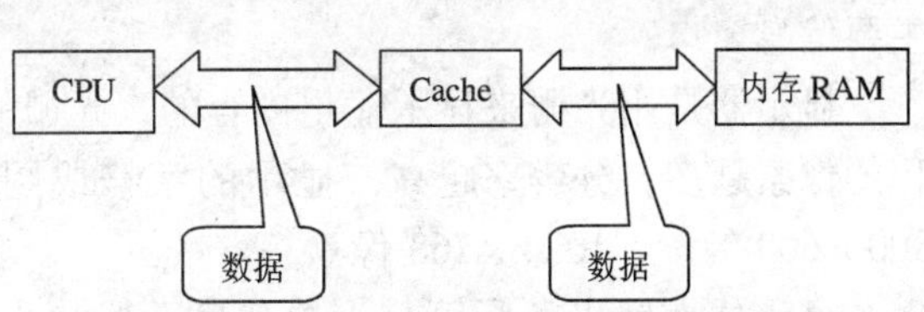

图 1-6　CPU、内存、Cache 三级结构

2）外存储器。外存储器又称辅助存储器（简称辅存），它是内存的扩充。外存存储容量大，价格低，但存储速度较慢，一般用来存放大量暂时不用的程序、数据和中间结果，需要时，可成批地和内存储器进行信息交换。外存只能与内存交换信息，不能被计算机系统的其他部件直接访问。常用的外存有软盘、硬盘、U 盘、光盘等。

（4）输入设备　输入设备是计算机和人之间的连接设备，用户通过输入设备把要处理的数据信息输入计算机内。计算机常用的输入设备有：鼠标、键盘、扫描仪、光笔等。其中，鼠标和键盘是使用最广泛的输入设备。

1）鼠标。鼠标因其外观像一只拖着长尾巴的老鼠而得名，如图 1-7 所示。鼠标有光学和机械两类。常用的是机械类，机械类鼠标又分为机电式和光电式两种。光电式鼠标器分辨率较高，但价格也高，在一般情况下选用机电式的鼠标已足够满足需要。鼠标上有 3 个按键（或 2 个），各按钮的功能由所用软件来决定，不同的应用软件，各按钮的作用也不同。

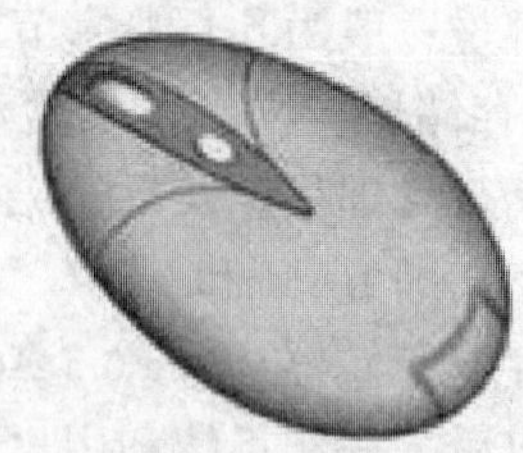

图 1-7　鼠标外观

2）键盘。键盘的作用是接受外界的信息，用户的各种命令程序和数据，都可以通过键盘输入到计算机中。如图 1-8 所示为键盘外观。

(5) 输出设备　输出设备是计算机和人之间的接口设备，它按命令将内存中的数据信息读出，并用可以看见的方式向操作者展示。计算机常用的输出设备有：显示器、打印机、绘图仪等。显示器和打印机是我们常见的输出设备。

图 1-8　键盘外观

1）显示器。显示器是计算机必备的输出设备之一。计算机的各种运行状态、工作的结果、编辑的文件、程序、图形等都随时显示在显示器上。显示器是用户和计算机之间对话的主要信息窗口。

显示器是用光栅来显示输出内容的，光栅的像素越小越好，光栅的密度越高，即单位面积的像素越多，分辨率越高，显示的字符或图像也就越清晰细腻。常用的屏幕分辨率有：800×600 像素、1024×768 像素等。

显示器按输出色彩可分为单色显示器和彩色显示器两大类；按显示器件可分为阴极射线管显示器(CRT)和液晶显示器(LCD)；按其显示器屏幕的对角线尺寸可分为 14in、15in、17in 和 21in 等。分辨率、颜色质量及屏幕尺寸是显示器的主要指标。图 1-9 为显示器外观。

a)　　b)

图 1-9　显示器外观

a）阴极射线管显示器(CRT)　b）液晶显示器(LCD)

2）打印机。打印机是计算机常用的输出设备，它将计算机内的计算结果、文字、图形等输出打印到纸张上，以作文档保存。打印机分为击打式和非击打式两类。

① 击打式打印机。击打式打印机也称为针式打印机（外观如图 1-10 所示），是一种机械式点阵成字的打印设备。打印机的字符以点阵的形式构成，字符是由数根钢针打印出来的。钢针越细，点阵越大，点数越多，像素越多，分辨率越高，打印字符就越清晰、美观。

针式打印机的主要特点是价格低廉，使用方便，但打印速度较慢，噪声大。

图 1-10　针式打印机外观

② 非针式打印机。常用的非针式打印机分为喷墨打印机和激光打印机。喷墨打印机按喷墨形式可分为液态和固态喷墨两种，它是经过极为精细的喷头，按图形信号将专用墨水喷在记录纸上形成字符图形。喷墨打印机价格低廉、打印效果好，但喷墨打印机使用的纸张要求高，墨盒消耗快。喷墨打印机外观如图 1-11 所示。

激光打印机集复印机、计算机和激光技术三合一体，外观如图 1-12 所示。由于激光光束能聚焦成很细的光点，因此，激光打印机能输出分辨率很高且色彩很好的图形。激光打印机速度快、分辨率高、无噪声，但价格稍高。

图 1-11　喷墨打印机外观

图 1-12　激光打印机外观

2. 硬件系统特点

（1）采用微处理器

1）微处理器，即中央处理器（CPU），它是微型计算机的核心，由运算器和控制器两部分组成，运算器是微型计算机的运算部件，控制器是微型计算机的指挥控制中心。CPU 一般由高速电子电路组成，由于 CPU 在微型计算机中的关键作用，人们往往将 CPU 的型号作为衡量和购买计算机的标准，如图 1-13a 所示。

2）双核 CPU，双核 CPU 即双核处理器，如图 1-13b 所示。双核处理器是指在一个处理器上集成两个运算核心，从而提高计算能力。x86 双核甚至多核处理器标志着计算技术的一次重大飞跃。目前，x86 双核处理器的应用环境已经颇为成熟，大多数操作系统已经支持并行处理，大多数应用软件也都对并行技术提供了支持。但对用户而言，如果经常使用 Photoshop、Premiere、3ds max 等软件或玩一些大型游戏，双核 CPU 可以加快多任务处理的速度，推荐升级为双核。如果只是上网、打字、玩一些小游戏，双核的作用并不明显，建议用户根据自己的需要进行选择。

a)

b)

图 1-13　CPU 外观

a）CPU　b）双核 CPU

（2）采用总线结构　微机目前多采用总线结构，其结构如图1-14所示。总线是一组连接计算机各部件的公共信号线。在计算机中，需要用导线连接的部件之间，不必用专用的信号线连接，而是分别连接到公共信号线上，所有信号都通过这些公共信号线进行传递，这些公共信号线称为“总线”。所有的“信号”都可以通过此通道送达。

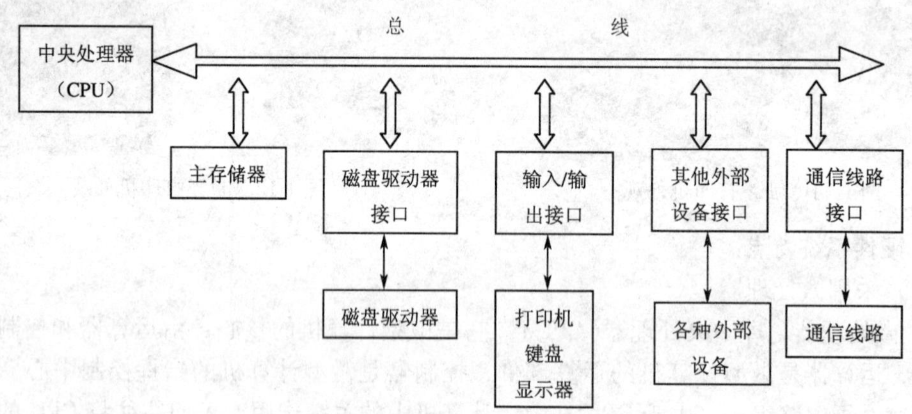

图 1-14　计算机总线结构示意图

计算机系统总线由数据总线（Data Bus，DB）、地址总线（Address Bus，AB）和控制总线（Control Bus，CB）三部分组成。

1）数据总线 DB。用于在微处理器、存储器和输入/输出设备之间传送数据。

2）地址总线 AB。用于传送存储器单元地址或输入/输出接口地址信息。

3）控制总线 CB。用于传送控制器的各种控制信号。

1.2.2　计算机的软件系统

软件是相对于硬件而言的。软件和硬件有机地结合在一起就是计算机系统。脱离软件或没有相应的软件，计算机硬件系统不可能完成任何有实际意义的工作。

为了使计算机实现预期的目的，需编制程序来指挥计算机进行工作。

计算机软件的内容很丰富，要对其进行严格分类比较困难。如果按软件的用途来划分，则大致可以将软件分为以下 3 类：

1）服务类软件。面向用户，为用户服务。

2）维护类软件。面向计算机维护。它主要包括错误诊断和检查程序、测试程序以及各种调试用软件等。

3）操作管理类软件。面向计算机操作和管理。

如果从计算机系统的角度来划分，又可以分为系统软件和应用软件两大类，这些软件都是用程序设计语言编写的。

1. 系统软件

系统软件是为了让计算机能正常高效工作所配备的各种管理、监控和维护系统的程序及其有关资料。系统软件的作用是缩短用户准备程序的时间，给用户提供一个友好的操作界面，扩大计算机处理程序的能力，提高效率，充分发挥计算机的各种设备的作用等。

常见的系统软件有：

（1）操作系统　操作系统是高级管理程序，是系统软件的核心。没有操作系统，其他软件很难在计算机上运行。

（2）程序设计语言

1）机器语言。用直接为 CPU 识别的一组二进制(0 和 1)构成的指令码就称为机器语言，也叫作二进制代码语言。用机器语言编写的程序执行效率高，但存在着编程费力、费时，不便记忆、阅读、无通用性等缺点。

2）汇编语言。汇编语言是一种符号化的机器语言(用助记符来表示每一条机器指令)，汇编语言也称为符号语言。汇编语言更为接近机器语言而不是人的自然语言，所以它仍是一种面向机器的语言。汇编语言编制程序的效率不高，难度较大，维护较困难，属低级语言。

3）面向过程的高级语言。面向过程的高级语言也就是算法语言，它与自然语言和数学语言更为接近，可读性强，编程方便，由面向机器改为面向过程，所以也叫面向过程语言。常用的面向过程的编程语言有：BASIC、PASCAL、C、FORTRAN 等。

4）面向对象的高级语言。使用面向对象的高级语言，不必关心问题的解法和处理过程的描述，只要说明所要完成的加工和条件，指明输入数据以及输出形式，就能得到所要的结果，而其他的工作都由系统来完成。常见的面向对象的语言有：C ++ 、Java 等。

（3）语言处理程序

1）源程序。用汇编语言和各种高级语言各自规定的使用符号和语法规则，并按规定的规则编写的程序称为源程序。

2）目标程序。将计算机本身不能直接读懂的源程序翻译成相应的机器语言程序，称为目标程序。

（4）数据库管理系统　数据库管理系统主要由数据库(DB)和数据库管理系统(DBMS)

组成。常见的数据库管理系统有：Access、SQL Server、Oracle 等。

（5）网络软件　网络软件主要指网络操作系统。

（6）系统服务程序　系统服务程序也称“软件研制开发工具”、“支持软件”、“支撑软件”、“工具软件”，主要有：编辑程序、调试程序、诊断程序等。

系统软件是计算机系统的必备软件，用户在配置计算机时，通常要根据需要配置相应的系统软件。

2. 应用软件

应用软件是指除了系统软件以外的所有软件，它是由软件公司或用户开发的，解决某种实际问题的程序系统及相应的技术文档资料组成。应用软件也是程序，这些程序可以用机器语言、汇编语言、C 语言或 Java 语言等编写。应用软件具有很强的实用性，专门用于解决某个应用领域中的具体问题，因此具有很强的专用性。常见的应用软件有：各种信息管理软件、办公自动化系统、各种文字处理软件、各种辅助设计软件以及辅助教学软件、各种软件包(如图形软件包)等。

本书后面章节将对字处理软件 Word 2003、电子表格 Excel 2003 以及演示软件 PowerPoint 2003 等一一给予介绍。

总之，系统软件是计算机运行的基础，没有系统软件，计算机将很难使用。而应用软件是建立在系统软件基础上的，是为了更好地发挥计算机作用而开发的程序。

1.3　键盘

1. 常用 104 键盘介绍

我们通常使用的 104 键盘是标准键盘。键盘是最常用的输入设置，向计算机发出的指令、编写的程序等大部分要通过键盘输入到计算机中。键盘共分为 5 个区，如图 1-15 所示。上排为功能键区，下方左侧为主键盘区，中间为编辑键区，右下角为小键盘区，右上角为状态指示区。

图 1-15　键盘分区图

（1）主键盘区(共 61 个键)

1）字母键(26 个)。在字母键的键面上刻有大写的字母，键位安排顺序与英文打字机的字母键完全相同。按【CapsLock】键，可进行大小写字母转换。

2）数字与符号键(21 个)。每个键面上都有上下两种符号，也称双字符键。上面的符号称为上档符号，下面的符号称为下档符号，包括数字、运算符号、标点符号和其他符号。

3）控制键(14 个)。这 14 个键中【Alt】、【Shift】、【Ctrl】和【Windows】键各有两个，为了操作方便，对称分布在左右两边，它们的功能完全一样。

【CapsLock】：大小写锁定键，也叫大小写换档键。键盘的初始状态为英文小写。按一下键，其对应状态指示灯亮，表示已转换为大写状态并锁定，此时在键盘上按任何字母键均为大写。再按一次该键，又变为小写状态。

【Shift】：上档键，也叫换档键。此键面上有向上的空心箭头，用于键入双字符键中的上档符号。操作方法是按此键的同时，按所需要的双字符键。

【Ctrl】：控制键。该键与其他键组合使用，能够完成一些特定的控制功能。

【Alt】：转换键。与【Ctrl】键一样，不单独使用，与其他键组合使用时产生一种转换状态。在不同的工作环境下，转换键转换的状态也不完全相同。

【Space】：空格键。键盘下部最长的键，按一下键，光标向右移动一个空格。

【Enter】：回车键。从键盘上输入一条命令后，按此键，便开始执行这条命令。在编辑过程中，输入一行信息后，按此键光标将移到下一行。

【Backspace】：退格键。按此键，光标向左退回一个字符位，同时删掉该位置上原有的字符。

【Tab】：制表键。按此键光标向右移动 8 个字符。

【Windows】：Windows 键有两个，分别位于两个【Alt】键的旁边，通过该键可以快速打开 Windows 的开始菜单。

"应用程序"键：通过应用程序键可以快速启动操作系统或应用程序中的快捷菜单或其他菜单。

（2）编辑键区(共 10 个键)

【Insert】：插入/改写键。按此键，是"插入"状态，可在光标位置插入所输入的字符，光标连同右边所有字符一起右移。再按此键，是"改写"状态，每打入一个字符，将光标右边的字符覆盖掉。

【Delete】：删除键。每击一次此键，删除光标位置上的一个字符，光标右边的所有字符各左移一格。

【Home】：起始键。按此键光标移到首行。

【End】：终点键。按此键光标移到行尾。

【PageUp】：向前翻页键。按此键使屏幕显示内容上翻一页。

【PageDown】：向后翻页键。按此键使屏幕显示内容下翻一页。

【↑】：光标上移键。按此键，光标移到上一行。

【↓】：光标下移键。按此键，光标移到下一行。

【←】：光标左移键。按此键，光标向左移一个字符位。

【→】：光标右移键。按此键，光标向右移一个字符位。

（3）小键盘区(共 17 个键)　如果用户向计算机输入的是数字时，可以使用小键盘区里的数字。【Num Lock】键是数字输入和编辑控制状态之间的切换键，正上方的 Num Lock 指示灯就是指示它所处的状态的，当指示灯亮着的时候，表示小键盘区正处于数字输入状态，反之则处于编辑控制状态。

（4）功能键区(共 16 个键)　功能键区是位于键盘上部的一排键，从左到右分别是：【Esc】键，起退出或取消作用；【F1】~【F12】共 12 个功能键，作"快捷键"用；【Print-

Screen】键，在 DOS 环境下的功能是打印整个屏幕信息，在 Windows 环境下的功能是把屏幕的显示作为图形存到内存中以供处理；【ScrollLock】键，在某些环境下可以锁定滚动条，其右边有一个 ScrollLock 指示灯，灯亮着表示锁定；【PauseBreak】键，作用是暂停程序或命令的执行。

2. 键盘分类

从用途上看，键盘可分为台式机键盘、笔记本计算机键盘和工控机键盘三大类，每类键盘又分若干种。下面介绍目前较流行的几种键盘：

（1）手写键盘　手写键盘没有右边的数字小键盘，取而代之的是手写板，或者是直接在小键盘的正面加多一个手写板。这种键盘很容易认出来，就是在键盘的右边多了一块白色的书写小板。手写键盘适合打字速度不快或者是从事美术创作的人使用。

（2）笔记本键盘　这类键盘是仿照笔记本计算机制作的，整体上比一般的键盘小巧，不过由于键盘面积的减少，键位也减少了很多，最明显的改变就是没有了标准键盘右边的数字小键盘，除此之外与普通键盘没有本质上的区别。

（3）人体工程学键盘　在标准键盘上将指法规定的左手键区和右手键区这两大板块左右分开，并形成一定角度，使操作者能保持一种比较自然的姿势，而不必有意识地夹紧双臂，这种设计的键盘被微软公司命名为自然键盘（Natural Keyboard）。有的人体工程学键盘还有意加大常用键如空格键和回车键的面积，在键盘的下部增加护手托板，给悬空手腕以支持点，减少由于手腕长期悬空导致的疲劳。这些都可以视为人性化的设计。

（4）多媒体键盘　所谓多媒体键盘，就是通过自带的驱动程序，使用键盘上的快捷键来实现诸如 CD 播放、音量调整、键盘软开关计算机、休眠启动、上网浏览等功能。多媒体键盘通常都会在原有的键盘的结构上进行很大的改变，是一种创新。经常使用多媒体的用户，可以选择这类键盘。

（5）无线键盘　无线键盘就是在键盘和计算机之间没有物理连线。无线键盘从传播方式来讲又分为两种：一是红外线型，就是通过红外线来传播信号。这类键盘的方向性要求比较严格，尤其对水平位置比较敏感；二是无线电型，因为无线电是辐射状传播的，所以相对于红外线型，这类键盘使用起来就灵活多了，缺点是无线电的抗干扰能力比较差。

（6）集成鼠标的键盘　集成鼠标的键盘和笔记本计算机的键盘很类似，一般在键盘上集成的鼠标多以轨迹球和压力感应板的形式出现，可以节省桌面空间。

3. 键盘操作与指法练习

用键盘向计算机输入文稿时，影响录入速度的关键在于录入人员采用的操作姿势和指法。录入指法是指操作人员的各手指定位并控制全部键位的方法和击键规则。录入指法在不同的区域（主键盘区和数字键盘区）也会有一定的差别，只有针对各自不同的特点勤加练习，才能达到最佳的输入效果。由于主键盘的使用频率远高于数字键盘，所以在此只讲述主键盘的录入指法。

（1）打字法　打字是一种技术，要熟练高效地打字，必须经过练习。打字时人的眼睛不能在同一时间里既看稿件又看键盘，否则会顾此失彼，影响录入速度。科学、合理的打字法是盲打输入法，又称“触觉输入法”，即利用事先制定的手指分工和击键规则，仅根据自己指尖的触觉判断手指所在键位，然后准确无误地击键，而录入人员的眼睛只扫描被录入的文稿。由于这种输入法的手、眼分工明确，使录入人员能够把注意力集中于文稿，因而输入速度大大加快，同时错误率也大大降低。

（2）打字的姿势　正确的打字姿势有利于打字的准确和速度的提高。初学键盘输入时，首先必须注意的是击键的姿势，如果初学时姿势不当，就不能做到准确快速地输入，也极易产生疲劳，调整打字姿势步骤如下：

1）首先，将坐椅调节至合适的高度，全身放松。眼睛同计算机屏幕成水平直线，目光微微向下，这样眼睛不易产生疲劳，视线过高或过低对眼睛都不利。

2）坐姿端正，重心落在座椅上，全身自然放松。双腿平行，小腿和大腿成直角，两脚自然踏地。

3）手臂自然下垂，肘部距离身体约 10cm，手指轻放于规定的键上，手腕自然伸直，腕部禁止撑靠在工作台或键盘上。人与键盘的距离，可移动椅子或者键盘的位置来调节到人能保持正确的击键姿势为止。

4）显示器宜放在键盘的正后方，与眼睛相距不少于 50cm。在放置输入原稿前，先将键盘右移 5cm，再将原稿紧靠键盘左侧放置，以便阅读。

5）手指以手腕为轴略向上抬起，手指略为弯曲。自然下垂，形成勺状。左手食指轻放在 F 键上，中指、无名指、小拇指分别悬放在【D】、【S】、【A】键上；右手食指轻放在【J】键上，中指、无名指、小拇指分别悬放在【K】、【L】和【;】键上，左右手的大拇指轻放在空格键上，具体见表 1-1。

表 1-1　十指键位分工

手	指	负责键位	数量/个
左手	食指	4、5、R、T、F、G、V、B	8
	中指	3、E、D、C	4
	无名指	2、W、S、X	4
	小指	1、Q、A、Z、`、Tab、Caps Lock、Shift、Ctrl	9
右手	食指	6、7、Y、U、H、J、N、M	8
	中指	8、I、K、,	4
	无名指	9、O、L、.	4
	小指	0、P、;、/、-、=、\、Back Space、[、]、'、Enter、Shift、Ctrl	14

（3）基本指法

1）各个手指的分工。“十指分工，包键到指”对于保证击键的准确和速度的提高至关重要。十个手指的击键任务有明确分工，在击键时各手指必须各司其职，不要随意乱击。

① 基本键位和原点键。基本键位是指打字键盘中间的【A】、【S】、【D】、【F】、【J】、【K】、【L】和冒号/分号键；共 8 个键。将左手的小指、无名指、中指、食指和右手的食指、中指、无名指、小指的指端依次停留在这 8 个键位上，以确定两手在键盘的位置和击键时相应手指的出发位置，两个大拇指自然地搭在空格键上。

原点键也称盲打定位键，指【F】和【J】这两个键。这两个键的键面上都有一个凸起的短横条，可用食指触摸相应的横条标记以使各手指归位。只要左右手食指找到了【F】、【J】这两个键，其他手指马上就能找到自己的正确位置。

② 各手指的职责。对应十指的控制范围，把键盘打字区上的键斜着划分成几部分，每个手指负责其中的一部分。具体分工如图 1-16 所示，表 1-1 是更详细的列表。

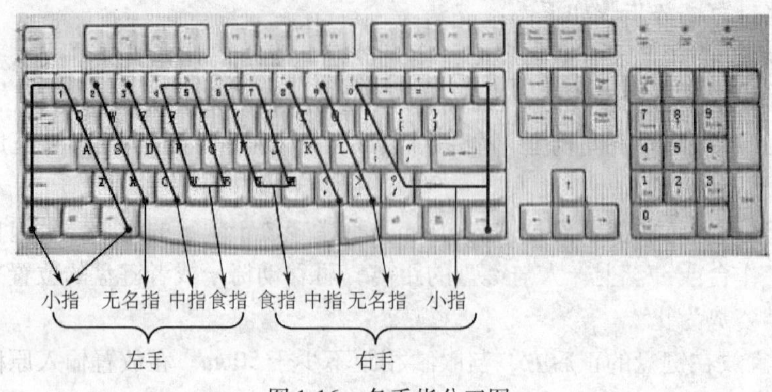

图 1-16　各手指分工图

需要注意的是，小指负责的键比较多，【Shift】、【Ctrl】等常用的控制键分别由左右手的小指负责，这些键很多时候需要按住不放，同时另一只手再击其他键。两个大拇指则专门负责空格键。

2）用指的方法和技巧。

① 击键技巧。击键前，两手放松，食指、中指、无名指和小指均自然弯曲，依次轻放于各基本键位，两个大拇指停留在空格键上方，手掌与键面基本平行。击键时，对应手指从基本键位出发迅速移向目标键(当目标键较远时允许小臂带动手掌做适度的轻微移动)，以第一指关节的指肚前端(切忌用指甲)击键，力度适中，每次只能击打一键。击键后，手指应立即回归到基本键位，恢复击键前的手形。

② 定位手指。用【F】、【J】键定位各手指，在打字过程中要记住字母所在的键位，尽量不看键盘。只要勤加练习，严格遵守操作要领，养成良好习惯后，就能逐步实现盲打。

(4) 打字软件　目前流行多种打字练习软件，如金山打字通、打字之星、五笔快打、打字先锋、圆圆打字高手等。有些打字软件，通过人性化设计，不但给出了科学的训练手段、丰富的训练内容，也提供了益智、强化类的打字小游戏。例如：金山打字通就提供了“激流勇进”、“生死时速”等打字游戏，在打字的同时，还能进行英语单词的记忆。用户可以根据需要选择不同的打字软件进行练习。

1.4　中文输入法

目前，中文输入法主要分为两大类：一类是基于拼音的中文输入法，常用的有全拼、双拼、智能 ABC 输入法、微软拼音、紫光拼音等；另一类是基于字根的输入法，以五笔字形输入为主，常用的有王码五笔、智能(陈桥)五笔、五笔加加、万能五笔等；此外，还有一些中文输入法，如郑码、区位等。启用中文输入法有以下两种方法：

方法一：用【Ctrl】+【Space】组合键启动或关闭中文输入法，或用【Ctrl】+【Shift】组合键在各输入法间切换。

方法二：单击屏幕右下角的“语言栏”图标，弹出输入法提示菜单，如图 1-17 所示。菜单上显示当前系统中已经安装的输入法，单击选用的输入法，将弹出该输入法的操作界面。同时，语言栏上“输入法指示器”变成与所选输入法相对应的图标。

1.4.1　拼音输入法

中文(中国)
✓ 五笔加加Plus 2.4
智能ABC输入法 5.0 版
中文(简体) - 微软拼音输入法 3.0 版
中文(简体) - 全拼
中文(简体) - 双拼

图 1-17　输入法提示菜单

在汉字操作环境中，拼音输入法是基本的输入方法之一，其简单易学、应用广泛。拼音输入法是用汉语拼音编码输入汉字的方法。缺点是重码较多，一个拼音一般要对应多个汉字，当输入一个拼音后，需要从多个汉字中选择所需汉字，输入速度会受到影响。另外，对于不知道读音的汉字也无法用拼音输入。拼音输入法一般分为全拼和双拼两种。

1. 全拼输入法

全拼输入法的状态条如图 1-18 所示。

图 1-18　全拼状态条

（1）输入单个汉字　输入单个汉字，需要输入该字拼音的全部字母。比如要输入“文”字，就键入“wen”，提示条旁的汉字列表中出现了拼音是“wen”的汉字，如图 1-19 所示，选择 2 即可输入“文”字。

（2）输入双字词组　例如拟输入“时间”这个双字词组，连续键入拼音码“shijian”，提示条旁边会出现一个单词选择列表，如图 1-20 所示。直接敲空格键即可输入“时间”这个词。

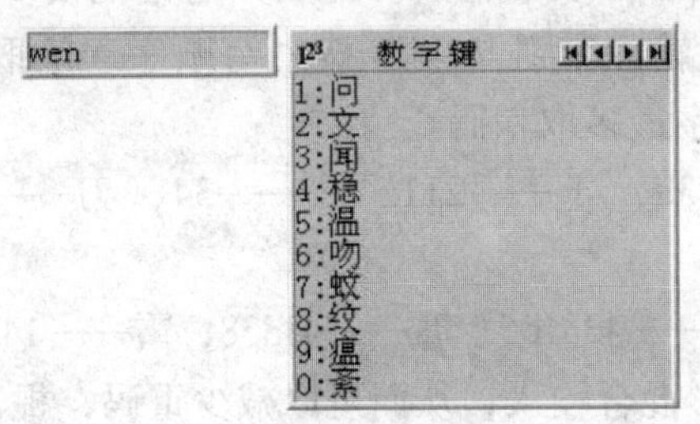

图 1-19　单字输入提示框

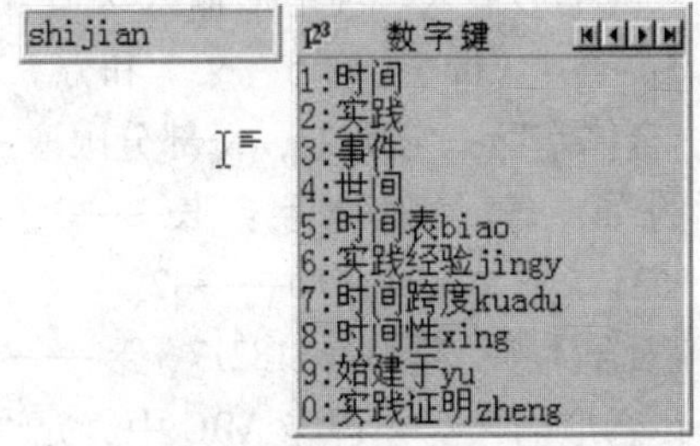

图 1-20　词组输入提示框

2. 智能 ABC 输入法

智能 ABC 输入法是 Windows 操作系统自带的一种规范、灵活、方便的汉字输入方法。启用了智能 ABC 中文输入法后，屏幕左下部弹出如图 1-21 所示的输入法操作界面。

图 1-21　智能 ABC 状态条

（1）操作界面

1）中英文切换按钮。单击此按钮，可以实现英文/中文输入方法切换。

2）输入方式切换按钮标准。单击此按钮，可在智能 ABC 中文输入法的“标准”和“双打”之间选择。

3）全角/半角切换按钮。单击此按钮，可进行全角/半角方式切换。形状是全角方式。在选定中文输入法后，按【Shift】+【Space】组合键也可以进行全角/半角方式切换。

4）中英文标点符号切换按钮。单击此按钮，在中英文标点符号之间切换。是中文标点符号图标，是英文标点符号图标。

5）软键盘按钮。单击此按钮，可以打开或关闭软键盘。选中此按钮并单击右键时，弹出如图 1-22 所示的软键盘菜单。可以用鼠标操作软键盘进行输入。

图 1-22 软键盘示意图

（2）智能 ABC 的输入方式 智能 ABC 允许用户使用音、形或音形结合的方式输入汉字，在拼音中可以是全拼、简拼或者二者的结合，系统将自动识别各种方式的转换。

1）全拼输入。全拼输入方式与汉语拼音的规则完全一致。

2）简拼输入。简拼输入的规则是取每个汉字的声母或每个汉字的第一个字母（包括 sh，ch，zh）。例如“共和国”的简拼为“ghg”，“经常”的简拼为“jc”或“jch”。“中华”的简拼为“z'h”或“zhh”，“然而”的简拼为“r'e”。其中单撇号“'”是隔音符号。因为“re”是“热”的拼音，所以在中间用隔音符号以避免混淆。

3）混拼输入。混拼是指在一个词中，有的汉字用全拼，有的汉字用简拼。例如“计算机”的混拼可以是“jisj”，也可以是“jsji”。

4）纯笔形输入。纯笔形输入法适合于不知道读音的汉字输入。此法只需记忆横 1、竖 2、撇 3、点 4、折 5、弯 6、叉 7 和方 8 八个笔形。输入“独体字”按书写顺序逐笔取码，输入“合体字”一分为二，每部分限取三码。一个字最多取六码。

例如，输入独体字：长——3164，石——138，上——211，人——34，刀——53，女——631，士——71，中——82。

输入合体字：敲——418217，装——412413，炼——433165，魔——41338，雪——1455。

5）音形输入。在智能 ABC 中，允许拼音与笔形混合输入，从而可以减少重码，提高输入速度。音形混合输入时的组合方式为：

（拼音 +［笔形描述］）+（拼音 +［笔形描述］）+ …… +（拼音 +［笔形描述］）

其中，“拼音”可以是全拼、简拼或混拼。“笔形描述”可有可无。拼音和笔形的混合输入是为了减少在全拼或简拼输入时的重码。

6）双打输入。双打输入相当于拼音输入法中的双拼，但在智能 ABC 中，声母和韵母可以混合使用。

（3）智能 ABC 输入法的使用

1）在输入汉字之前，应熟练地掌握如下基本操作：

① 切换操作。若想在英文、微软拼音、全拼、郑码以及智能 ABC 等多种输入法之间选择，按【Ctrl】+【Shift】组合键进行切换，或单击任务栏中相应输入法的图标。切换完成后，利用该输入法输入。

② 输入英文。若想在中文方式下输入英文，则可单击输入法操作界面的“中英文切换”按钮，切换到英文方式或按下【Caps Lock】键后输入英文，此时输入的是大写英文字母；如果按住【Shift】键，则输入小写字母。再次按下【Caps Lock】键，又可回到中文输入状态。

③ 取消操作。如果在输入时出现错误，则取消刚才的输入，重新输入。

2）常用中文标点符号与键位对应关系。单击中英文标点切换按钮后，该按钮由“半角”状态变成“全角”状态，则可输入中文标点符号，中文标点符号与键位的对应关系见表 1-2。

表 1-2　中文标点符号与键位的对应关系

中文标点符号	键　位	中文标点符号	键　位
。(句号)	.	‘’(单引号)	连按两次′
，(逗号)	,	《》(书名号)	Shift + <，Shift + >
……(省略号)	Shift + 6	、(顿号)	\
——(破折号)	Shift + 7	￥(人民币符号)	Shift + $
“”(双引号)	连按两次 Shift + ″	·(间隔号)	Shift + @

(4）智能 ABC 输入法的特点　智能 ABC 输入法具有以下两个主要特点：

1）自动分词与构词。在使用智能 ABC 输入法输入汉字的过程中，系统将自动进行分词与构词。例如要输入“计算机系统”一词，输入拼音“jsjxt”，按空格键，结果如图 1-23 所示。因为系统中没有“计算机系统”一词，所以先分出一个“计算机”并等待选择纠正。“计算机”一词不用选择，直接按空格键后出现结果如图 1-24 所示，同样也给予选择的机会，“系统”一词也不用选择，直接按空格键，则分词构词过程完成，一个新的词“计算机系统”被存入暂存区。

图 1-23　自动分词示意图一

图 1-24　自动分词示意图二

2）记忆功能。

① 自动记忆。自动记忆即智能词组记忆，通常用来记忆词库中没有的新词，如人名、地名等，或者当输入不是词组的汉字组合或想产生自定义词组时，用户可利用此功能。例如要输入“韦小宝”这个自定义词组时，应输入“weixiaobao”后按空格键，则在候选窗口中分别出现“wei”、“xiao”、“bao”的重码，用户分别选择“韦”、“小”、“宝”后，“韦小宝”3 个字就输入到屏幕上了。同时，“韦小宝”就作为自定义词组，被系统“认识”了。下次再输入时，可直接输入“韦小宝”3 个字的拼音。

注意：允许记忆的标准拼音词最大长度为 9 个字；刚被记忆的词并不立即存入用户词库中，至少要使用三次后，才会长期保存；刚被记忆的词具有高于普通词语，但低于最常用词的频度。

② 强制记忆。强制记忆一般用来定义那些非标准的汉语拼音词语。利用该功能，可以直接把新词加到用户库中，适合一些专业术语(含符号)的提前定义。操作方法是右键单击智能 ABC 状态条，在弹出的快捷菜单中单击“定义新词”选项，出现如图 1-25 所示的对话框。按照要求输入“新词”和“外码”

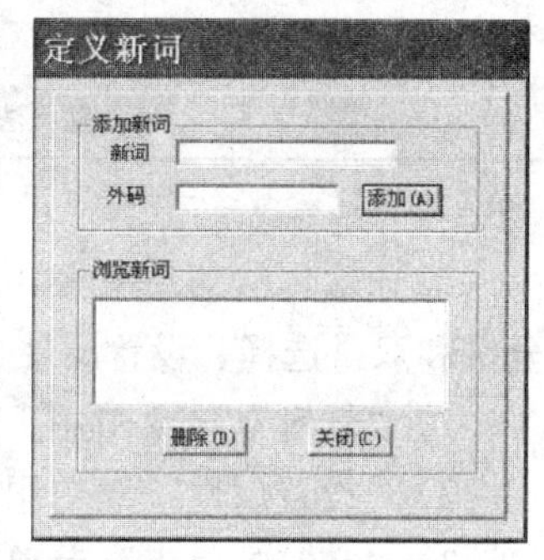

图 1-25　“定义新词”对话框

即可构成需要的词组。

注意："新词"的内容可以是词组或短语，也可以由汉字或其他的字符组成；编码可以是汉语拼音、英文标识，或其他任意标记；允许定义的非标准词最大长度为15个字，输入码最大长度为9个字符。

3. 紫光拼音输入法

紫光拼音输入法是一个完全面向用户，基于汉语拼音的中文字、词及短语输入法。紫光拼音输入法是免费使用的，它的前身是李国华设计的考拉拼音输入法。

紫光拼音是目前比较流行的拼音输入法，它提供两种可选的输入风格，一种是输入拼音串后按空格键再显示汉字，另一种是输入拼音串同时显示汉字，二者均可使用光标跟随。紫光拼音既方便初始用户掌握，也充分考虑长期使用拼音输入的老用户的习惯。它提供了全拼和双拼功能，并可以使用拼音的不完整输入（简拼）；还有单键切换中英文输入状态的功能，大小写结合的英文字符串可直接输入；另外，可使用"v"开头来输入网址、E-mail地址等英文和符号串。

中文(中国)
✓ 五笔加加Plus 2.4
智能ABC输入法 5.0 版
紫光拼音输入法3.0

图1-26 输入法提示菜单

（1）安装及界面介绍　紫光拼音输入法的安装按照提示一步一步进行就可以安装成功。安装后，单击右下角任务栏中的图标，如图1-26所示。选择紫光拼音输入法，会出现状态条，状态条各图标说明见表1-3。

表1-3 状态条图标说明表

图　标	说明及用途
	标题区，用鼠标在该区域按下可以拖动状态条
	中文输入状态
En	英文输入状态
	中文标点符号状态
	英文标点符号状态
	半角输入状态
	全角输入状态
	软键盘关闭状态，单击鼠标右键打开软键盘选择菜单
	软键盘开启状态
	输入法系统菜单开关按钮

（2）输入法的系统菜单　输入法的系统菜单中包括软键盘选择、光标跟随状态更改、全拼和双拼选择、设置属性、输入法帮助和输入法版本信息等，如图1-27所示。

1）"软键盘"菜单用于打开软键盘选择子菜单。

2）"设置属性"菜单用于启动输入法属性设置程序，对输入法进行配置。

3）"字符映射表"菜单用于打开Windows系统的"字符映射表"程序，利用该程序可以选择输入中英文符号和中文字。

（3）属性设置与管理　如图 1-27 所示，单击“设置属性”命令，弹出“属性设置和管理中心”对话框。根据对话框的提示进行相应的设置，修改属性或修改自定义内容后，单击“保存”按钮保存改动，或单击“确定”按钮保存并退出，如图 1-28 所示。紫光拼音输入法各项属性设置的涵义见表 1-4。

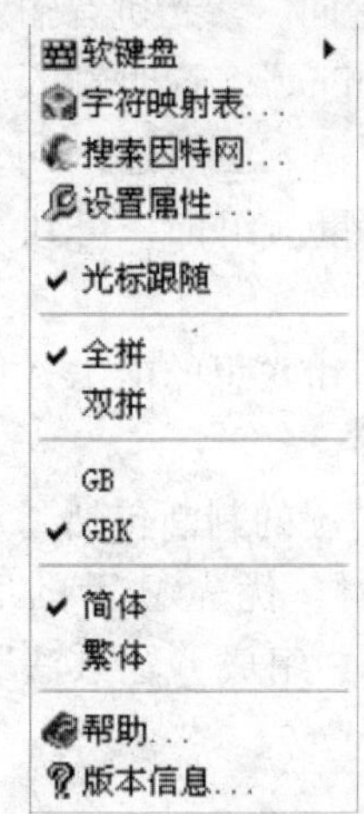

图 1-27　输入法的系统菜单

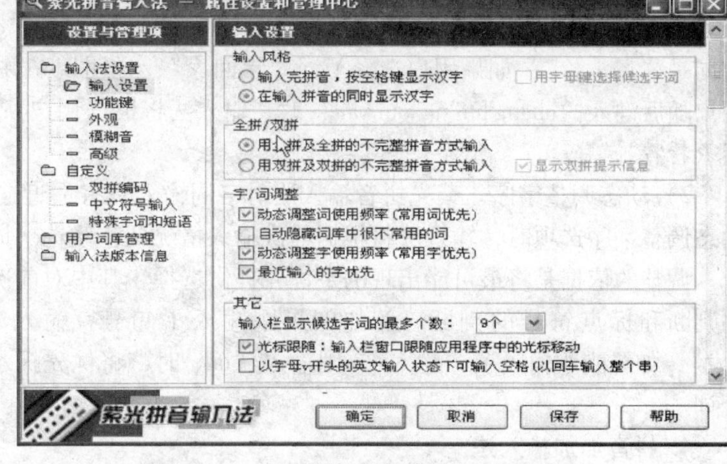

图 1-28　“属性设置和管理中心”对话框

表 1-4　紫光拼音输入法各项属性设置的涵义表

输入法属性设置	
输入设置	包括两种输入风格的选择，是否需要光标跟随功能，全拼和双拼得选择，词库的词频调整功能等
功能键设置	输入中的功能键定义
外观设置	设置输入窗口界面
模糊音设置	选择设置哪些拼音需要使用模糊音
高级设置	包括是否使用 GBK 大字符集和高级智能特性设置
自定义相关输入	
自定义双拼编码	用户可以自定义双拼的编码规则
自定义中文符号	用户可自定义英文符号键对应的中文符号
自定义特殊字词和短语输入	用户可自己定义特殊的字词和短语（例如，定义“china = 中华人民共和国”），方便输入
用户词库管理	
用户词库备份和恢复	用户在使用过程中可能自造了不少词，可以通过备份操作来保留用户词库，需要的时候予以恢复
合并用户词库	可以将其他词库中的自造词，合并到当前用户词库中
从定义文本中导入新词	用户可以用文本文件来定义一批词，然后导入到用户词库中
清除复位用户词库	如果由于死机等原因导致用户词库损坏时，可以清除复位用户词库
清理修复用户词库	根据系统词库对用户词库进行清理修复，用户词库文件损坏时，可以进行清理修复。清理修复将保留用户词库中的自造词
给出输入法的版本号、Internet 地址以及 E-mail 等信息	

（4）紫光拼音输入法的智能特性

1）智能组词。智能组词是指词库中没有词和输入的词拼音串对应时，输入法将自动组出一个词。输入法所组出的词以绿色显示在第一个候选位置，由于它不属于词库中的词，因此不能以删词的方式删除。

输入法所组出的词有时不是用户所希望的，这时可以通过选择来造词。紫光拼音输入法自动造词具有的记忆能力同样影响到智能组词。例如输入了“chang'hui'jia”，这时输入法组的词是“场汇价”，如果用户选择了词“常回家”，说明用户并不认可输入法所造的词，当用户随后键入“chang'hui'jia'kan'kan”时，输入法将根据用户所造的词重新组词，得到“常回家看看”。

2）动态调整字序。紫光拼音输入法对字词输入具有最近输入记忆和联想的能力，使用动态调整字序选项时，输入法将根据前次输入情况调整候选字词的顺序。

调整的依据是将最可能出现的字优先提供选择。其中对前次输入情况的判断包括了对字的判断和标点符号的判断。例如如果刚输入了句号，输入“fa”时，优先显示的字是“发”，如果刚刚输入了“输入”，则输入“fa”时，将优先提示“法”，组成“输入法”这个词。

4. 拼音加加输入法

拼音加加融合了各种拼音输入法的特点。它支持全拼、双拼、简拼、声母拼词、立即造词、频度调整、模糊音设置等；拼音加加无需切换，直接混合输入中英文；精心设计的三重码技术，辅以左右【Shift】键选择重码，较好地解决了拼音输入速度慢的问题；只需输入阿拉伯数字，即可得到多种中文表达方式；简化的日期输入；对于个别不知道读音的汉字，可以采用笔划输入汉字。拼音加加是一种简单易学，效率又高的汉字输入法。

总之，不同的拼音输入法都拥有一定量的用户群，用户可以根据自己的需要选择一种输入法。紫光拼音、拼音加加是拼音输入法中的后起之秀，因其使用方便、简单易学、功能强大而受到广大拼音输入爱好者的好评。

5. 二笔声形码输入法

二笔输入法是陈劲松先生于1992年发明的一种声形码输入法，即音形结合码输入法，其首码是拼音的首字母，其余三码均以笔画取码，以二笔为一键，平均二键打一字，所以叫做二笔输入法。

常用的二笔输入法有：极点二笔、超强二笔、智能二笔等。超强二笔如图1-29所示。

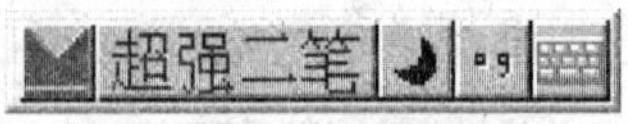

超强二笔

图1-29 超强二笔状态图

1.4.2 五笔字型输入法

五笔字型输入法是把汉字的笔划形象地概括为“横、竖、撇、捺、折”五种基本笔划（五笔），并考虑了汉字的三种（左右型、上下型、杂合型）基本字型而得名“五笔字型”。五笔字型输入法是王永民先生研究发明的，现在已经成为一种应用广泛的中文输入法。这种输入法的主要优点在于重码少，熟练掌握之后，五笔字型输入法输入速度可达到每分钟100字以上。五笔字型输入法的另一个优点是对于不知道读音的汉字或者读音不准确的汉字，根据汉字的字形即可将该字输入到计算机中。目前流行有多种五笔字型输入法，如王码86版、智能五笔、五笔加加、万能五笔等，五笔字型输入法尽管种类繁多，但其基本输入编码是一致的。

五笔字型的编码规则分为 86 版和 98 版。86 版最常用，也是最早的五笔输入方法，现在大部分人和计算机都使用的是这个版本。98 版是 86 版的修正，改进了一些不合理的地方，使重字更少，布局更合理，操作更方便，速度也会更快，但由于 86 版广泛普及，98 版的推广缺少软件商和作者的支持，而且由于 98 版编码相对 86 版改动的较多，习惯了 86 版的使用者会很不适应。本书以介绍 86 版五笔为主。

下面是学好五笔字型的基本方法：

1）掌握如何拆字根。需要了解汉字的结构，汉字的笔划、字根和字型。

2）熟练掌握字根表。学会五笔字型编码的关键是熟记字根表，而熟记字根表的关键是多做书面的拆分编码练习。经过试验，对 500 个常用字，进行约 24 小时的拆分练习，就会对 25 个键位的字根表滚瓜烂熟。

3）掌握如何输入编码。需要了解编码规则。

1. 汉字的结构

（1）五种笔划　笔划是构成汉字的最小单位，是一次写成的连续不断的一段线。五笔字形输入法将汉字的基本笔划分为 5 种，即横、竖、撇、捺、折，分别以 1、2、3、4、5 作为代号，见表 1-5。

表 1-5　五种笔划

代　号	笔划名称	笔划走向	变形笔划	基本笔划
1	横	左→右	㇀（提）	一
2	竖	上→下	亅	丨
3	撇	右上→左下	丿	丿
4	捺	左上→右下	丶	㇏
5	折	带转折	乛	乙

五种笔划构成字根时，笔划之间的位置关系有如下五种不同的情况：

1）单。一个笔划本身就构成一个字根。例如一、丨、丿等。

2）散。构成一个字根的笔划之间有一定的距离。例如构成字根川、八、氵等的笔划之间均有距离。

3）连。构成一个字根的笔划之间是相连的。例如构成字根工、人、厂等的笔划之间单笔相连；构成字根口、尸、已等的笔划之间笔笔相连。

4）交。构成一个字根的笔划之间互相交叉。例如在构成十、力、又等字根中，笔划之间都有交叉关系。

5）混合。构成一个字根的各笔划之间既有连又有交或散的关系。例如纟、禾、雨等。

（2）汉字的字根　字根是有形有意的，由 2 个以上的单笔划以散、连、交的方式构成的笔划结构，也是构成汉字的基本单位。在五笔字型的编码方案中，约有 130 个基本字根。字根的选取原则是组字能力强，在日常汉语文字中出现次数多。例如“时”字由日与寸组成，“林”由两个木组成；在基本字根中有些字根本身就是一个完整的汉字，如禾、日、人、白等。

汉字可以划分为三个层次：笔划、字根、单字。汉字的拼形编码既不考虑读音，也不把汉字全部支解为单一笔划，它遵循人们的习惯书写顺序，是以字根为基本单位来组字、编码，并用来输入汉字的一种方法，这是五笔字型方案的基本出发点之一。五笔字型键盘字根分布情况如图 1-30 所示。

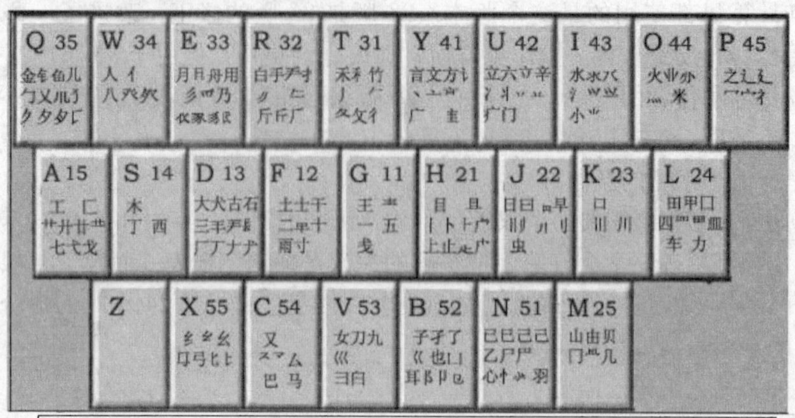

11 王旁青头戋五一。12 土士二干十寸雨。13 大犬三羊古石厂。
14 木丁西。15 工戈草头右框七。
21 目具上止卜虎皮。22 日早两竖与虫依。23 口与川，字根稀。
24 田甲方框四车力。25 山由贝，下框几。
31 禾竹一撇双人立， 反文条头共三一。32 白手看头三二斤。33 月衫乃用家衣底。
34 人和八，三四里。35 金勺缺点无尾鱼，犬旁留乂儿一点夕，氏无七。
41 言文方广在四一，高头一捺谁人去。42 立辛两点六门病。43 水旁兴头小倒立。
44 火业头，四点米。45 之宝盖，摘礻(示)衤(衣)。
51 已半巳满不出己，左框折尸心和羽。52 子耳了也框向上。53 女刀九臼山朝西。
54 又巴马，丢矢矣。55 慈母无心弓和匕，幼无力。

图 1-30 五笔字型键盘字根总图

(3) 汉字的部位结构 基本字根按一定的方式组成汉字，在组字时这些字根之间的位置关系就是汉字的部位结构。

1) 单体结构。由基本字根独立组成的汉字。例如目、日、口、田、山等。

2) 左右结构。左右结构的字由左右两部分或左中右三部分构成。例如朋、引、彻、喉等。

3) 上下结构。上下结构的字由上下两部分或自上往下几部分构成。例如吕、旦、党、意等。

4) 内外结构。汉字由内外部分构成。例如国、向、句、匠、达、库、厕、问等。

(4) 汉字的三种字型 汉字的字型指由字根构成汉字时，字根之间在汉字中所处的位置关系。一般分为三种类型：左右型、上下型、杂合型，字型代号分别为 1、2、3，具体见表 1-6。

表 1-6 汉字字型

笔划代号	字型	图示	字例
1	左右		汉做封结
2	上下		吕真花华
3	杂合		困凶闪这床

三种字型的划分是基于对汉字整体轮廓的认识，指的是在整个汉字中字根之间排列的相互位置关系。这样划分汉字的字型以后，汉字的字型特征可以作为识别汉字的一个重要依据。

1）左右型汉字。左右型汉字包括两种情况：

① 整个汉字分为两部分。分开左右，整个汉字中有着明显的界线，字根间有一定的距离。例如现、汉、绿等。

② 整个汉字分为三部分。从左至右排列，或者单独占据一边的部分与另外两个部分呈左右排列。例如侧、排、例等。

2）上下型汉字。汉字的各字根之间有明显的上下位置关系且其间有一定距离。在上下型汉字中，或者字根从上到下依次排列，或者一个字根与另一个字根的组合呈上下排列。所有上下型的汉字，都可用“一刀”或“两刀”横向切开分成上下两个或三个部分。例如字、节、看、意、想、花等。

3）杂合型汉字。指组成整个字的各个部分之间没有简单明确的左右或上下型关系。例如国、半、本等。

注意：在向计算机输入汉字时，只告诉计算机该字是由哪几个字根组成的，往往还不够，例如“吕”和“回”字，都是由两个“口”字根组成的，为了区别究竟是哪一个字还必须把字型信息告诉计算机。

（5）汉字的拆分原则　在把汉字拆成字根时，要按照书写顺序拆分。例如“孬”字要拆成：一、小、女、子，而不能拆成一、小、子、女；“新”字要拆成：立、木、斤，而不能拆成立、斤、木；“中”只能拆成口、丨，不能拆成丨、口。汉字拆分的关键集中于解决连、交及混合型的情况，具体拆分概括如下：

1）连笔结构。拆分为单笔与基本字根。例如“自”拆成丿与目。

2）交叉结构或交连混合结构。按书写顺序拆分成几个已知的最大字根，以增加一笔不能构成已知字根来决定笔划分组。例如“果”拆成日、木，而不拆成旦、小，因为“日”加一笔“一”后成为“旦”，“旦”不是基本字根。

注意：拆分中，一个笔划不能割断在两个字根中。例如“果”不能割断为田、木。

在拆分过程中需要掌握以下几个原则：

① 能散不连。如果一个单体结构可以视为几个基本字根的散的关系，就不要认为是连的关系。例如：“非”应拆为三、刂、三。

② 兼顾直观。在拆分汉字时，为了照顾字根的完整性，有时暂且牺牲“书写顺序”和“取大优先”的原则，形成一些例外的情况。例如“国”按书写顺序应拆成冂、王、丶、一，但这样破坏了汉字构造的直观性，所以拆作囗、王、丶。“自”拆分成丿、目，而不能拆分为亻、乙、三，因为后面的拆法欠直观性。

③ 能连不交。一个结构能用“连”的关系拆分，就不要按“交”的关系拆分。例如

于＝一十≠二丨　　主＝丶王≠亠土

开＝一廾≠二刂　　天＝一大≠二人　　术＝木丶≠亠小

④ 取大优先。取大优先也叫能大不小。在各种可能的拆分中，保证按书写顺序每次都拆出尽可能大的字根，使字根数目最少。例如“世”字拆成廿和乙，而不拆成一、凵、乙。

一般来说，首先应保证每次拆出最大的基本字根；在拆出字根数目相等的情况下，“散”比“连”优先，“连”比“交”优先。

2. 五笔字型的键盘布局及特点

把130个基本字根分布在25个键位上就形成了"字根键盘"。每个键位对应一个英文字母，如图1-30所示。

（1）字根在键盘上的分布原则

1）将25个英文字母键(A～Y)分成五个区，区号为1～5，每个区5个键，每个键称一个位，位号为1～5。如果将每个键的区号作为第一个数字，位作为第二个数字，那么用两位数字(称为区位号)就可以表示一个键，如图1-30所示。

2）每个键有一个代表性的字根成为键名，即每个键上的第一个字根。为了便于记忆，将25个键名组成"键名谱"，见表1-7。

表1-7 键名谱

区 号	起笔类别	键 名	区 号	起笔类别	键 名
1	横起笔	王、土、大、木、工	4	捺起笔	言、立、水、火、之
2	竖起笔	目、日、口、田、山	5	折起笔	已、子、女、又、纟
3	撇起笔	禾、白、月、人、金			

对一些字来说，区位号中位号与其次笔也有一定的关系。例如"王"字首笔是横，次笔又是横，故安排在"11"区位号上；"土"字首笔是横，次笔是竖，故安排在"12"区位号上；"石"字首笔是横，次笔是撇，故安排在"13"区位号上；又如"21"表示一竖(丨)，"22"表示两竖(刂)，"23"表示三竖(川)。

3）单笔划基本字根的种类和数目与区位编码相对应。例如一、二、三这3个单笔划字根，分别安排在1区的第一、二、三位置上；丶、冫、氵、灬这4个单笔划字根，分别安排在4区的第一、二、三、四位上。

（2）五笔字型的编码规则 五笔字型拆分取码的原则分为五项：

1）按书写顺序，从左到右，从上到下，从内到外的原则。

2）以基本字根为单位取码的原则。

3）一、二、三、末字根，最多取四码的原则。

4）汉字拆分取大优先的原则。

5）末笔与字型交叉识别的原则。

（3）编码方式 编码方式分为三类：键名，成字字根，一般汉字。

1）键名汉字。五笔字型规定每个键上的第一个字，也就是助记口诀中每个区位中的第一个字为键名，除了五区第五位的纟键以外，每个键名都是一个完整的汉字。要输入键名，在该键上连击四次就可以了。例如要输入"田"字，按【L】键四次即可。

2）成字字根。在五笔字型130多个字根中，除了键名以外，一部分字根也是汉字，这样的字称为成字字根，如"五、戋、寸、雨、石、古、西、丁、七、止、卜、早、虫、车、力、由、贝、几、竹、手、斤、乃、用、八、儿、广、辛、六、门、小、米、己、巳、尸、心、羽、耳、也、臼、弓、匕"等。

成字字根输入方法为：键名码+第一笔码+第二笔码+末笔码。例如输入"石"字，第一键为"石"字字根所在的【D】键，第二键为首笔"横"【G】键，第三键为次笔"撇"【T】键，第四键为末笔"横"【G】键。

当键名字只有两笔时，按了第二笔码后补空格。如果只有一个笔划，后两个键按【L】

键。例如“一”字的编码为 GGLL。

注意：是成字字根就不能再拆成其他字根，输入“键名码”后，只能一笔划一笔划地打。

3）一般汉字。一般情况下，输入一、二、三、末四个字根的编码，就可以得到一个完整的汉字。例如，“酸”字取字根西、一、厶、文，编码为 SGCT。

一个汉字如果由少数字根组成(不足四个字根)，就很容易出现“重码”，也就是说有两个以上的汉字都是这样的编码。如只击 S、F 这两键，“村、杜”都是木字旁，右边的“寸、土”都在 F 键上，这样就出现了不能区别的重码。遇到这种情况，加上一个“交叉识别码”。交叉识别码，是由字的“末笔笔划”和“字型信息”共同构成的。末笔笔划有五种，字型信息有三类，因此交叉识别码有 15 种，具体见表 1-8。

表 1-8 字型结构表

字型 / 末笔划	左右型 1	上下型 2	杂合型 3
横 1	11(G)	12(F)	13(D)
竖 2	21(H)	22(J)	23(K)
撇 3	31(T)	32(R)	33(E)
捺 4	41(Y)	42(U)	43(I)
折 5	51(N)	52(B)	53(V)

例如，“徐”字拆成彳、人、禾，只有 TWT 三个码，因此要增加一个“末笔字型交叉识别码”，“徐”的末笔是“丶”，字型是左右型，因此识别码是 Y。

识别末笔有两点需要注意：

① 对于全包围和半包围型的汉字，规定取末笔划时取被包围里面的字根的末笔划。例如“远、连”，识别码只能用“元、车”字根的末笔划(如用外面的走之旁字根的末笔划,那所有的末笔就都一样了,将无法识别)。像“圆、固”等也只能取里面的笔划。另外，如果是“九、刀、力、匕”为末字根，规定一律取折笔为末笔划。以“戈、戋”为末字根时，取撇为末笔划。

② 五笔字型方案规定，不足四码的汉字要加末笔识别码，还不足四码的再补打空格。为了提高输入速度，五笔字型方案将一些常用汉字的编码取其前面的几个为简码，因此，大部分汉字用不着输入识别码。

(4) 关于简码、重码和容错码

1）简码。为了减少击键次数，提高输入速度，一些常用的字，除按其全码可以输入外，多数都可以只取其前边的一至三个字根，再加空格键输入，即只取其全码的最前边的一个、二个或三个字根(码)输入，形成所谓一、二、三级简码。

① 一级简码(即高频字码)。将键按一下，再按空格键，可打出最常用的汉字，一级简码共 25 个：“一地在要工，上是中国同，和的有人我，主产不为这，民了发以经”。例如“一”：11(G)；“要”：14(S)；“的”：32(R)；“和”：31(T)。

② 二级简码。输入前两个字根编码，再按空格键。例如“天”：一大(GD)；信：亻言(WY)。

③ 三级简码。例如华：亻匕十(WXF)；想：木目心(SHN)；陈：阝七小(BAI)；得：

彳曰一(TJG)。

注意：有时同一个汉字可有几种简码。例如“经”，就同时有一、二、三级简码及全码四个输入码。经：55(X)；经：55 54(XC)；经：55 54 15(XCA)；经：55 54 15 11(XCAG)。

2）重码。一个编码对应着几个汉字，这几个汉字称为重码。五笔字型中，当输入重码时，重码字显示在提示行中，较常用的字排在第一个位置上，并用数字指出重码字的序号。如果需要的是第一个字，则可继续输入下一个字，该字自动跳到当前光标位置，其他重码字用数字键选择。例如“枯”和“柘”均拆为木、古、一(SDG)，因“枯”字较常用，它排在第一位。

所有显示在后边的重码字，将其最后一个编码人为地修改为“L”，使其有一个惟一的编码，按这个码输入，便不需要挑选了。例如“喜”和“嘉”的编码都是FKUK。现将最后一个“K”改为“L”，FKUL就作为“嘉”的惟一编码了(“喜”虽然是重码,但不需要挑选,相当于惟一码)。

从五笔字形键盘字根总图如图1-30所示，英文字母键【Z】键并未被分配作字根键位。实际应用中，【Z】键用于辅助学习，因此【Z】键又称为学习键、万能键。

当对汉字的拆分难以确定用哪一个字根时，不管它是第几个字根都可以用【Z】键来代替。符合条件的汉字将显示在提示行中，再键入相应的数字选取所需的汉字。同时，在提示行中还显示了汉字的五笔字形编码，可以学习该汉字的五笔字型编码。

1.5 外部存储器的使用

外部存储器简称外存或称辅存，是外设的一部分。它能长期存储那些暂时不用的信息(可记录各种信息、存储系统软件、用户的程序及数据)。它既是输入设备，也是输出设备，是内存的后备和补充，并且只能与内存交换信息。按单位容量比较，外存比内存价格低，总体容量比内存大得多，但速度比内存慢。常用的外部存储设备有磁盘和光盘等。磁盘有软盘、硬盘和U盘三种，它们都是磁介质存储设备，光盘则是非磁介质存储设备。

1.5.1 软盘

软磁盘简称软盘，它是微机的外部存储设备。软盘只有插入软盘驱动器中才能工作，软盘驱动器是读入、写出装置，其适配器是与主机连接的接口。目前常用的软盘为3.5英寸软盘。3.5英寸软盘的容量是1.44MB，如图1-31所示为软盘外观。软盘外部有一个塑料外壳，

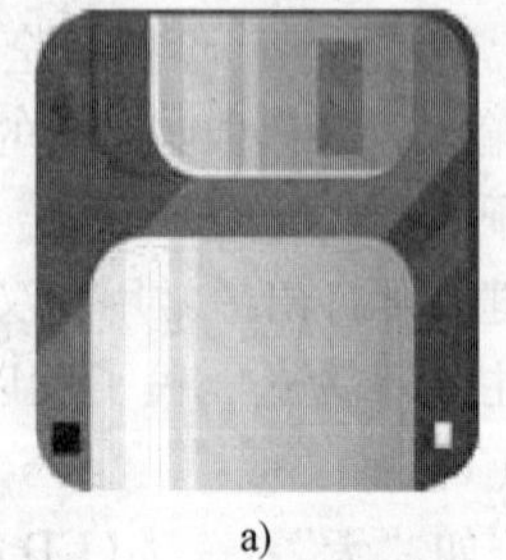

a)

b)

图1-31 软盘外观

a）软盘正面 b）软盘反面

比较硬，它的作用是保护内部的盘片。盘片上涂有一层磁性材料，它是纪录数据的介质。在外壳和盘片之间有一层保护层，防止外壳对盘片的磨损。

软盘提供了一种简单的写保护的方法，它是靠一个方块来实现的。黑色塑料片挡住透光小方口时为可写入状态。拨动黑色塑料片，让光线从小方框透过为写保护状态，此时只能从磁盘读出数据，而不能向磁盘写入数据。写保护是个非常有用的功能，可防止误写操作，也避免病毒对它的侵害。在使用时，最好将一些重要的软盘，如程序安装盘和数据备份盘设置成写保护状态。

1.5.2　硬盘

1. 硬盘存储器简介

硬盘存储器简称硬盘(Hard Disk)，是内存的主要后备存储器，也是目前微机上使用的最基本的外部存储器，由于在结构上将驱动器和刚性的存储介质盘片固定在一起，因此也常常将硬盘驱动器称为“硬盘”。如图 1-32 所示为硬盘外观，硬盘是微机选配的一种高速度、大容量的外部存储器。

目前世界上生产硬盘的厂家主要有 Seagate(希捷)、Quanrum(昆腾)、Maxtor(迈拓)、Western Digital(西部数据)和 IBM 等，硬盘产品的名字也以各制造公司来命名。

图 1-32　硬盘外观

2. 硬盘存储器的分类

从结构上分固定式与可换式两种。固定式硬盘又称为温式(温彻斯特 Winchester)硬盘，俗称温盘，以一个或多个不可更换的硬磁盘作为存储介质，故称为固定盘（Fixed Disk)。还有一种是可更换盘片的硬盘，称为可换式硬盘。

3. 服务器硬盘

服务器硬盘，顾名思义，就是服务器上使用的硬盘。如果说服务器是网络数据的核心，那么服务器硬盘就是这个核心的数据仓库，所有的软件和用户数据都存储在这里。对用户来说，储存在服务器上的硬盘数据是最宝贵的，因此硬盘的可靠性是非常重要的。为了使硬盘能够适应大数据量、超长工作时间的工作环境，服务器一般采用高速、稳定、安全的 SCSI 硬盘。

1.5.3　光盘、刻录机和 MO

1. 光盘

随着计算机技术的发展，光盘作为外存储器已越来越广泛。光盘是一种使用非磁介质的存储设备，如图 1-33 所示。其信息容量大，同时又具有软盘便于携带的优点，所以目前光盘被广泛使用。

(1) 光盘的特点

1）存储容量大　目前一张普通 CD-ROM 盘片容量达 650MB，一张 DVD-ROM 的单面单层盘片容量达 4.7G，双面或双层的 DVD-ROM 盘片容量达 9.4GB。

2）可靠性高　信息保留时间长，可用作文献档案、图书管理和多媒体等方面的应用。

图 1-33　光盘示意图

3）读取速度快　目前可实现快速存储。CD-ROM 光驱的运算速度可达 150KB/s。目前已有 16 倍速的 DVD-ROM(1 倍速 DVD 光驱的数据读取速度相当于 9 倍速的 VCD-ROM 的光驱速度)，相当于 80 倍速的 VCD-ROM 的光驱速度。与硬盘相比，传输速度已不是问题。

4）价格低

5）携带方便

（2）光盘的分类

光盘驱动器有只读驱动器(CD-ROM)和可读写光盘驱动器两种，因此光盘按性能可分为只读型光盘、可写一次型光盘和可重写型光盘三个基本类型。

1）只读型光盘　只读型光盘又称“CD-ROM”（Compact Disk Read Only Memory），特点是由厂家将信息写入光盘，用户使用时将其中的信息读出，用户本身无法对 CD-ROM 进行写操作。

2）可写一次型光盘　可写一次型光盘又称“WORM”或简称“WO 光盘”。这种光盘本身未经过任何信息的写入，用户使用时可以一次写入、多次读出，进行快速检索，并可代替磁盘等作为计算机的后备装置。

3）可重写型光盘　可重写型光盘又称“可擦写光盘”或“可抹型光盘”（Erasable Optical Disk）。此光盘具有可换性、容量高和随即存取等优点。但因价格较贵、速度较慢且不能兼容只读型与可写一次型光盘。

（3）光盘的安全使用

1）光盘不要受到重物挤压，不要用金属等坚硬的物品刻划，以免破损或变形。

2）不要用不干净的手触摸盘面和底面。

3）手持盘片时，应食指插入盘孔，拇指抠住盘片外沿。

4）盘片用完后，应将盘片妥善存放，防止灰尘落到盘面上。

5）防高温日晒，放强磁、放受潮。

6）需要使用光盘时再把它放入光驱，不用时及时取出，以免光盘在光驱内不读盘也在高速旋转。对经常使用的光盘，可将其内容复制到硬盘中。

2. 刻录机

刻录机即 CD-R，是英文 CD Recordable 的简称。其所用 CD-R 盘的容量一般为 650MB。它上面所记载资料的方式与一般 CD 光盘片是一样的，也是利用激光束的反射来读取资料，所以 CD-R 盘片可以放在 CD-ROM 上读取，不同的是 CD-R 盘可以写一次。

刻录机分为四种：一种是 CD 刻录机(包含 CD-RW 刻录)，另一种是 DVD(包含 DVD-RW 刻录)刻录机，第三种是 HDVD 刻录机，最后一种是 Blu-ray Disk(BD)刻录机。

使用刻录机可以刻录影音光盘、数据光盘等，如图 1-34 所示为刻录机外观。CD 容量是 700MB，DVD 容量是 4.5GB(双层)，BD 的容量在 50GB 以上(双层)。目前大部分刻录机除支持整盘刻写(Disk at Once)方式外，还支持轨道刻写(Track at Once)方式。使用整盘刻录方式时，用户必须要将所有数据一次性写入 CD-R 盘，如果准备的数据较少，刻录一张盘势必会造成很大的浪费。而用轨道刻写方式就可以避免这种浪费，这种方式允许一张

a)　　b)

图 1-34　刻录机外观

a）内置刻录机　b）外置刻录机

CD-R 盘在有多余空间的情况下进行多次刻录。现在市场上还有一种 CD-RW 的刻录机和盘片，这种 CD-RW 是可以擦写的，而且擦写次数高达 1000 次以上。需要注意的是，不管是 CD-R 还是 CD-RW，都要借助专门的刻录软件才能将数据记录在盘上。如 Easy-cd Pro 等，从 Windows XP 开始，Windows 系统中也自带光盘刻录功能。

3. MO

MO 全称 Magneto-Optical Disk，即磁光盘的意思，是一种可擦写光盘存储器，分为 3. 5in 和 5. 25in 两种，3. 5in 使用较为广泛，如图 1-35 所示。MO 容量有 230MB、640MB 以及 1. 3GB 等不同的规格，其内部圆盘和光盘有点类似。

图 1-35　MO 示意图

MO 出现已经有很多年了，但由于计算机必须安装 MO 驱动器，才可以读取 MO 的资料，所以 MO 的使用并不广泛。但凭着其超高的安全性和稳定性，目前仍有不少科研、政府机构或是苹果机使用，比较多的广告公司也在使用它。

1. 5. 4　移动硬盘、U 盘、MP3 和 MP4

1. 移动硬盘

移动硬盘顾名思义是以硬盘为存储介质，强调便携性的存储产品，即是计算机之间交换大容量数据的中间存储器，如图 1-36 所示。目前，市场上绝大多数的移动硬盘都是以标准硬盘为基础的，但因价格因素决定了主流移动硬盘仍然是以标准笔记本硬盘为基础。因为采用硬盘为存储介质，因此移动硬盘对数据的读写模式与标准 IDE 硬盘是相同的。移动硬盘多采用 USB、IEEE 1394，eSATA 等传输速度较快的接口，保证了与系统进行数据传输的高传输速率。

（1）移动硬盘的特点

图 1-36　移动硬盘外观

1）容量大。移动硬盘可以提供相当大的存储容量，是一种性价比较高的移动存储产品。在目前大容量“闪存”价格偏高的情况下，移动硬盘能给用户提供较大的存储容量和不错的便携性。目前市场上的移动硬盘能提供高达 40 ~ 160GB 的容量甚至更高，较好地满足了用户的需要。

2）传输速率。移动硬盘的数据传输速率受到其接口速度的直接影响，尤其 USB1. 1 接口规范在传输较大数据量时需要时间较长，但是当前的移动硬盘大多采用 USB2. 0、IEEE1394 接口，能提供较高的数据传输速率，而 eSATA（External Serial ATA，外部串行 ATA）接口规范的应用则进一步提高了数据的传输速率。

3）使用便捷。现在 USB 接口已成为个人计算机中的必备接口，主板通常可以提供 2 ~ 8 个 USB 接口。USB 设备在大多数版本的 Windows 操作系统中，都可以不需要安装驱动程序，具有真正的“即插即用”特性，使用起来灵活方便。

4）安全可靠。移动硬盘除高速、大容量、轻巧便捷等优点外，更大的优点还在于其存储数据的安全可靠性。移动硬盘与笔记本硬盘的结构类似，多采用硅氧盘片。这是一种比铝、磁更为坚固耐用的盘片材质，并且具有更大的存储量和更好的可靠性，提高了数据的完整性。

(2) 移动硬盘在使用时需注意的问题

1) 移动硬盘的USB连接线既是数据传输线，又是硬盘工作供电线，连线过长就会导致电阻增大和数据干扰，使计算机不能正常识别移动硬盘，导致移动硬盘不能正常地工作，所以要注意：除了原来配置的USB连接线外，不宜连接USB延长线；二是与计算机连接应选择机箱背后的USB接口(直接固定在主板上的接口)，而不宜使用机箱前面的接口(它们是由主板经过一段引线连接到前面板上的)。

2) 移动硬盘虽然采用USB接口，可以支持热插拔，但要注意在使用过程中Windows系统尽量确保关闭了USB接口才能拔下USB连线(鼠标单击日期旁边的USB接口标志,关闭接口)，否则处于高速运转的硬盘突然断电可能会导致数据丢失，甚至损坏硬盘。

2. U盘

(1) U盘存储器简介

U盘就是闪存盘。闪存盘是一种采用USB接口的无需物理驱动器的微型高容量移动存储产品，它采用的存储介质为闪存(Flash Memory)。闪存盘不需要额外的驱动器，将驱动器及存储介质合二为一，只要接上计算机上的USB接口就可独立地存储读写数据。闪存盘体积很小，仅大拇指般大小，重量极轻，约为20g，特别适合随身携带，如图1-37所示。闪存盘中无任何机械式装置，抗震性能极强。另外，闪存盘还具有防潮、防磁、耐高低温(-40~70℃)等特性，安全性和可靠性都很好。

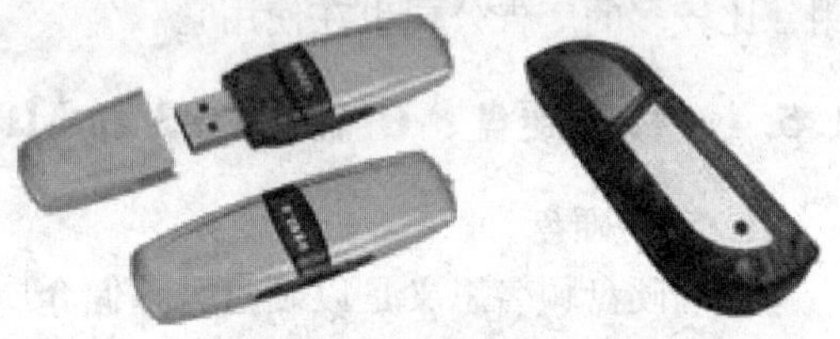

图1-37 U盘示意图

闪存盘只支持USB接口，它可直接插入计算机的USB接口或通过一个USB转接电缆与计算机连接。

(2) U盘的使用方法

U盘以它低廉的价格，大容量的存储空间，相对较快的存取速度，现在已经顶替软驱成为我们组装计算机的首选部件之一。

虽然它号称有十万次以上的擦写次数，但如果在日常使用中不加以注意，也很容易出现“早夭”的现象。在Windows XP操作系统上直接插入后，在“资源管理器”或“我的电脑”里就可以看到了。

1) 将U盘连接到计算机上　把U盘插到USB接口上即可。U盘都是采用USB接口，采用USB接口的设备是可以进行热拔插的，但是还是需要掌握一些技巧。在插入时需要注意方向，在遇到无法插入的情况，千万不要用力，换个方向就可以解决问题。并且在拔下后也不要马上接着就插入，等待5s左右再插入。当插入成功时系统弹出窗口，如图1-38所示。

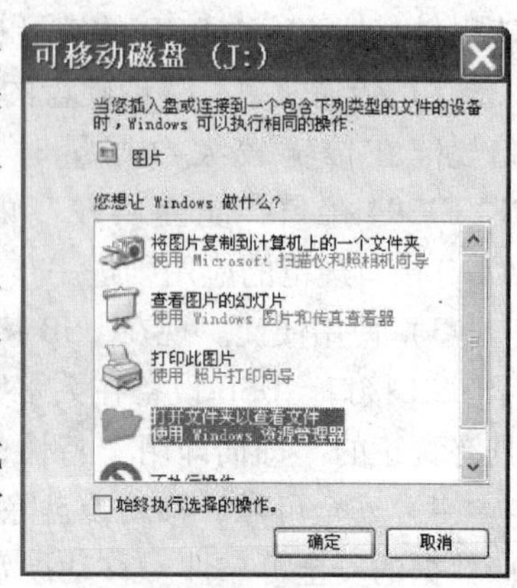

图1-38 U盘成功插入后系统弹出的窗口

2) 操作U盘　将U盘成功连接到计算机上后，在“我的电脑”中出现“可移动磁盘”。U盘的操作与硬盘的读写操作一样。

3) 将U盘从计算机上删除　很多U盘上都有LED指示灯，指示灯的明暗、闪烁等都反映了U盘的不同状态，一般来说指示灯亮的时候不能拔下 U 盘，这说明 U 盘在工作，强行拔出会造成损坏。对于没有指示灯的 U 盘，在进行完读写的操作后等待一会儿再拔出，这样比较安全。在 Windows XP 下，添加 U 盘后会在任务栏右边区域出现 USB 设备图标，单击该图标出现如图 1-39 所示的“安全删除 U 盘”窗口，单击窗口出现如图 1-40 所示的“安全地移除硬件”提示窗口，拔出 U 盘即可。

图 1-39　“安全删除 U 盘”窗口

图 1-40　“安全地移除硬件”窗口

若双击 USB 设备图标，出现如图 1-41 所示的“安全删除硬件”对话框，单击“停止(s)”按钮，弹出如图 1-42 所示的“停用硬件设备”对话框，选择要停止的 USB 设备，单击“确定”按钮。然后再拔出设备，这样会比较安全。需要说明的是，有的 U 盘在 Windows XP 下指示灯总是亮着的，这是因为 Windows XP 增加了对 USB 设备的检测功能，只要有数据流量，指示灯就会闪烁，这时也要在停用该设备后，再进行拔出的工作。如果不通过单击 USB 图标停止，直接拔除 U 盘，Windows 会发出错误的操作提示，这对 U 盘控制芯片的寿命会造成影响，只有正确使用才能保证 U 盘的使用寿命。

图 1-41　“安全删除硬件”对话框

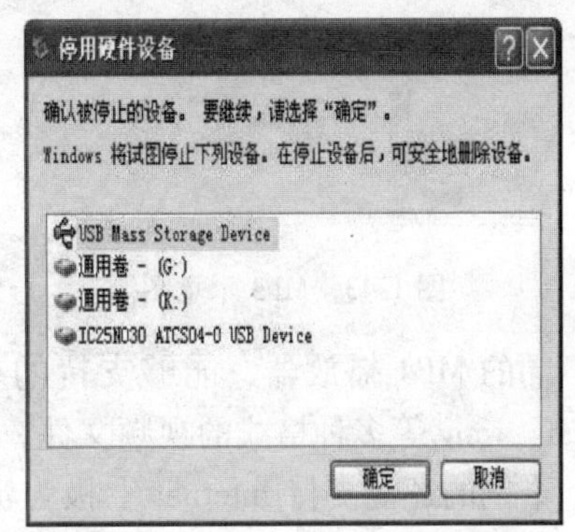

图 1-42　“停用硬件设备”对话框

4）读写开关的选择　和软盘类似，U 盘上一般都有读写开关，切换该开关可以控制 U 盘的只读和读写。不少用户在使用该开关时，直接在使用时进行切换，这是不正确的。这样不仅不能使设置生效，而且还有可能损害 U 盘。正确的方法是先拔下 U 盘，接着进行状态的切换，然后再插入 U 盘，这样才能正常使用。同样有的 U 盘上还有其他的切换开关，也要遵循此操作原则。

（3）U 盘的用途

1）用来在没有连网的计算机之间交流大于 1.44MB 的文件。例如在单位与单位、单位与家庭以及个人与个人之间的计算机之间交换文件。有了 U 盘，在单位没有完成的工作可以带回家继续做；有了 U 盘，可以将大型的设计文件带到客户那里。

2）用来在笔记本上替换软驱。带着笔记本经常出差的商务人士都很头痛笔记本的重量，而软驱在其中占了很大份量。用 U 盘可以随时随地与客户交换文件数据，从此和软驱说再见，从而使商务之旅轻松愉快，移动办公效率倍增。

（4）U 盘的日常维护

1）当U盘表面出现污渍时，避免用液体的清洁剂洗涤，可用橡皮擦轻轻去除。

2）注意防潮，长时间不用时，要存放于干燥处，并戴好帽子，以防上 USB 接口氧化锈蚀。

3）平时不要频繁进行插拔，否则容易造成 USB 接口松动。

3. MP3

MP3 是一种音乐播放器的简称，同时也是目前极为流行的一种音乐文件格式。MP3 播放器现在已十分流行，市场上有许多种 MP3 播放器品牌，大多兼有 U 盘功能，可以作为移动存储器使用，如图 1-43 所示。另外有部分 MP3 播放器不仅可以播放 mp3 格式的音乐文件，还可以播放诸如 wav、wmv 等格式的文件。MP3 播放器大多采用 USB 接口与微型计算机连接，体积较小，使用携带均较为方便。

4. MP4

MP4 播放器是指市面上的 MP4 音/视频播放机，主要分为两种，一种为闪存式，一种为硬盘式。闪存式是用闪存为存储的 MP4 播放器，虽然容量一般不会超过 4GB，但是体积比较小，方便携带。硬盘式是用内置硬盘式的存储方式，容量最少为 20GB，如图 1-44 所示。硬盘式 MP4 屏幕尺寸要比闪存式的大，画面质量也比较好。但因为容量大，硬盘式 MP4 价格也会高很多，并且体积大、耗电多。

图 1-43　MP3 示意图

图 1-44　MP4 示意图

不同的 MP4 播放器，能够支持的视频格式也不一样。大多数产品都能支持 mpeg-4、avi、asf、wmv 等多种格式的视频文件，当然大多数 MP4 也能支持 mp3、wma 等格式的音频文件，个别的还能支持 Internet 上极为流行的 rmvb 格式的视频文件。另外，随着技术的进步，一些高端 MP4 也支持摄录、图片浏览、文字阅读等功能。

1.6　多媒体技术基础

1.6.1　多媒体概述

1. 多媒体的基本概念

媒体(Medium)原有两重含义，一是指存储信息的实体，如磁盘、光盘、磁带、半导体存储器等，我们通常称为媒质；二是指传递信息的载体，如数字、文字、声音、图形等，通常称为媒介。从字面上看，多媒体(Multimedia)，就是由单媒体复合而成的。

多媒体技术从不同的角度有着不同的定义。有人定义多媒体计算机是一组硬件和软件设备，结合了各种视觉和听觉媒体，能够产生令人印象深刻的视听效果。在视觉媒体上，包括图形、动画、图像和文字等媒体；在听觉媒体上，则包括语言、立体声响和音乐等媒体。用户可以从多媒体计算机同时接触到各种各样的媒体来源。也有人定义多媒体是“文字、图形、图像以及逻辑分析方法等与视频、音频以及为了知识创建和表达的交互式应用的结合体”。概括起来，多媒体技术是计算机交互式综合处理多媒体信息——文本、图形、图像和声音，使多种信息建立逻辑连接，集成为一个系统并具有交互性。简言之，多媒体技术是具有集成性、实时性、数字化和交互性的计算机综合处理声、文、图信息的技术。

2. 多媒体技术的特点

多媒体技术具有以下一些特点：

(1) 集成性　多媒体技术的集成性指将多种媒体有机地组织在一起，共同表达一个完整的多媒体信息，使声、文、图、像一体化。它是计算机、电视机、录像机、录音机、音响、游戏机等性能的大综合。

(2) 交互性　交互性指人和计算机能“对话”，以便进行人工干预控制。交互性是多媒体技术的关键特征。

(3) 数字化　数字化指多媒体中的各个媒体都是以数字形式存放在计算机中的。

(4) 实时性　多媒体技术是多种媒体集成的技术，在这些媒体中，有些媒体(如声音和图像)是与时间密切相关的，这就决定了多媒体技术必须要支持实时处理。

1.6.2 多媒体计算机的组成

多媒体计算机系统是指能综合处理多媒体信息，使多种信息建立联系，并具有交互性的计算机系统，由多媒体计算机硬件系统和多媒体计算机软件系统组成。

1. 多媒体PC(MPC)的概念

在多媒体计算机之前，传统的微机或个人机处理的信息往往仅限于文字和数字，只能算是计算机应用的初级阶段，同时，人机之间的交互只能通过键盘和显示器，故交流信息的途径缺乏多样性。为了改善人机交互的接口，使计算机能够集声、文、图、像处理于一体，人类发明了有多媒体处理能力的计算机。多媒体PC(Multimedia Personal Computer, MPC)是具有了多媒体处理功能的个人计算机，它的硬件结构与一般所用的个人机并无太大的差别，只不过是多了一些软硬件配置。一般用户如果要拥有MPC通常有两种途径：一是直接购买具有多媒体功能的PC；二是在基本的PC上增加多媒体套件而构成MPC。其实，现在用户所购买的个人计算机绝大多都具有了多媒体应用功能。

2. 多媒体计算机的基本配置及可选配置

一般来说，多媒体个人计算机(MPC)的基本硬件结构可以归纳为七部分：

1) 至少有一个功能强大、速度快的中央处理器(CPU)。

2) 可管理、控制各种接口与设备的配置。

3) 具有一定容量(尽可能大)的存储空间。

4) 高分辨率显示接口与设备。

5) 可处理音响的接口与设备。

6) 可处理图像的接口与设备。

7) 可存放大量数据的配置。

这样提供的配置是最基本的MPC的硬件基础，它们构成MPC的主机。除此以外，MPC能扩充的配置还可能包括如下几个方面：

1）光盘驱动器。目前光驱对广大用户来说已经是必须配置的了。而可重写光盘、WORM光盘价格较贵，目前还不是非常普及。另外，DVD市场比较稳定，它的存储量更大，是升级换代的理想产品。

2）音频卡。在音频卡上连接的音频输入/输出设备包括话筒、音频播放设备、MIDI合成器、耳机、扬声器等。

3）图形加速卡。图文并茂的多媒体表现需要分辨率高，色彩丰富的显示卡的支持，同时还要求具有Windows的显示驱动程序，并在Windows下的像素运算速度要快。所以现在带有图形用户接口GUI加速器的局部总线显示适配器使得Windows的显示速度大大加快。

4）视频卡。视频卡的功能是连接摄像机、DVD影碟机、TV等设备，以便获取、处理和表现各种动画和数字化视频媒体。

5）扫描卡。扫描卡用来连接各种图形扫描仪，扫描仪是常用的静态照片、文字、工程图等输入设备。

6）打印机接口。打印机接口用来连接各种打印机，包括普通打印机、激光打印机、彩色打印机等，打印机现在已经是最常用的多媒体输出设备之一了。

7）交互控制接口。交互控制接口用来连接触摸屏、鼠标、光笔等人机交互设备。

8）网络接口。网络接口是实现多媒体通信的重要MPC扩充部件。计算机和通信技术相结合的时代已经来临，这就需要专门的多媒体外部设备将数据量庞大的多媒体信息传送出去或接收进来，通过网络接口相连接的设备包括视频电话机、传真机、LAN和ADSL等。

3. 多媒体的存储技术

在多媒体计算机系统中，需要对声音、文字、视频图像、静态图像、图形等多种媒体进行数字化处理。数字化方式处理多媒体信息的一般过程是：首先把音频和视频等媒体信号数字化，以数据的形式存入到计算机存储器中，然后计算机对这些数据进行有效的处理，最后以用户要求的形式表现出来。

数字化处理的优点是能充分利用计算机的功能进行信息处理，但随之带来的一个显著问题是数字化的音频、视频数据量很大，需要大容量的存储器；另一方面，音频、视频信号的输入和输出都需要实时效果，这就要求计算机提供高速处理能力，来满足多媒体处理的实时性要求；同时，多媒体计算机系统信息获取和表现也需要有专门的外设来提供支持。

4. 多媒体信息存储特点

（1）多媒体信息存在和表现有多种形式　常见的有：正文、向量图形（图元组成的图形）、位图图像、数字化声音和高保真音响、数字化视频。

（2）多媒体信息量大　由于多种形式的信息同时存在，计算机需要处理的信息量很大，尤其对动态的声音视频图像更为明显。这些信息即使经过压缩，所需的存储空间仍然十分可观，通常使用的存储设备如软盘、磁带等无法满足这种大信息量的要求。光盘是满足要求的较为理想的存储设备。

1.6.3 多媒体技术的应用

多媒体技术的广泛应用给人们的日常生活、工作和学习带来了显著的变化。其应用主要体现在以下几个方面：

1. 教育与培训

多媒体计算机给传统教育观念和教学模式带来巨大变化。它能以生动活泼的形式激发学生的学习兴趣，以友好交互的方式发挥学生的主动性，提高教学效率和质量。

除学校教育外，各行业的职业培训和继续教育也在应用多媒体计算机系统。很多企事业单位用它对新员工进行岗前培训、操作技能的培训。

在家庭和社会教育中，用多媒体技术编写的各类光盘教材可以为不同年龄的读者提供不受时间、地点限制的自学环境；多媒体网络还可以支持师生双向性远程教育，形成以多媒体网络为基础的教育环境，给人们提供接受终生教育的机会。

2. 医疗卫生服务

多媒体计算机系统可以为患者提供形象生动的医疗咨询，很多有关医疗保健内容的多媒体光盘，以图、文、声、像并茂的方式向人们介绍防病常识和保健知识。

多媒体网络可以协助医生进行远程诊断，方便专家远程会诊。随着网络传输速率的提高，多媒体远程医疗将给更多的人们带来更高质量、更加经济的医疗服务。

3. 信息领域

利用 CD-ROM 大容量的存储空间，与多媒体声像功能结合，可以提供大量的信息产品。如电子出版物、电子地图、多媒体电子邮件、电子贺卡、计算机对多媒体的支持、网络超市等都是多媒体在信息领域中的应用。

多媒体会议在如今的工作中已经得到普遍应用，多媒体会议系统可以使身处异地的多方人士通过多媒体网络相互交流见解、商讨问题、协同工作，这种方便快捷的远程合作方式既能减少人员往返的劳累，又能节约能源和工作时间。

4. 商业领域

多媒体技术在商业领域中的应用也十分广泛。如多媒体技术用于商业宣传、商业广告、商品展示、装修公司为房子设计装修风格等，使人们对抽象事物的了解更加形象化、具体化。

此外，不少制造商采用多媒体光盘代替纸张印刷的产品使用手册，这样不但节约了纸张和印刷费用，而且也使信息更加容易查询。

随着互联网的普及，多媒体电子商务将成为活跃市场经济的新的催化剂。

5. 娱乐与服务

多媒体技术用于计算机后，使声音、图像、文字融于一体。用计算机既能听音乐，又能看电视节目，是家庭文化生活进入到一个更加美妙的境地。多媒体计算机还可以为家庭提供全方位的服务。多媒体电子游戏因其形象生动、画面逼真而引人入胜，不少开发人员充分发挥多媒体技术的优势，创造出声像俱佳的场景和人机互动的效果。

总之，多媒体技术是一种处于发展中的技术，它能激发人的创造力与想象力。它与网络相结合，将成为促进信息社会发展的强大动力。

1.7 计算机中信息的表示

1.7.1 数制的基本概念

数制是人们利用符号来记数的科学方法。数制可以有很多种，但在计算机的设计和使用上常使用的则为二进制、八进制和十六进制。

数制所使用的数码的个数称为基，数制每一位所具有的值称为权。在日常生活中，人们习惯用十进制记数。十进制记数的特点是“逢 10 进 1”。在十进制数中，需要用到 10 个数字符号 0~9，即十进制数中的每一位数字都是这 10 个数字符号之一。因此十进制的基为“10”。在十进制数中，同一个数字符号处在不同位置上所代表的值是不同的，例如，数字 3 在十位数位置上表示 30，在百位数位置上表示 300，而在小数点后 1 位上则表示 0.3。同一个数字符号，不管它在哪一个十进制数中，只要在相同位置上，其值是相同的，例如，135 与 1235 中的 3 都在十位数位置上，而十位数位置上的 3 的值都是 30。由此可见，十进制记数中，十位数位置上的权为 10，百位数位置上的权为 10^2，千位数位置上的权为 10^3，而在小数点后第 1 位上的权为 10^{-1}等。例如，十进制数 123.12 用权表示为：

$$(123.12)_{10} = 1 \times 10^2 + 2 \times 10^1 + 3 \times 10^0 + 1 \times 10^{-1} + 2 \times 10^{-2}$$

计算机是由电子器件组成的，在计算机中的数是用二进制表示而不是十进制表示。这是因为二进制记数只需要两个数字符号 0 和 1，在电路中可以用两种不同的状态：低电平(0)和高电平(1)来表示，其运算电路的实现比较简单；而要制造出具有 10 种稳定状态的电子器件分别代表十进制中的 10 个数字符号是很困难的。

1.7.2 计算机中常用的记数制

1. 二进制

二进制数的基为“2”，即使用两个数字符号 0 和 1，其记数特点是“逢 2 进 1”。与十进制记数一样，在二进制数中，每一个数字符号(0 或 1)在不同的位置上具有不同的值，各位上的权值是基数 2 的若干次幂。例如：

$$(10010)_2 = 1 \times 2^4 + 0 \times 2^3 + 0 \times 2^2 + 1 \times 2^1 + 0 \times 2^0 = (18)_{10}$$

特别要指出的是，一个二进制数中的数字符号“1”与一个十进制数中的数字符号“1”在同一位置上所代表的值是不同的。例如，二进制数$(100)_2$中的“1”所代表的十进制值为 $2^2=4$，而十进制数$(100)_{10}$中的“1”所代表的十进制值为 $10^2=100$。

将十进制整数转换成二进制整数采用“除 2 取余法”。具体方法是：将十进制数除以 2，得到商和余数；再将商除以 2，又得到商和余数；继续这个过程，直到商等于零为止。每次得到的余数(必定是 0 或是 1)就是对应二进制数的各位数字。但必须注意：第一次得到的余数为二进制数的最低位，最后一次得到的余数为二进制数的最高位。

例 1-1 将十进制数 123 转换成二进制数，其过程如下：

2 | 123	
2 | 61	余数为 1，即 $a_0=1$
2 | 30	余数为 1，即 $a_1=1$
2 | 15	余数为 0，即 $a_2=0$
2 | 7	余数为 1，即 $a_3=1$
2 | 3	余数为 1，即 $a_4=1$
2 | 1	余数为 1，即 $a_5=1$
0	余数为 1，即 $a_6=1$

最后结果为：

$$(123)_{10}=(a_6a_5a_4a_3a_2a_1a_0)_2=(1111011)_2$$

若将十进制小数转换成二进制小数采用“乘以 2 取整法”。具体方法是：将十进制的小数部分乘以 2，得到一个数，取整数部分，再将剩余的小数部分继续乘以 2，又得到一个数，继续取整数部分，剩余的小数部分再乘以 2，继续这个过程，直到小数部分为零为止。依次得到的整数部分，就是最后的结果。

例 1-2 将十进制小数 0.125 转换成二进制，其过程如下：

```
  0.125
×     2
-------
  0.25        整数为 0，即 a_{-1} = 0
×     2
-------
  0.5         整数为 0，即 a_{-2} = 0
×     2
-------
  1           整数为 1，即 a_{-3} = 1
```

最后结果为：

$$(0.125)_{10}=(a_{-1}a_{-2}a_{-3})_2=(0.001)_2$$

2. 十六进制

十六进制数的基为“16”，因此十六进制数中有 0～9 十个数字符号以及 A、B、C、D、E、F，其记数特点是“逢 16 进 1”。其中符号 A、B、C、D、E、F 分别代表十进制数 10、11、12、13、14、15。与十进制记数一样，在十六进制数中，每一个数字符号(0～9 以及 A、B、C、D、E、F)在不同位置上具有不同的值，各位上的权值是基数 16 的若干次幂。例如：

$$(12EF)_{16}=1\times16^3+2\times16^2+14\times16^1+15\times16^0=(4847)_{10}$$

十进制整数转换成十六进制整数采用“除 16 取余法”。具体方法是：将十进制数除以 16，得到商和余数；再将商除以 16，又得到商和余数；继续这个过程，直到商等于零为止。每次得到的余数(必定是 0～9 或 A～F 之一)就是对应十六进制数的各位数字。但必须注意：第一次得到的余数为十六进制数的最低位，最后一次得到的余数为十六进制数的最高位。

例 1-3 将十进制数 7896 转换成十六进制数，其过程如下：

```
16 | 7896
   16 | 493      余数为 8，即 a_0 = 8
      16 | 30    余数为 13，即 a_1 = D
         16 | 1  余数为 14，即 a_2 = E
              0  余数为 1，即 a_3 = 1
```

最后结果为：

$$(7896)_{10}=(a_3a_2a_1a_0)_{16}=(1ED8)_{16}$$

将十进制小数转换成十六进制小数采用“乘以 16 取整法”。具体方法是：将十进制的小数部分乘以 16，得到一个数，取整数部分，再将剩余的小数部分乘以 16，又得到一个数，继续取整数部分，剩余的小数部分乘以 16，继续这个过程，直到小数部分为零为止。依次得到的整数部分，就是最后的结果。

例 1-4 将十进制数 0.525 转换成十六进制数(精确到小数点后三位)，其过程如下：

$$
\begin{array}{rl}
0.525 & \\
\times\quad 16 & \\
\hline
(8).4 & \text{整数为8，即 } a_{-1}=8 \\
\times\quad 16 & \\
\hline
(6).4 & \text{整数为6，即 } a_{-2}=6 \\
\times\quad 16 & \\
\hline
(6).4 & \text{整数为6，即 } a_{-3}=6
\end{array}
$$

最后的结果为：

$$(0.525)_{10}=(a_{-1}a_{-2}a_{-3})_{16}=(0.866)_{16}$$

3. 八进制

八进制的基为“8”，在八进制数中有8个数字符号0~7，其记数特点是“逢8进1”。在八进制数中，每一个数字符号(0~7)在不同的位置上具有不同的值，各位上的权值是基数8的若干次幂。例如：

$$(256)_8=2\times 8^2+5\times 8^1+6\times 8^0=(174)_{10}$$

必须注意，在八进制数中不可能出现数字符号“8”与“9”。

十进制整数转换成八进制整数采用“除8取余法”。方法与二进制、十六进制的方法相同，但余数的取值范围是0~7。

例1-5 将十进制数890转换成八进制整数的过程如下。

$$
\begin{array}{r|ll}
8 & 890 & \\
8 & 111 & \text{余数为2，即 } a_0=2 \\
8 & 13 & \text{余数为7，即 } a_1=7 \\
8 & 1 & \text{余数为5，即 } a_2=5 \\
 & 0 & \text{余数为1，即 } a_3=1
\end{array}
$$

最后结果为：

$$(890)_{10}=(a_3a_2a_1a_0)_8=(1572)_8$$

将十进制小数转换成八进制小数与前两者的方法相同，读者可自己分析。

1.7.3 各记数制之间的转换

前面介绍了计算机常用记数制以及它们与十进制之间的转换。下面介绍一下各种记数制之间的相互转换。

表1-9列出了十进制以及计算机常用记数制的基数、权值和所用的数字符号。表1-10列出了常用数制对照表。

表1-9 计算机常用记数制的基数、权值及数字符号

项 目	十 进 制	二 进 制	八 进 制	十 六 进 制
基数	10	2	8	16
权值	10^n	2^n	8^n	16^n
数字符号	0~9	0，1	0~7	0~9与A~F

注：其中，n为小数点前后的位序号。

表 1-10 常用数制对照表

十进制	二进制	八进制	十六进制	十进制	二进制	八进制	十六进制
0	0	0	0	9	1001	11	9
1	1	1	1	10	1010	12	A
2	10	2	2	11	1011	13	B
3	11	3	3	12	1100	14	C
4	100	4	4	13	1101	15	D
5	101	5	5	14	1110	16	E
6	110	6	6	15	1111	17	F
7	111	7	7	16	10000	20	10
8	1000	10	8				

二进制与十六制之间有着简单的关系，它们之间的转换是很方便的。由于 16 是 2 的整数次幂，即 $16 = 2^4$。因此，四位二进制数相当于一位十六进制数。同样的道理，三位二进制数相当于一位八进制数。

1. 十六进制数与八进制数转换成二进制数

十六进制数转换成二进制数的规律是：每位十六进制数用相应的四位二进制数代替。

例 1-6 将十六进制数$(3AE)_{16}$转换成二进制数。

3 → 0011　　A → 1010　　E → 1110

即$(3AE)_{16} = (001110101110)_2$

同样的道理，八进制数转换成二进制数的规律是：每位八进制数用相应的三位二进制数代替。

例 1-7 将八进制数$(761)_8$转换成二进制数。

7 → 111　　6 → 110　　1 → 001

即$(761)_8 = (111110001)_2$

2. 二进制数转换成十六进制数或八进制数

二进制数转换成十六进制数的规律是：从最右边的数字开始，向前每四位一组构成一位十六进制数。

例 1-8 将二进制数$(1010111101)_2$转换成十六进制数。

10 → 2　　1011 → B　　1101 → D

即$(1010111101)_2 = (2BD)_{16}$

同样的道理，二进制数转换成八进制数的规律是：从最右边的数字开始，向前每三位一组构成一位八进制数。

例 1-9 将二进制数$(101001001110)_2$转换成八进制数。

101	001	001	110
↓	↓	↓	↓
5	1	1	6

即$(101001001110)_2=(5116)_8$

习 题

1. 填空题

(1) 计算机是由________、________、________、________和________五部分组成的，其中________和________称为中央处理器，中央处理器与________称为主机。

(2) 第一代计算机的基本电子器件是__________，第二代是__________，第三代是__________，第四代是__________。

(3) 一个完整的计算机系统是由________和________两部分组成。

(4) 软件系统又分为________软件和________软件，操作系统是属于________软件。

(5) 内存有随机存储器和只读存储器，其英文简称分别为________和________。

(6) 直接由二进制编码构成的语言是________。

(7) 目前微机中最常用的两种输入设备是________和________。

(8) U 盘属于________存储器，又称________。

(9) 多媒体技术的基本特征有________、________、________、________。

(10) 人们常用的 A、B、C……字母键分布在键盘的________区。

(11)【Shift】键叫________键，【Ctrl】键叫________键。

(12) 按照标准打字法的要求，原点键指的是________和________键。

(13) 在打字的基本指法中，“/、-、=”是________负责的键位，“W、S、X”则是________负责的键位。

(14) 汉字的字型分为三种，分别是________、________和________。

(15) 汉字的基本笔划中，代号 1 指的是________，代号 3 指的是________。

(16) 字根“西”属于________区，在________键位；“夕”属于________区，在________键位。

(17) 五笔字型的编码方式分为三种，分别是键名汉字、________和________。

(18)“邱”的识别码是________，“辽”的识别码是________，“九”的识别码是________。

(19) 共有________个汉字属于一级简码。

(20) 五笔字型的万能学习键是________。

(21) 十进制数 44 转换成二进制数为________。

(22) 二进制数 11101 对应的十六进制数为________，对应的十进制数为________。

2. 选择题

(1) 世界上发明的第一台电子数字计算机是(　　)。

A. ENIAC　　B. EDVAC　　C. EDSAC　　D. UNIVAC

(2) 目前，制造计算机所用的电子器件是(　　)。

A. 大规模集成电路　　B. 晶体管

C. 集成电路　　D. 大规模集成电路与超大规模集成电路

(3) 1MB 等于(　　)。

A. 1000Byte　　B. 1024Byte　　C. 1000×1000Byte　　D. 1024×1024Byte

(4) 一个字节的二进制位数为(　　)。

A. 2　　B. 4　　C. 8　　D. 16

(5) 下列存储设备中，断电后信息会丢失的是(　　)。

A. ROM　　B. RAM　　C. 硬盘　　D. 光盘

(6) 下列设备中，属于输入设备的是(　　)。

A. 鼠标　　B. 显示器　　C. 打印机　　D. 绘图仪

(7) 计算机能直接识别的语言是(　　)。

A. 汇编语言　　B. 自然语言　　C. 机器语言　　D. 高级语言

(8) 微型计算机中运算器的主要功能是(　　)。

A. 控制计算机的运行　　B. 算术运算和逻辑运算

C. 分析指令并执行　　D. 负责存取存储器中的数据

(9) 冯 · 诺依曼思想是指(　　)。

A. 有存储器　　B. 存储数据

C. 存储程序　　D. 存储程序和数据

(10) 在计算机中，存储器的单位是(　　)。

A. 字长　　B. 位　　C. 存储数据的个数　　D. 字节

(11) 系统软件中最重要的是(　　)。

A. 操作系统　　B. 语言处理程序　　C. 工具软件　　D. 数据库管理软件

(12) 下列描述正确的是(　　)。

A. 激光打印机是击打式打印机

B. 软盘驱动器是内存储器

C. 操作系统是一种应用软件

D. 计算机运行速度可以用每秒执行指令的条数来表示

(13) 在微机上运行某个程序时，如果存储容量不够，解决的办法是(　　)。

A. 把软盘换成硬盘　　B. 把磁盘换成光盘

C. 扩充内存　　D. 使用高密度软盘

(14) 通常说的主机是指(　　)。

A. CPU　　B. CPU 和内存　　C. CPU、内存与外存　　D. CPU、内存与硬盘

(15) 3in 软盘片的一个角上有一个滑动块，移动该滑动块露出一个小孔，则该软盘(　　)。

A. 不能读但能写　　B. 不能读也不能写

C. 只能读不能写　　D. 能读写

(16) 所谓裸机是指(　　)。

A. 单片机　　B. 单板机

C. 不装备任何软件的计算机　　D. 只装备操作系统的计算机

(17) 下列高级语言中，能用于面向对象程序设计的是(　　)。

A. dBase　　B. FORTRAN　　C. PASCAL　　D. C ++

(18) 多媒体计算机系统由(　　)。

A. 计算机系统和各种媒体组成

B. 多媒体计算机硬件系统和多媒体计算机软件系统组成

C. 计算机系统和多媒体输入/输出设备组成

D. 计算机和多媒体操作系统组成

(19) 具有多媒体功能的微机系统目前常用 CD-ROM 作外存储器，它是一种(　　)。

A. 只读存储器　　B. 只读光盘　　C. 只读硬盘　　D. 只读大容量软盘

(20) 速度快、分辨率高、噪音小的打印机类型是(　　)。

A. 击打式　　B. 针式　　C. 激光式　　D. 点阵式

(21) 与十进制数 97 等值的二进制数是(　　)。

A. 1011111　　B. 1100001　　C. 1101111　　D. 1100011

(22) 与十六进制数 EF 等值的十进制数是(　　)。

A. 239　　B. 180　　C. 238　　D. 240

(23) 与十进制小数 0.125 等值的二进制数为(　　)。

A. 0.100　　B. 0.01　　C. 0.001　　D. 0.0001

(24) 与二进制数 101101 等值的十六进制数是(　　)。

A. 2C　　B. 2D　　C. 2A　　D. 2B

(25) 二进制数 1110111 转换成十进制数是(　　)。

A. 120　　B. 119　　C. 118　　D. 117

3. 上机操作题

(1) 按照标准的打字姿势及基本指法的要求，将下列英文片段输入计算机。

A Forever Friend

"A friend walk in when the rest of the world walks out"

Sometimes in life,

You find a special friend;

Someone who changes your life just by being part of it.

Someone who makes you laugh until you can't stop;

Someone who makes you believe that there really is good in the world.

Someone who convinces you that there really is an unlocked door just waiting for you to open it.

This is Forever Friendship.

when you're down,

and the world seems dark and empty,

Your forever friend lifts you up in spirits and makes that dark and empty world

suddenly seem bright and full.

Your forever friend gets you through the hard times, the sad times, and the confused times.

If you turn and walk away,

Your forever friend follows,

If you lose you way,

Your forever friend guides you and cheers you on.

Your forever friend holds your hand and tells you that everything is going to be okay.

(2) 按照标准的打字姿势及基本指法的要求，将下列英文片段输入计算机。

永远的朋友

"别人都走开的时候，朋友仍与你在一起"

有时候在生活中，你会找到一个特别的朋友；

他只是你生活中的一部分内容，却能改变你整个的生活。

他会把你逗得开怀大笑；他会让你相信人间有真情。

他会让你确信，真的有一扇不加锁的门，在等待着你去开启。

这就是永远的友谊。

当你失意，当世界变得黯淡与空虚，你真正的朋友会让你振作起来，原本黯淡、空虚的世界顿时变得明亮和充实。

你真正的朋友会与你一同度过困难、伤心和烦恼的时刻。

你转身走开时，真正的朋友会紧紧相随，你迷失方向时，真正的朋友会引导你，鼓励你。

真正的朋友会握着你的手，告诉你一切都会好起来的。

（3）将下面内容输入计算机。

致橡树

我如果爱你——
绝不像攀援的凌霄花，
借你的高枝炫耀自己：
我如果爱你——
绝不学痴情的鸟儿，
为绿荫重复单调的歌曲；
也不止像泉源，
常年送来清凉的慰籍；
也不止像险峰，增加你的高度，衬托你的威仪。
甚至日光。
甚至春雨。
不，这些都还不够！
我必须是你近旁的一株木棉，
做为树的形象和你站在一起。
根，紧握在地下，
叶，相触在云里。
每一阵风过，
我们都互相致意，
但没有人
听懂我们的言语。
你有你的铜枝铁干，
像刀，像剑，
也像戟，
我有我的红硕花朵，

像沉重的叹息，
又像英勇的火炬，
我们分担寒潮、风雷、霹雳；
我们共享雾霭流岚、虹霓，
仿佛永远分离，
却又终身相依，
这才是伟大的爱情，
坚贞就在这里：
不仅爱你伟岸的身躯，
也爱你坚持的位置，脚下的土地。

第 2 章　Windows XP 操作系统

学习目标

1）了解操作系统的定义、功能和 Windows XP 的特点。

2）熟悉 Windows XP 的启动与退出方法及其桌面的组成。

3）熟练掌握窗口、菜单、对话框等的基本操作。

4）熟练掌握文件和文件夹的创建、查看、移动、复制、重命名、删除等基本操作。

5）掌握管理磁盘的基本方法。

6）掌握 Windows XP 的基本工作环境的设置，并学会安装打印机、添加和删除应用程序。

7）掌握常用附件程序的使用。

2.1　操作系统知识

2.1.1　操作系统概述

1. 操作系统的定义

操作系统是计算机系统中的一种系统软件，是控制和管理计算机系统内的各种硬件和软件资源、有效地组织多道程序运行的程序集合，是用户与计算机之间的接口。

操作系统是配置在计算机硬件上的第一层软件，也叫操作平台，是计算机系统中最基本、最重要的系统软件，其他所有的软件如各种程序设计语言、数据库管理系统、系统服务程序等系统软件以及大量的应用软件，都要依赖于操作系统的支持和服务。通俗地说，操作系统就像计算机的“大管家”，它能将用户要做的事情转变成计算机能够识别的命令，指挥计算机进行工作，这样用户就可以利用计算机完成文字处理、电子表格或浏览网页等工作。操作系统的设计目标就是使用户方便地使用计算机系统和使得计算机系统能高效地工作。

由于计算机硬件技术的发展以及对计算机的应用要求不同，操作系统种类繁多，很难用单一标准分类。按使用环境分为批处理系统、分时系统和实时系统；按用户数目分为单用户系统和多用户系统；按硬件结构分为网络操作系统、多媒体系统和分布式系统。

典型的操作系统有 DOS、UNIX、Linux、Netware 及 Windows 系列等。其中 Windows 系列由于其友好的界面、出色的性能而获得了计算机操作系统市场最大的份额，是最普及和最受欢迎的操作系统。

2. 操作系统的功能

操作系统的主要功能就是将各种资源管理得井井有条，所以如果按计算机系统资源来划分，操作系统的功能具体地分为：处理机管理、存储器管理、设备管理和文件管理 4 个功能。此外，为了方便用户使用操作系统，还须向用户提供一个使用方便的用户接口。

2.1.2 Windows XP 概述

Windows 是目前微型机上普遍使用的图形用户界面的操作系统，是美国 Microsoft(微软)公司的产品。Windows 自 20 世纪 80 年代后期推出至今，已经历了 Windows 3.x、Windows 9x、Windows NT、Windows 2000 等许多版本的升级，使其功能不断增强，性能不断完善。而 Windows XP 是在 Windows 2000 操作系统内核的基础上开发出来的新一代的操作系统，它不但结合了 Windows 2000 中的许多优良功能，而且提供了更高层次的安全性、稳定性和优越性，是代替了 Windows 其他版本的更高版本。Windows XP 针对家庭用户、商业用户和企业级用户分别提供了不同的版本：Windows XP Home Edition、Windows XP Professional 和 Windows XP Server。本书以 Windows XP Professional(以下简称 Windows XP)版本讲述。

1. Windows XP 的新特点

Windows XP 在其他版本的基础上又添加了众多的全新技术和功能，使之成为一个交互式的、功能更加强大的操作系统平台，用户可以在 Windows XP 提供的环境下轻松地进行各种计算机资源的操作与管理。Windows XP 的新特点如下：

(1) 使用更加轻松　Windows XP 改进了桌面、窗口的外观，提供了更加个性化的欢迎界面、快速的用户切换、增强的开始菜单、以任务处理为中心的友好设计、快速的查找手册、My Music、My Pictures、照片打印向导等新的功能，统一并简化了一般的任务，新的可视化界面能帮助用户轻松自如地使用计算机。

(2) 更加出色的系统稳定性与设备兼容性　Windows XP 在很多方面改进了对硬件设备的支持，尤其强调了更好的系统稳定性和设备兼容性。Windows XP 简化了计算机硬件的安装、配置和管理过程，并对没有包括在 Windows 2000 之内的几百种硬件提供了即插即用(PnP)支持，并增强了对 USB、IEEE1394、PCI 及其他总线结构的支持。

(3) 体验数字视频　Windows XP 提供了一种强有力的工具——Windows Movie Maker，该软件可以极好地帮助用户使用模拟或数字摄像机录制的材料来创建、编辑和共享家庭电影。电影制作完成后，可使用 Windows Media Player for Windows XP 来观看，此软件还集成了 DVD 播放功能。

(4) 集成 Windows Media Player 媒体播放器　Windows Media Player 是第一个将常用数字媒体功能整合在一个易于使用的应用程序中的媒体播放器。现在，用户可以在同一个软件中观看录像和 DVD，收听音乐(包括 CD、Windows Media 文件和 MP3 文件)，将媒体组织成个性化的播放曲目，收听近 3000 个互联网电台，向便携式播放器传输音乐并以 7 倍的速度刻录 CD。用户甚至可以自己选择颜色、设计方案、特性及个性化播放器的外观等。

(5) 增强的网络特性　跟以前 Windows 操作系统相比，Windows XP 的网络功能得到了进一步的增强，用户在不必了解大量网络知识的情况下，就可以使用 Windows XP 的网络安装向导进行家庭或小型办公局域网的设置。Windows XP 可以让家中的多台计算机使用相同的宽带或者拨号连接同时访问互联网，并提供了远程断开拨号连接的功能，用户可以在使用电话后再恢复原先的连接。Windows XP 提供的 Web 发布向导简化了将图片、视频和音乐剪辑发布至个人 Web 主页的操作，用户可以使用“Web 发布向导”将图片发布到 Web 上与家人、朋友或同事一起共享信息。

(6) 增强系统可靠性　Windows XP 建立在久经考验的 Windows 2000 的代码基础之上，使用了新型的 Windows 引擎，加强了保护数据安全和用户隐私的功能，使用户完全可以得到自己所需的安全性和保密性。

（7）帮助和支持中心　Windows XP 增强了帮助特性，将所有的支持服务（如远程帮助、自动更新、联机帮助）以及其他帮助工具等集中在帮助和支持服务中心。用户能够随时随地获取家人、朋友或技术专家的帮助；可以对多种资源进行搜索及查看最新的设备驱动程序和应用程序的更新信息；可以将从 Windows Update 网站下载的更新信息同时应用到该计算机上的所有用户；当用户插入新的设备时，设备管理器还可以查找 Windows Update 以获取新的设备驱动程序。

2. Windows XP 的运行环境和安装

（1）运行环境　Windows XP 需要 PentiumⅢ以上的微处理器、128M 内存和 1GB 以上的可用空间，当然更高的硬件配置可以更好地发挥出它的优越性。

（2）安装　Windows XP 的安装一般分为两种情况：升级安装和全新安装。对于一台没有安装过 Windows 操作系统的计算机可以选用全新安装；如果计算机已经安装了 Windows 98/ME/2000 等其他 Windows 操作系统，则选用升级到 Windows XP Professional 的升级安装。Windows XP 具有完善的安装向导，用户可根据向导提示一步一步完成系统安装，在此不再一一介绍。

2.2　Windows XP 的启动、注销与退出

1. 启动 Windows XP

打开计算机电源，系统进入 Windows XP 操作系统的登录界面，如图2-1所示。其中列出了已经创建的用户账户，并且每个用户都有一个不同的图标。这时，单击相应的用户图标，在弹出的用户密码文本框中输入正确的密码即可进入 Windows XP 的工作桌面。

2. 注销 Windows XP

如果多人使用同一台计算机，在某个用户工作完成之后，可以通过注销计算机来切换到另一个用户的操作界面。操作步骤如下：

1）单击“开始”→“注销”，打开如图 2-2 所示的“注销 Windows”界面。

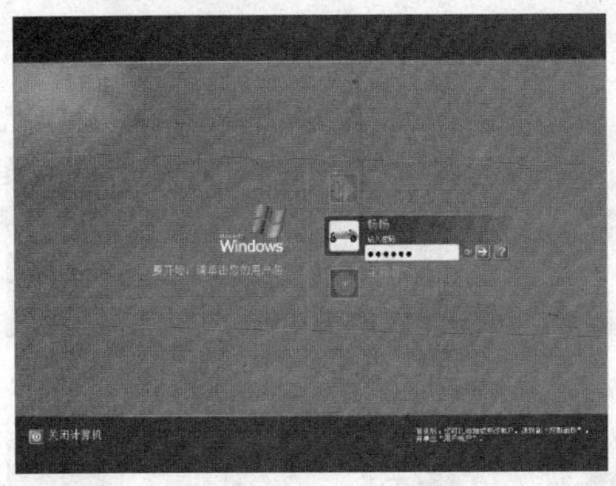

图 2-1　用户登录界面

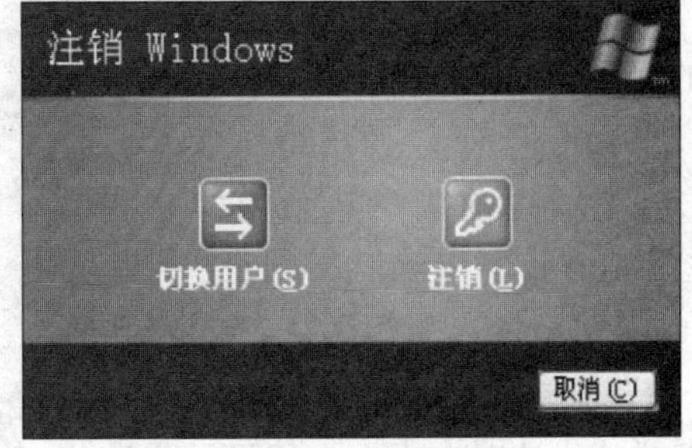

图 2-2　“注销 Windows”界面

2）单击“注销”按钮，重新出现如图 2-1 所示的选择用户界面。

3）按照启动 Windows XP 的方法选择用户重新登录系统。

3. 退出 Windows XP

单击“开始”→“关闭计算机”，打开“关闭计算机”界面，界面中有三种状态可供选择：休眠(H)、关闭(U)和重新启动(R)，如图2-3所示。

1）单击“休眠(H)”按钮，系统处于等待状态，在此状态下关机，可以节省电能，它首先会将内存中的所有内容全部存储在硬盘上，重新启动计算机时，桌面将精确恢复到用户离开时的状态。如果工作过程中较长时间离开计算机时，应当使用休眠状态来节省电能。

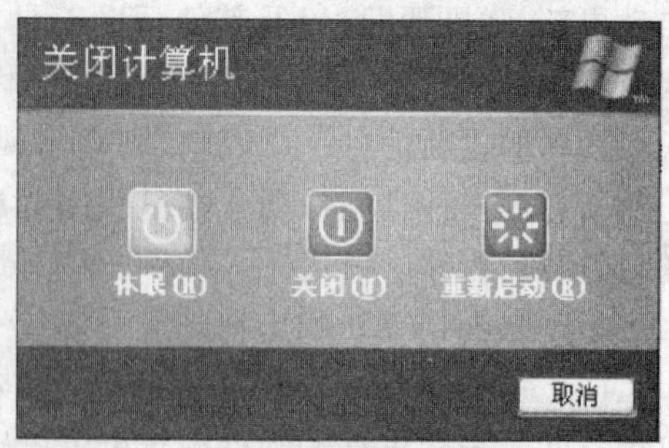

图2-3 “关闭计算机”界面

2）单击“关闭(U)”按钮，计算机将退出Windows XP操作系统且关闭计算机。在退出Windows XP的过程中，系统会保存系统信息以及内存中的信息。

3）单击“重新启动(R)”按钮，系统将重新启动计算机。

4）单击“取消”按钮，系统将重新返回Windows XP操作系统，取消这次操作。

2.3 Windows XP的桌面组成部分

在启动Windows XP之后，首先出现的就是桌面，即屏幕工作区。

在Windows为用户提供的工作环境中，我们将计算机屏幕形象地比作“桌面”，它就像我们平时工作时用的办公桌，我们将常用的一些文具、文件夹等办公用品放在桌面上，而更多的东西要放在桌面下边的抽屉里或柜子里，我们可以从桌面上选取这些物品，或打开抽屉、柜子找到我们想要的东西。在Windows XP的桌面上，我们也可以把一些经常使用的图标和按钮(这些图标和按钮代表应用程序、数据文件或其他工具)放在桌面上，或通过桌面的快捷方式去访问更多的应用程序和数据，这就如同我们坐在办公桌前开始工作一样。

初次启动Windows XP系统时，桌面非常简洁，在桌面背景上，左面是桌面图标，最下方是任务栏，下面我们做具体介绍。

2.3.1 桌面常见图标

图标是窗口、程序或文件等未打开时的标志。初次启动Windows XP系统时，桌面上只有右下方的一个“回收站”图标，以前用户熟悉的如“我的文档”、“我的电脑”、“网上邻居”、“Internet Explorer”等图标都已经移到“开始”菜单中。用户可以将其还原为经典样式，这时在桌面上将显示出这些图标和一些应用程序的快捷方式，如图2-4所示。

图2-4 Windows XP的桌面

1. 我的电脑

代表用户计算机内的所有资源，如

磁盘驱动器、文件和文件夹、打印机等所有硬件设备和软件资源，并可以对它们进行管理和使用。

2. 我的文档

是一个用来存放个人文档的文件夹，如同我们实际工作中用的文件夹一样，存放着我们的各种文件和数据。通常与存储在“My Documents”文件夹中的文档对应，当使用写字板或画图等许多应用程序创建文件时，如果用户不指定保存的位置，则这些文件将自动保存在“My Documents”文件夹中。

3. 回收站

如同我们生活中的垃圾筐，用于存放被删除的文件或其他资料，在回收站没有清空以前，我们还可以把被删除的某个文件或全部资料恢复到原来的位置，而一旦“清空回收站”就不能再恢复了。

4. 网上邻居

用来使用和管理计算机的网络资源。

5. Internet Explorer

用于启动 Internet Explorer(简称 IE 浏览器)，浏览 Internet 网络资源。

用户在使用过程中，会不断地安装一些应用程序和工具软件到计算机中，这时桌面上就会出现许多其他的图标，可以根据个人喜好设置成不同的风格，就像我们使用的写字台和办公桌一样充满了自己的个性色彩。

2.3.2　“开始”菜单

“开始”菜单包含了 Windows 系统提供的全部命令，集成了所有 Windows XP 的功能，因此，在 Windows XP 中，几乎所有的命令都可以从“开始”菜单启动。

用鼠标单击桌面底部任务栏最左端的“开始”按钮，系统将弹出“开始”菜单，如图 2-5 所示。“开始”菜单主要由五个部分组成：

图 2-5　“开始”菜单

（1）用户名称区　“开始”菜单的顶部显示的是当前登录的用户名和图标。

（2）常用程序区　该区域显示的是最常用的程序列表，用户可以通过该列表来快速启动常用的应用程序。其中分割线上方是“固定项目列表”，这些程序始终保留在列表中，默认的是 Internet Explorer 和 Microsoft Outlook 应用程序。分割线的下方是用户常用的程序，用户最近频繁使用的程序会自动添加到此列表中。Windows 有一个默认的常用程序使用次数，当某程序使用次数达到默认值后，便会替换以前使用过的程序。

(3)“所有程序”菜单项　包含了计算机内所有已安装的应用程序。每当用户安装了新的应用程序后，就会在“所有程序”菜单项中建立相应的菜单项或快捷方式。因此，“所有程序”是“开始”菜单中最常用的命令，用户一般情况下都需要通过它来启动应用程序。

(4) 系统菜单区　在“开始”菜单的右侧，分为上、中、下三个部分。

上部是为了方便用户对各类文档的管理而设置的文件夹，其中包括“我的文档”、“我最近的文档”、“图片收藏”，“我的音乐”、“我的电脑”等文件夹。

中部显示的是对系统进行控制和设置的工具，如“控制面板(C)”、“打印机和传真”等，可以用来对计算机进行管理，修改系统设置、连接到 Internet、安装打印机和传真等。

下部的“帮助和支持(H)”命令用于联机帮助信息，“搜索(S)”命令用于搜索文件和网络上的计算机等，“运行(R)”命令通过直接输入程序名称来运行应用程序。

(5)“开始”菜单的最下方是“注销(L)”和“关闭计算机(U)”命令。单击“注销(L)”命令，可以快速切换用户；单击“关闭计算机(U)”命令，可以关闭或者重新启动计算机。

2.3.3　任务栏

任务栏位于桌面底部。Windows 是一个多任务操作系统，允许用户同时运行多个程序，每个打开的窗口都有一个最小化图标放在任务栏上，因此，利用任务栏能够迅速在多个窗口之间切换。

任务栏的组成如图 2-6 所示，它包括四个部分：“开始”按钮、“快速启动”栏、“应用程序”栏和“通知区域”。

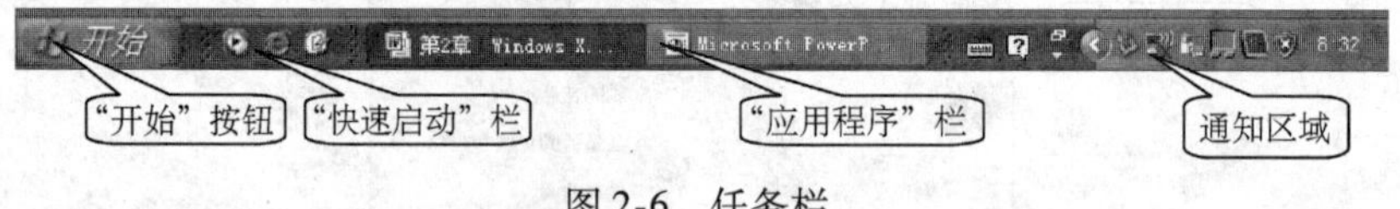

图 2-6　任务栏

(1)“开始”按钮　是用户使用和管理计算机的起点。单击该按钮，可以弹出“开始”菜单。

(2)“快速启动”栏　用于快速启动应用程序，单击这些按钮即可打开相应的应用程序；当鼠标指针停在某个按钮上时，会出现相应的提示信息。我们可以在其中添加一些常用的程序，以方便日常的操作。

(3)“应用程序”栏　用于放置已经打开的窗口的最小化图标。其中，代表当前窗口的按钮会呈现出被选中的状态。如果用户要激活其他窗口，只需用鼠标单击相应窗口的最小化图标即可。

(4) 通知区域　在该区域中显示时间指示器、输入法指示器、音量控制指示器和系统运行时常驻内存的应用程序按钮。如果要调整某些设置，如改变音量、选择输入法、修改当前日期和时间，可以单击或双击相应的按钮。

2.4　Windows XP 的基本操作

2.4.1　鼠标的操作

在 Windows XP 的图形操作界面下，用鼠标操作要比用键盘更快、更方便一些。鼠标的基本操作主要有以下几种：

1）指向：在桌面上移动鼠标，使鼠标指针移动到目标位置。

2）单击：快速地按下并释放鼠标按键。有单击左键和单击右键两种情况，通常单击鼠标指的是单击左键，用于在屏幕上选中一个对象，而单击右键常用于在桌面上调出一个快捷菜单。

3）双击：连续快速地单击两次鼠标左键。双击通常用于选择一个对象执行某种操作。

4）拖动：按住鼠标左键不放并移动鼠标。拖动通常用于将选中的对象移动到目标位置。

在不同的工作环境下，鼠标的指针有不同的形状，代表着不同的含义。常见的鼠标指针形状及含义见表 2-1。

表 2-1　鼠标指针含义

鼠标指针形状	代表的含义	鼠标指针形状	代表的含义	鼠标指针形状	代表的含义
	指向		不可用	↔	水平调整
	忙、等待		手写	↙↗	对角线调整
	后台运行		移动	↖↘	对角线调整
	求助		超链接选择	I	插入文字
+	精确定位	↕	垂直调整		

2.4.2　窗口的组成及操作

英文单词 Windows 的含义就是“窗口”，窗口是系统提供给用户与计算机交互的界面，用户所要使用的所有应用程序和文档通常都是以窗口形式出现在桌面上，用户的所有操作几乎都是在窗口这个友好的界面中进行的，通过窗口可以很容易地控制程序运行或编辑文档。Windows 操作系统就是由许多大大小小的窗口组成的，这正是 Windows 设计的优越性，受到了用户的普遍喜爱。

1. 窗口的组成

Windows XP 的窗口可分为应用程序窗口和文档窗口，虽然它们各自显示的内容与功能不同，但基本组成元素相同。下面以图 2-7 所示的典型应用程序窗口为例来认识窗口的各个元素，并了解它们相应的功能。

（1）标题栏　标题栏位于窗口的最上方，显示该窗口的标题。标题栏最左边有一个小

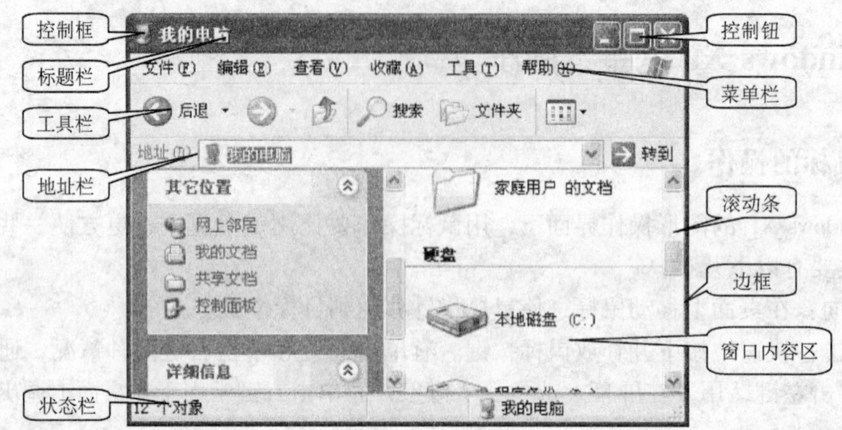

图 2-7　窗口的组成

图标叫控制框，用鼠标右键单击会弹出如图 2-8 所示的控制窗口菜单，上面分别有“还原”、“移动”、“大小”、“最小化”、“最大化”和“关闭”菜单。它们的含义如下：

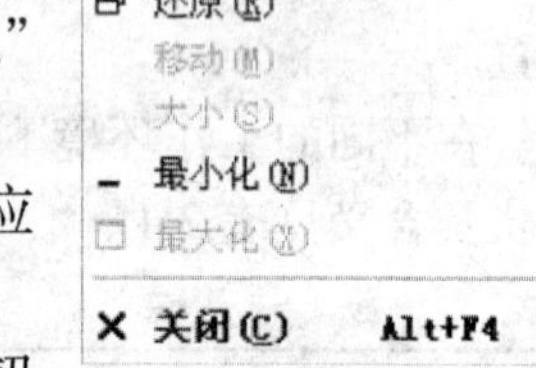

图 2-8　控制菜单

1）最小化(N)。将窗口变成图标放到任务栏上，以便为其他应用程序留出更多的桌面空间，但此应用程序仍在运行。

2）最大化(X)。使窗口充满整个屏幕。此时，“最大化”按钮变成还原按钮。单击还原按钮，使窗口恢复到最大化之前的大小。

3）关闭(C)。关闭窗口。

4）还原(R)。当窗口最大化时单击该选项使窗口恢复到初始状态。

5）移动(M)。当窗口不是满屏幕时，单击此选项移动窗口的位置。

6）大小(S)。用来调整窗口的大小。

标题栏最右边也有“最小化”、“最大化”和“关闭”三个按钮，这三个按钮的功能与左边菜单中的“最小化”、“最大化”和“关闭”选项功能对应相同。

（2）菜单栏　菜单栏位于标题栏下面，列出了该窗口的可用菜单命令。菜单栏中提供了对应用程序访问的途径，其中最常见的菜单命令有“文件”、“编辑”、“查看”和“帮助”等。根据窗口完成操作的不同，菜单中的内容也会发生一些变化。

（3）工具栏　菜单栏的下方是工具栏。工具栏上摆放着代表各种工具的图标按钮，如“浏览”、“编辑”、“查看”等，如图 2-9 所示。单击任一图标，可以执行相应的操作。

图 2-9　工具栏

其实工具栏上所有图标代表的功能在菜单栏里的各级菜单中都已经包括了，而工具栏上放置的是用户最常用的命令，以使操作更简便，用户也可以定制自己的工具栏。

（4）滚动条　当窗口区域不能显示所打开程序的全部内容时，窗口的右边和底部就会出现垂直滚动条和水平滚动条。在滚动条的两端有两个带箭头的按钮，中间有一个滑块，按住任意一个箭头按钮，窗口显示的内容就会向箭头所指的方向滚动；拖动滑块，窗口显示的内容向滑块拖动的方向快速滚动；如果单击箭头与滑块之间的区域，窗口内容会以一页一页的方式翻动。

(5) 地址栏　地址栏显示当前打开的窗口所在的地址。在地址栏中输入文件夹路径，单击“转到”按钮将打开该文件夹。如果计算机已经连接到 Internet，在地址栏中输入网站地址后，单击“转到”按钮或【Enter】键，系统将 Internet Explorer 自动打开，并打开相应的网页。

(6) 边框　边框可以用来改变窗口的大小。当鼠标指向边框时，鼠标的光标就变成一个双向箭头，向着箭头所指的方向拖动鼠标就可以改变窗口的大小。另外，把光标指向窗口的右下角(或其他三个角)，当光标变成双向箭头时，可以在对角线的方向同比例地缩放窗口。

(7) 状态栏　状态栏位于窗口的底部，用来显示当前窗口主体对象的状态，包括属性、选中对象的数目、所显示的页码、光标位置等。

2. 窗口的操作

(1) 打开窗口　在 Windows XP 操作系统的桌面上，用鼠标打开应用程序窗口的操作有以下两种方法：

方法一：双击准备打开的应用程序图标。

方法二：用鼠标右键单击准备打开的应用程序图标，在弹出的快捷菜单中选择“打开”选项。

(2) 切换窗口　Windows XP 是一个多任务的操作系统，可以同时处理多项任务，即可以同时打开多个窗口。在 Windows XP 中，当前正在操作的窗口被称为当前窗口或活动窗口，其标题栏是深蓝色，而已被打开但当前未被操作的窗口被称为非活动窗口，其标题栏是灰色的。

前面已经介绍了使用任务栏切换应用程序窗口的方法，即在任务栏中单击代表窗口的最小化图标，即可将相应的窗口切换为当前窗口。另一种切换方法是采用【Alt】+【Tab】组合键。操作时，按住【Alt】键不放，而对【Tab】键则一按一放，即可在已打开的应用程序窗口之间切换。

(3) 移动窗口　有时，为了防止一个窗口覆盖在另一个窗口上，需要移动窗口。要移动窗口，只需将鼠标指针移动到窗口的标题栏上，按住鼠标左键并拖动窗口至目标位置处后再释放鼠标即可。当然，要移动的窗口不能处于最大化状态。

(4) 排列窗口　同时打开多个窗口时，多个窗口会互相覆盖，当需要一次查看打开的多个窗口时，可以在任务栏上单击鼠标右键，在弹出的快捷菜单中设置这些窗口的排列方式，其中包括：层叠窗口、横向平铺窗口和纵向平铺窗口。

(5) 窗口的最大化和最小化　在进行窗口的最大化和最小化的操作之前应该先选择该窗口成为当前窗口。单击该窗口右上角的“最大化”按钮或执行窗口控制菜单的“最大化”命令，即可将窗口最大化。当窗口处于最大化状态时，用鼠标单击窗口右上角的“还原”按钮，或者执行窗口控制菜单的“还原”命令，即可恢复窗口到原来的大小。同样单击该窗口右上角的“最小化”按钮或执行窗口控制菜单的“最小化”命令，即可将窗口最小化。当窗口处于最小化时，它将排列在 Windows XP 的任务栏里。

(6) 关闭窗口　如果用户打开了多个窗口，可能会造成系统变慢甚至死机，所以用户应注意随时将不再使用的窗口关闭，关闭窗口可使用以下几种方法：

方法一：使用【Alt】+【F4】组合键。

方法二：用鼠标单击程序窗口右上角的“关闭”按钮。

方法三：用鼠标双击应用程序左上角的“控制菜单”图标。

方法四：用鼠标右键单击任务栏上的窗口，在弹出的快捷菜单中选择“关闭(C)”选项来关闭窗口。

2.4.3 菜单的操作

菜单是 Windows XP 提供和执行命令信息的重要途径。Windows XP 窗口的菜单栏通常由多个下拉式菜单组成，每个菜单中又有若干菜单项。虽然各个应用程序的菜单结构不完全相同，但这些菜单有一些共同的规定，选择菜单命令的方法也相同。

1. 菜单的规定

出现在菜单中的菜单项具有不同的形态，这些形态有不同的含义。下面对如图 2-10 所示的菜单进行介绍。

(1) 右端带省略号(…) 表示选中该菜单项时，将弹出一个对话框。

(2) 右端带向右箭头(▶) 表示该命令选项还有下级菜单，即第二级菜单。鼠标指向有小三角命令的选项，第二级菜单便弹了出来。如果第二级菜单的命令选项也有三角标志，则表示还有第三级菜单。

(3) 左侧带“●”标记 表示单选菜单项，也就是说在这几项菜单中，只能选一项。单击要选的菜单项，该菜单项前面出现一个小圆点，表示被选中，其功能被激活；同时，原先被选中的菜单项前面的圆点消失，功能被禁用。

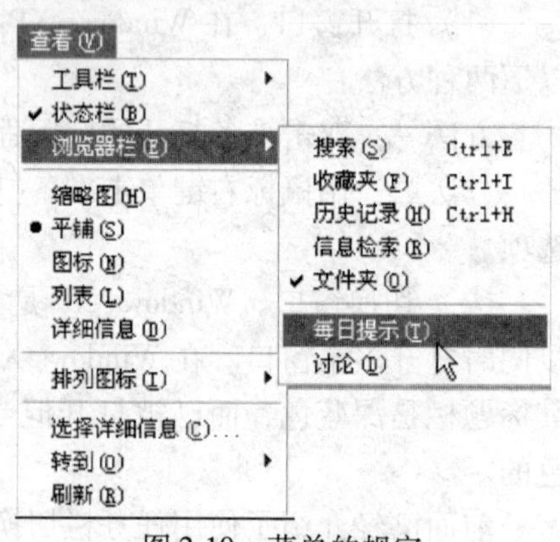

图 2-10 菜单的规定

(4) 左侧带“√”标记 表示是复选菜单项，也就是说这类菜单可以同时选中一项或多项。被选中的菜单项前面出现一个“√”标记，表示该项菜单功能可以应用；如果再次单击带“√”标记的选项，则“√”标记消失，表示该项菜单功能禁用。

(5) 呈灰色显示 有时我们会看到某些菜单项是灰色的，这表示该项菜单在当前环境下无法执行，即无效状态。一旦当前环境变到能执行该项菜单功能的状态，该项菜单就会变成深色的有效状态。例如如果我们没有选中任何文字或图形等要剪切或复制的东西，那么，我们单击“编辑”菜单时，就会发现“剪切”、“复制”菜单是灰色的无效状态。而一旦我们选中一段要剪切或复制的文字，再次单击“编辑”菜单时，就会发现“剪切”、“复制”菜单项都变成深色有效的状态了。

(6) 菜单名后的英文字母 表示快捷键。

2. 下拉菜单的操作

(1) 选择菜单 选择 Windows XP 窗口中的菜单时，只需单击菜单栏上的菜单项，即可打开该菜单的下拉式菜单，将鼠标指针移动到所需的命令处并单击，即可执行所选命令。

(2) 撤消菜单 在菜单以外的任意空白处单击鼠标左键，就可以撤消打开的菜单；另外，按下【Esc】键也可执行撤消操作。

3. 快捷菜单的操作

许多 Windows XP 的应用程序可以使用快捷菜单，快捷菜单中提供了常用的命令，执行它们可以完成一些常用的任务。先用鼠标指针指向一个屏幕对象，再单击鼠标右键，即可打开一个针对该屏幕对象的快捷菜单。

需要注意的是，对于不同的屏幕对象，所打开的快捷菜单上的命令可能不同。

2.4.4　对话框的操作

除了窗口以外，Windows 还使用了大量的对话框，对话框实际上也是人机交流的窗口。但对话框是一种特殊的窗口，它与应用程序窗口最大的区别在于它没有最小化、最大化窗口按钮。通常单击后面带“…”符号的菜单命令就可以打开一个对话框，对话框的大小、形式、外观等各不相同。在对话框中，会有许多不同的选项供用户完成相应的设置，典型的 Windows XP 对话框如图 2-11 所示。

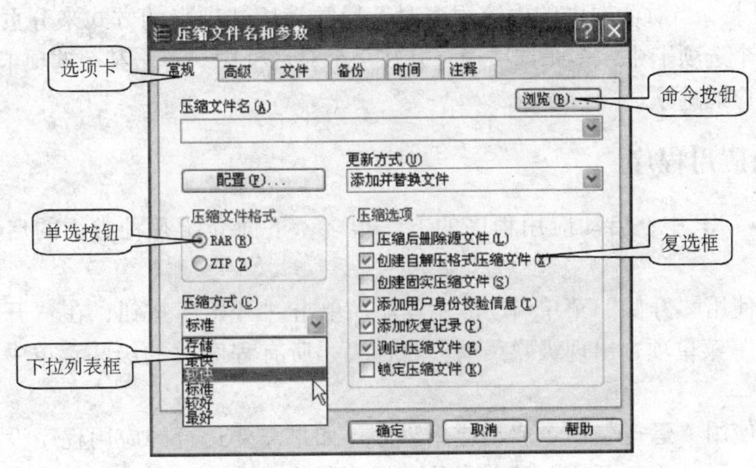

图 2-11　Windows XP 的对话框

对话框的基本元素组成与功能如下：

（1）标题栏　标题栏位于对话框最上方，显示对话框的名称。

（2）文本框　文本框是一个可以输入信息的空白区域，单击该区域会在文本框中出现一个插入光标，然后就可以在其中输入相关的文字信息，如图 2-12 所示。有时文本框中会出现系统提供的默认项，可以直接保留使用。

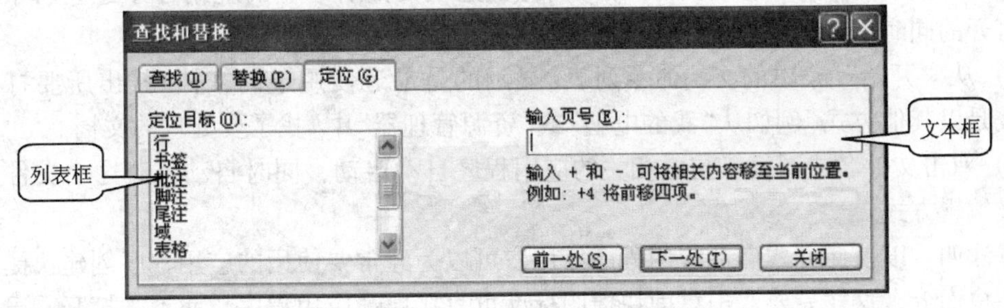

图 2-12　对话框中的文本框和列表框

（3）列表框　列表框是以列表形式显示有效选项的框，在列表框中列出了选项列表，用户可以在其中选择所需的选项。如图 2-12 所示，如果列表内容超出框的显示大小，会出现滚动条，用户可以通过拖动滚动条查看其他选项。

（4）下拉列表框　下拉列表框其作用与列表框的作用基本相同，所不同的是下拉列表框是通过单击选项右侧带箭头“▾”的下拉按钮来打开的。

（5）复选框　复选框包含的是一组互不排斥的选项，每个选项前面有一个方框，该类选项称为复选项，复选项前面的方框称为复选框。当选中某个选项时，复选框中会出现一个“√”符号，表示该选项已被选中，再次单击该复选框时，会取消对该复选框的选择。用户可以同时选中多个复选框，也可以不选。

（6）单选按钮　单选按钮在一组相关的选项中，只能选取其中某一项，不能多选，也不能不选。单击想要选择的选项，选项前面圆框内会出现一个圆点，表示该选项被选中，同时其他选项的选择被取消。

（7）命令按钮　在对话框中有许多命令按钮，单击这些命令按钮后将执行相应的操作。如果命令按钮上有“…”符号时，表示单击该命令按钮还会打开一个对话框。

（8）选项卡　当对话框中的内容很多时，通常采用选项卡的方式来分页，将相关联的内容归类到一个选项卡中，多张选项卡合并在一个对话框中。单击某个选项卡，对话框就显示该选项卡对应的选项。

2.4.5　启动应用程序

在 Windows XP 中，启动应用程序的方法很多，下面介绍几种常用的启动应用程序的方法。

方法一：使用“开始”菜单启动应用程序。单击“开始”按钮，在“开始”菜单中指向“所有程序”菜单项，出现级联菜单。然后从“所有程序”的级联菜单中单击要启动的应用程序。

方法二：使用“运行”命令启动应用程序。如果需要运行的应用程序没有列在“所有程序”菜单中，可使用“开始”菜单中的“运行”命令来启动它。在“运行”对话框中输入程序名，若不知道程序的名称及其准确位置时，可单击“浏览”按钮，在“浏览”对话框中查找所需运行的文件，双击文件名后返回到“运行”对话框中。单击“确定”按钮就启动了应用程序。

方法三：从文档启动应用程序。Windows XP 具有以文档为对象的处理方式，在文档与应用程序之间建立起默认的关联关系，即只需找到需要的文档，而不必去考虑是用哪个应用程序创建的，Windows XP 会自动将该文档与创建该文档所对应的应用程序建立联系，使该文档打开的同时启动该应用程序。操作步骤如下：

1）从“开始”菜单的文档命令列表(显示的是最近使用过的文档)找出所要打开的文档，或是以其他方式(例如从“我的电脑”或“资源管理器”中)找了要处理的文档。

2）双击文件名或图标，与之相关的应用程序自动启动，同时自动装载这个文件并进入使用或编辑方式。

方法四：以快捷方式启动应用程序。用户可以为经常要使用的应用程序创建快捷方式图标放在桌面上，这样只要双击桌面快捷图标就可直接启动应用程序，而不必打开一层层菜单去找应用程序。

2.4.6　浏览计算机资源

我们常常需要了解计算机有哪些资源，具备哪些性能。在 Windows XP 中，所有的计算机资源都可以通过“我的电脑”、“资源管理器”和“网上邻居”来访问。

1. 我的电脑

使用“我的电脑”图标可以直接对磁盘、映射网络驱动器、文件与文件夹等进行管理。对于已经有网络联接的计算机，还可通过“我的电脑”来方便地访问本地网络中的共享资源和 Internet 上的信息。操作方法是：在 Windows XP 桌面上双击“我的电脑”图标打开窗口，如图 2-13 所示。

在“我的电脑”窗口中，可以看到计算机中所有的磁盘驱动器列表。在窗口左侧属性区域的“其他位置”区域中还有“网上邻居”、“我的文档”、“共享文档”和“控制面版”四个超链接，通过这些超链接，可以方便地在不同窗口之间进行切换。在“详细信息”区域中将显示用户所选中对象(磁盘或文件夹)的详细信息。

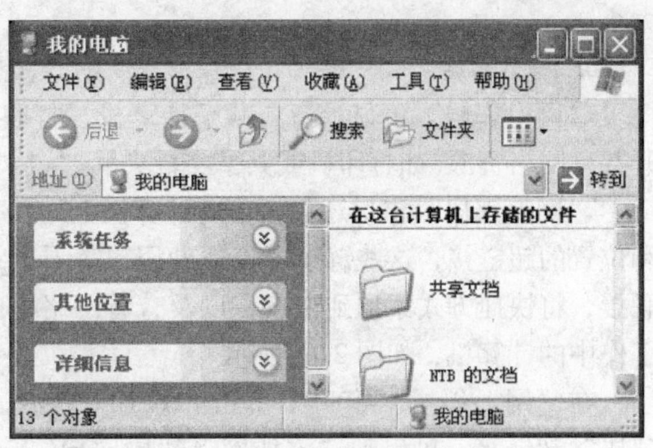

图 2-13 我的电脑

“我的电脑”窗口中的工具包括一些常用的命令，以方便对文件或文件夹的管理。例如，单击“后退”按钮，将返回至上次的操作窗口；单击“前进”按钮，将撤消刚才的“后退”操作；单击“向上”按钮，将逐级向上返回，直到在屏幕上显示出所有的计算机资源。

2. 资源管理器

在 Windows XP 中，“我的电脑”和“资源管理器”都可以用来管理计算机资源。“资源管理器”在日常使用中主要用来方便地查看和管理计算机中所有的文件和文件夹。打开“资源管理器”常用的方法有以下几种：

方法一：在“我的电脑”图标上单击右键，从弹出的快捷菜单中单击“资源管理器”命令。

方法二：右键单击“开始”菜单，从弹出的快捷菜单中单击“资源管理器”命令。

方法三：右键单击桌面上任一文件夹或“回收站”图标，在弹出的快捷菜单中单击“资源管理器”。

方法四：打开“我的电脑”窗口，右键单击任一图标，在弹出的快捷菜单中单击“资源管理器”命令。

方法五：单击“开始”→“所有程序(P)”→“附件”→“Windows 资源管理器”命令。

打开的“资源管理器”窗口，如图 2-14 所示。资源管理器窗口的左侧是文件夹列表，能够查看整个计算机系统的组织结构以及所有访问路径的情况。

文件夹如果被打开，则该图标显示为；如果没有打开，则图标显示为。

如果文件夹图标左边带有“+”号，表示该文件夹还包含子文件夹，单击该符号将显示所包含的文件夹结构；如果文件夹图标左边带有

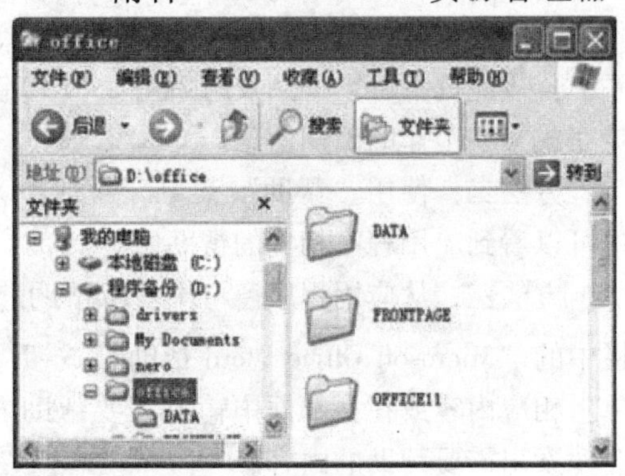

图 2-14 “资源管理器”窗口

“-”号，表示当前已显示出文件夹中的内容，单击“-”号将折叠该文件夹。

当用户从“文件夹”列表区中选择一个文件夹时，在右侧窗口区域中将显示该文件夹下包含的文件夹和子文件夹。

如果要调整“文件夹”列表区的大小，可以将鼠标指针指向两个区域之间的分隔条上，当鼠标指针变成“↔”形状时，按住鼠标左键并向左或右拖动，即可调整“文件夹”列表大小。

3. 网上邻居

“网上邻居”可显示指向共享计算机、打印机和网络上其他资源的快捷方式。只要打开共享网络资源(如打印机或共享文件夹)，快捷方式就会自动创建在“网上邻居”窗口中。

“网上邻居”窗口还包括指向计算机上的任务和位置的超链接，这些链接可以帮助用户查看网络联接，将快捷方式添加到窗口，以及查看网络中或工作中的计算机，如图2-15所示。

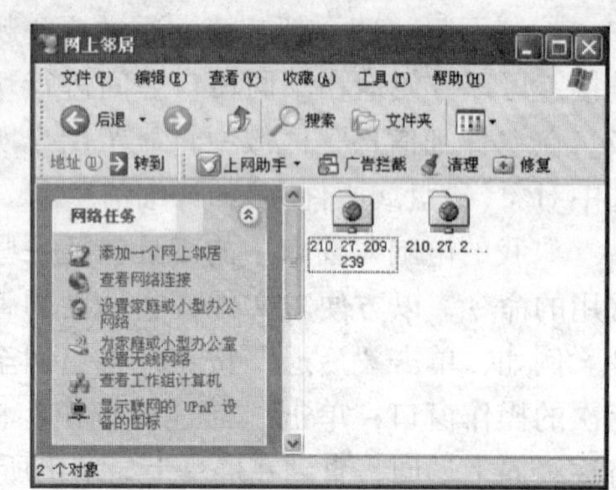

图2-15 “网上邻居”窗口

在“网上邻居”窗口中单击“添加一个网上邻居”超链接，可启动“添加网上邻居向导”。该向导将帮助用户新建指向网络、Web和FTP服务器上的共享文件夹和资源的快捷方式。如果在Web服务器上还没有文件夹，则“添加网上邻居向导”会帮助用户创建新的文件夹以存储联机文件。

通过“网上邻居”窗口可以查看、管理、移动、复制、保存和重命名已存储在Web服务器上的文件和文件夹，就像对已存储在自己的计算机上的文件和文件夹进行操作一样。查看存储在Web上的文件夹内容时，该文件夹的Internet地址将显示在地址栏中。

2.4.7 使用帮助系统

Windows XP有一套完整的帮助系统，在安装Windows XP的过程中，它的帮助文件被复制到安装文件夹内。用户若需要更新的帮助信息，可以使用联机支持系统，通过互联网联接到微软公司的主页上获取最新的信息。

用户在使用Windows XP系统的过程中随时可以使用帮助功能，获取帮助信息的方法主要有以下几种：

方法一：按【F1】键。【F1】键为帮助键，无论是在远程的对话框上还是在本地的应用程序中，按此键都可以得到及时解答。【F1】键有时给出的是所定位对象的描述或定义，有时是完成某些工作的确切信息。

方法二：使用“帮助”菜单。通常在菜单栏的最右边都会有“帮助”菜单，打开此菜单可以看到应用程序相关的帮助内容。

方法三：从应用程序窗口中获取帮助。例如要在Word窗口中获得帮助，可以单击工具栏中的“Microsoft Office Word帮助”按钮，出现如图2-16所示的应用程序帮助对话框，单击相应内容或在文本框中输入需要帮助内容的关键词，然后单击“搜索”按钮，系统就会搜索出需要帮助的内容。

方法四：直接访问帮助系统。单击“开始”→“帮助和支持中心”命令，直接打开

“帮助和支持中心”窗口。在如图 2-17 所示的 Windows XP 帮助的窗口中有“索引”、“收藏夹”、“历史”、“支持”和“选项”五个选项，通过这些选项可以用不同的方式来查找帮助信息。

图 2-16　“应用程序帮助”窗口

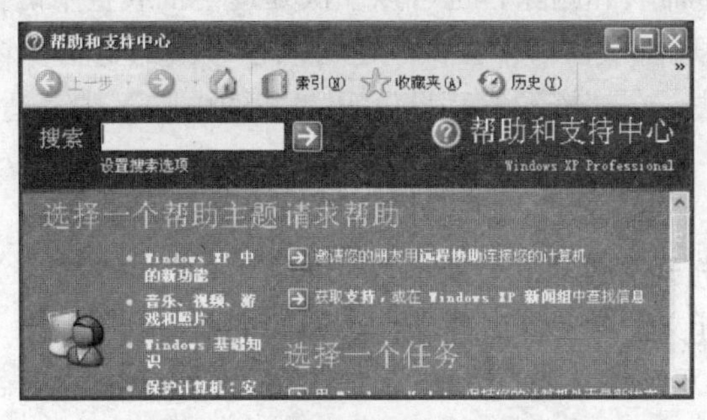

图 2-17　“帮助和支持中心”窗口

方法五：在一些窗口、对话框标题栏右边有一个表示帮助的问号按钮，单击该按钮后鼠标指针会变成问号形状，此时单击屏幕对象可以得到该对象的简短说明，如图 2-18 所示；或用鼠标右键单击屏幕上的某项，会出现“这是什么?”文字框，单击此框后，出现有关该项的帮助描述，如图 2-19 所示。

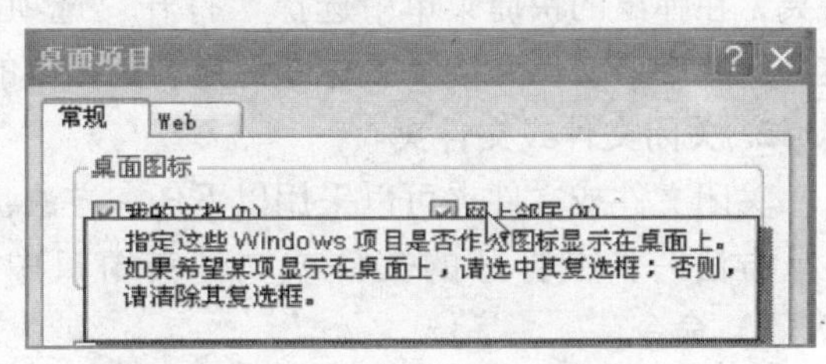

图 2-18　对话框对象简短说明帮助

方法六：在任务栏或窗口的工具栏上，将鼠标指针移到某个按钮上稍停，就会出现这个按钮的简短说明，这是快速获得帮助的又一种方法，如图 2-20 所示是鼠标指针定位于“表格和边框”按钮上的情况。

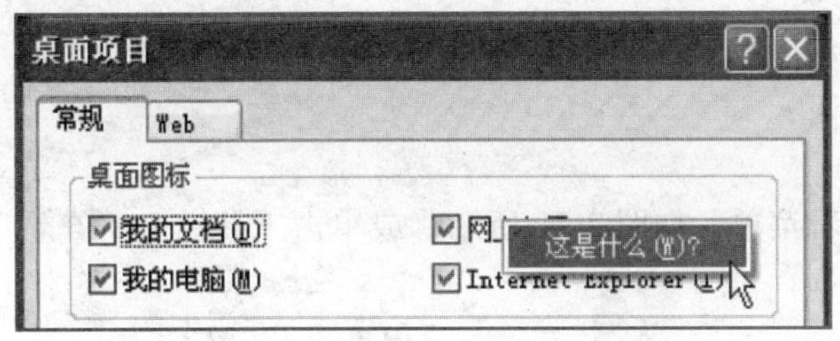

图 2-19　“这是什么?”帮助

图 2-20　工具提示标签

2.5　文件与文件夹管理

文件是具有一定名称的一组相关数据的集合。计算机所处理的信息都是以文件的形式存放在硬盘等存储介质上的，文件是最小的数据组织单位。用户利用计算机所写的文档、创建的表格，制作的图形、录像和喜爱的音乐电影等，都放在文件里。为了便于管理，又将文件组织到目录和子目录里，目录称作文件夹，就像我们办公桌上的文件夹里有很多的文件；而子目录被认为是子文件夹，就像大文件夹里的小文件夹。一个文件夹下可以有多个子文件夹，而一个子文件夹中又可以存放多个文件和下一级的子文件夹，从而构成一种树状结构。

文件与文件夹的管理是 Windows XP 最主要的功能之一，熟练进行文件和文件夹的管理操作，是学习计算机应用的基本功之一。Windows XP 可以对单个文件或文件夹进行移动、复制、重命名和删除，也可以一次处理一批或整个磁盘上的文件或文件夹。这些工作可以在"资源管理器"窗口中去做，也可以在"我的电脑"窗口中去做，因此，下面所讲述的各种操作方法，在"资源管理器"和"我的电脑"中都适用。

2.5.1 文件或文件夹的开关

1. 打开文件或文件夹

打开文件或文件夹的操作步骤如下：

1）双击包含要打开的文件或文件夹的磁盘。

2）在该磁盘窗口中双击要打开的文件或文件夹，或用鼠标右键单击要打开的文件或文件夹，在弹出的快捷菜单中选择"打开"选项即可。如果要打开的文件是应用程序创建的文件，选中该文件并按下鼠标左键拖动到相应的应用程序中也可打开该文件。

2. 关闭文件或文件夹

关闭文件或文件夹可以采用以下任一方法：

方法一：在打开的文件或文件夹窗口中单击"文件(F)"→"关闭(C)"("退出(X)")命令。

方法二：单击窗口标题栏上的"关闭"按钮或双击控制图标。

在打开的文件夹窗口中单击"向上"按钮，可返回到上一级文件夹，同时关闭当前文件夹。

2.5.2 查看与排列文件或文件夹

1. 查看文件或文件夹

查看文件或文件夹的操作步骤如下：

1）打开要查看的文件或文件夹。

2）打开"查看"菜单，出现查看菜单，如图 2-21 所示；或单击工具栏上"查看"按钮 右边的小三角。

3）在单选菜单项里面根据需要选择"缩略图"、"平铺"、"图标"、"列表"或"详细信息"，可按不同形式进行查看。

2. 排列图标

在查看菜单时，还可以通过按不同方式来排列图标进行文件或文件夹的查看。如图 2-21 所示，可以选择"排列图标"级联菜单中的按"名称"、"大小"、"类型"和"修改时间"对活动文件夹中的对象进行排序。在"我的电脑"的不同窗口中，随着内容的不同，级联菜单中还会有不同的菜单项。

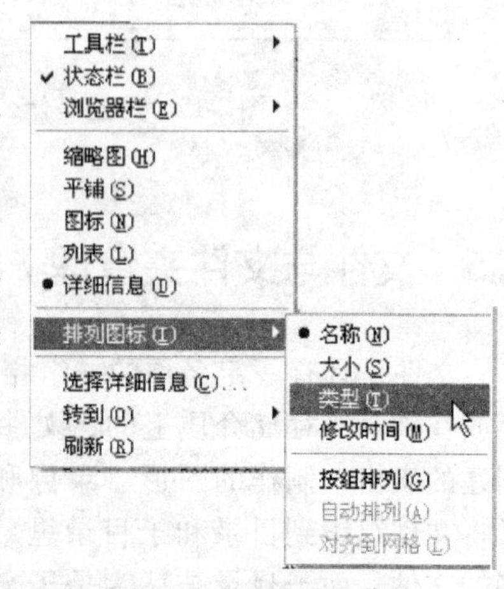

图 2-21 "查看"菜单

如果希望在改变窗口的大小后，系统能够自动重新排列图标，可以从“排列图标”级联菜单中选择“自动排列”菜单项。

2.5.3　选择文件或文件夹

在对文件和文件夹进行操作时，首先必须确定操作对象，即选择文件或文件夹。

1. 选择单个文件或文件夹

单击要选择的文件，即可选定。如果是单击一个文件夹，则它的子文件夹和文件都将被选定。

2. 选择多个文件或文件夹

选择多个连续文件或文件夹的操作方法是：先单击第一个文件或文件夹，然后按住【Shift】键再单击最后一个要选择的文件或文件夹，选择结果如图 2-22 所示。

选择不连续的多个文件或文件夹的操作方法是：先按住【Ctrl】键，再依次单击要选择的项，选择结果如图 2-23 所示。

一次选择多个文件和文件夹，还可按住鼠标左键拖动光标产生一个虚线框，释放鼠标后将选定虚线框区域中的所有文件和文件夹。

图 2-22　选择多个连续文件

图 2-23　选择多个不连续文件

3. 选择文件夹下的所有文件(文件夹)

单击“编辑(E)”→“全部选定(A)”命令或按【Ctrl】+【A】组合键，即可选定文件夹下的所有文件(文件夹)。选择“编辑(E)”→“反向选择(I)”命令，结果取消了原来的选择，而原来未被选取的都被选择了。

4. 撤消选择

在已选择了多项文件和文件夹时，如果取消一项选择，则按住【Ctrl】键，单击要取消的项。如果全部取消，则单击选择项以外的区域即可取消所有选择。

2.5.4　创建新文件和文件夹

在 Windows XP 中可以采取多种方法方便地创建文件或文件夹，在文件夹中还可以创建子文件夹。

1. 创建文件

新建文件也有两种方法，第一种与新建文件夹的两种方法相似，只是在“文件(F)”→“新建(N)”菜单里选择的是某一种文件类型的菜单项，例如“文本文档”、“Microsoft Word 文档”等不同的文件类型，然后再给新文件命名即可。

新建文件的第二种方法是：先在应用程序中编辑文件，在对文件进行存盘时完成文件的新建。例如，打开“写字板”或“记事本”输入一段文字，然后单击菜单栏里的“文件(F)”，打开下拉菜单，单击“保存(S)”或“另存为(A)”选项，在出现的对话框中选择要存盘的地址并输入文件的名字，单击“保存(S)”，完成文件的建立。

通常用户新建文件都是在应用程序窗口中新建相应的文件，然后通过“保存”命令保存在文件夹中，具体操作方法在讲解相关应用程序中再详细说明。

2. 创建文件夹

方法一：使用“文件”菜单创建文件夹，操作步骤如下：

1）打开或选定要在其中创建新的子文件夹的文件夹。如果选择一个磁盘驱动器，则该文件夹会被放在该磁盘的根目录下。

2）单击“文件(F)”→“新建(N)”→“文件夹(F)”命令，输入新文件夹的名称，按【Enter】键即可。

方法二：使用快捷菜单创建文件夹，操作步骤如下：

1）打开或选定要在其中创建新的子文件夹的文件夹。

2）在“资源管理器”窗口的右窗格或“我的电脑”窗口的空白处右击鼠标，出现的快捷菜单，与“文件(F)”→“新建(N)”的级联菜单完全相同，如图 2-24 所示。

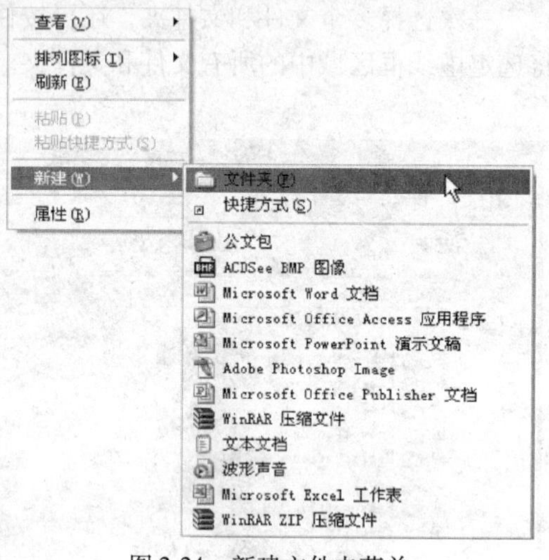

图 2-24　新建文件夹菜单

2.5.5　移动、复制文件和文件夹

一般情况下，在整理文件和文件夹时使用移动操作，在备份和使用文件、文件夹时使用复制操作。要复制或移动文件、文件夹时可采用以下任意一种方法。

方法一：通过菜单命令复制或移动文件、文件夹。操作步骤如下：

1）首先打开需要复制或移动的文件、文件夹所在的文件夹窗口，选中需要复制或移动的对象。

2）如果要复制对象，则在菜单栏中单击“编辑”→“复制”命令；如果要移动对象，则在菜单栏中单击“编辑”→“剪切”命令。

3）然后打开目标文件夹窗口，在菜单栏中单击“编辑”→“粘贴”命令，则要复制或移动的文件或文件夹就会被复制或移动到目标文件夹中；也可以在对象上右击使用快捷菜单中的“复制”、“剪切”、“粘贴”命令，来完成文件或文件夹的移动或复制。

方法二：通过鼠标拖动复制或移动文件或文件夹。通过鼠标拖动来复制或移动文件或文件夹时，需要先分别打开想要复制或移动的对象所在的文件夹窗口和目标文件夹窗口。操作步骤如下：

1）如果要在同一磁盘驱动器内复制对象，可在按下【Ctrl】键的同时将对象拖动到目标文件夹窗口中；如果要移动对象，可直接用鼠标将对象拖动到目标文件夹窗口中。

2）若在不同的磁盘驱动器中，可直接将对象拖动到目标文件夹窗口中完成复制操作；如果要移动对象，可在按下【Shift】键的同时将对象拖动到目标文件夹窗口中。

拖动还有一种更简便的方法，就是不用打开目标地址窗口，直接把移动对象“装”进该窗口去。例如要把一个文件或文件夹移动到一个目标文件夹中，可以不打开目标文件夹，直接用鼠标拖动源文件或文件夹，当把源文件或文件夹拖动到目标文件夹上面时，松开鼠标按键，源文件或文件夹就被“装”进了目标文件夹中。

方法三：发送文件或文件夹。发送文件或文件夹也是一种复制形式，是把文件或文件夹复制到别的地方。方法如下：

1）用鼠标右键单击要发送的文件或文件夹，出现快捷菜单，如图2-25 所示。

2）根据需要单击一个选项，文件或文件夹就复制到了目标位置上。

图 2-25 “发送到”快捷菜单

2.5.6 重命名文件或文件夹

重命名文件或文件夹的操作步骤如下：

1）选择要重命名的文件或文件夹。

2）单击“文件(F)”→“重命名(M)”命令；或在“文件和文件夹任务”窗格单击“重命名这个文件(夹)”超链接；或用鼠标右键单击要重命名的文件或文件夹，在弹出的快捷菜单中单击“重命名”命令；或选中要重命名的文件或文件夹，再间断地单击该文件或文件夹一次。使文件或文件夹的名称处于编辑状态。

3）输入新名称，按【Enter】键确认即可完成重命名操作。

2.5.7 删除、恢复文件或文件夹

为了使计算机中的文件系统管理有序，同时也为了节省磁盘空间，需要经常通过回收站删除一些没有用的或损坏的文件和文件夹；若发生误操作，用户还可以通过“回收站”来恢复误删除的文件或文件夹。

1. 删除文件和文件夹

删除文件和文件夹有如下三种基本方法：

方法一：右键单击要删除的文件或文件夹，在出现的快捷菜单里单击“删除(D)”命令，出现“确认文件(夹)删除”对话框，提示用户，如图 2-26 所示。如果按“是(Y)”按钮，文件或文件夹就被从当前位置删除并放入回收站。

方法二：选中要删除的对象，按下鼠标左键不放将其拖动到桌面上的

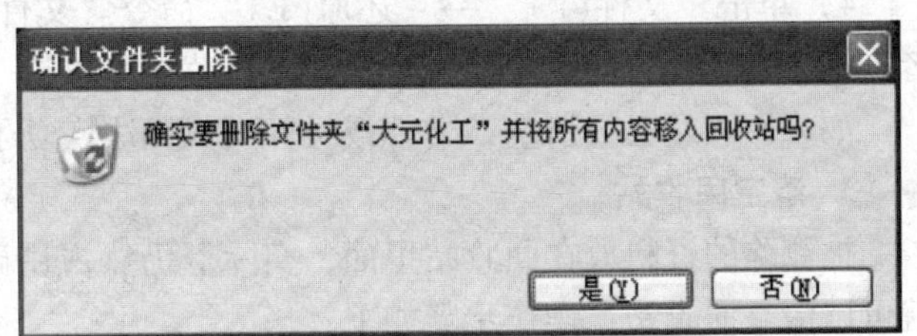

图 2-26 “确认文件(夹)删除”对话框

"回收站"。

方法三：选中要删除的对象，单击"文件(F)"→"删除(D)"命令或按下【Delete】键，在"确认文件(夹)删除"对话框里按"是(Y)"按钮即可。

以上三种方法，文件和文件夹并没有真正从磁盘上删除，是暂时放到"回收站"中，以后还可以根据需要从"回收站"恢复或真正删除。如果要直接删除，可按【Shift】+【Delete】组合键，出现如图2-27所示的"确认文件(夹)删除"对话框，按"是(Y)"按钮即可。

图2-27 "确认文件(夹)删除"对话框

2. 恢复被删除的文件或文件夹

要恢复被删除的文件或文件夹，其操作步骤如下：

1）双击"回收站"，打开"回收站"窗口，如图2-28所示。

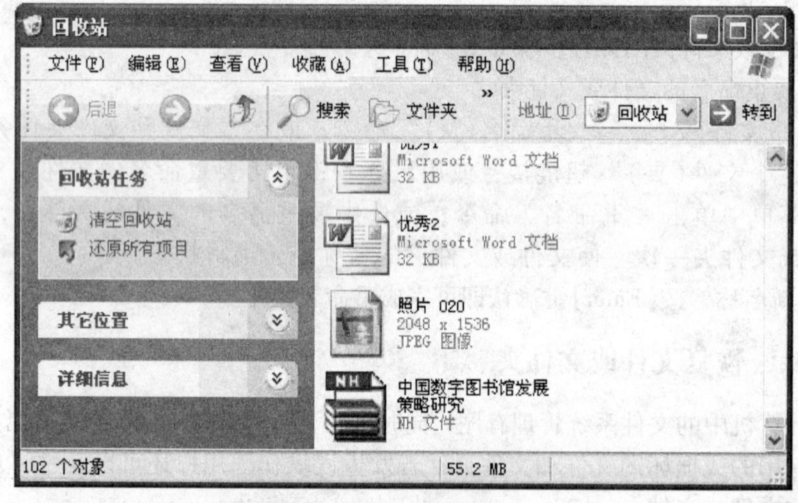

图2-28 "回收站"窗口

2）如果全部还原，在"回收站任务"窗格中单击"还原所有项目"超链接。

3）如果只还原某个文件或文件夹，单击选中该文件或文件夹。

4）单击"文件(F)"→"还原(E)"命令。文件或文件夹就被还原到原来的位置，或者右键单击要还原的对象，在弹出的下拉菜单里单击"还原(E)"选项。

如果回收站已被清空，文件或文件夹就无法恢复了。

3. 清空回收站

被删除的资料放在回收站里面，实际上仍然占用磁盘空间，如果确认资料不需要恢复，就可以清空回收站，操作步骤如下：

1）双击打开回收站窗口。

2）如果全部清空回收站的资料，单击“文件(F)”→“清空回收站(B)”命令，或单击“回收站任务”窗格中的“清空回收站”超链接，系统将弹出“确认删除多个文件”对话框。单击“是”按钮，即可清空“回收站”中的全部内容。

3）如果只是删除某个对象，单击选中它，然后单击“文件(F)”→“删除(D)”命令，或右键单击要删除的对象，在弹出的菜单中单击“删除”选项，如图 2-29 所示。出现确认对话框后选择“是(Y)”按钮，该对象就被永久删除。

图 2-29　从回收站删除文件

2.5.8　设置文件或文件夹的显示方式和属性

1. 设置文件或文件夹显示方式

单击“工具(T)”→“文件夹选项(O)”命令，屏幕出现如图 2-30 所示的“文件夹选项”对话框，可以根据需要设置显示方式。

2. 设置文件或文件夹的属性

文件或文件夹的属性共包含四种：只读、存档、隐藏和系统。用户可以按以下步骤设置文件或文件夹的属性：

1）选定要设置属性的文件或文件夹。

2）单击“文件(F)”→“属性(R)”命令；或右键单击该文件(夹)，从弹出的快捷菜单中单击“属性”命令。在“文件(夹)属性”对话框中，用户可以查看该文件(夹)的类型、位置、大小、创建时间、修改时间、访问时间以及属性等，如图 2-31 所示。

3）在“属性”区中，选中或清除复选框就可以更改文件(夹)的属性。

4）单击“确定”按钮，就关闭了属性对话框。

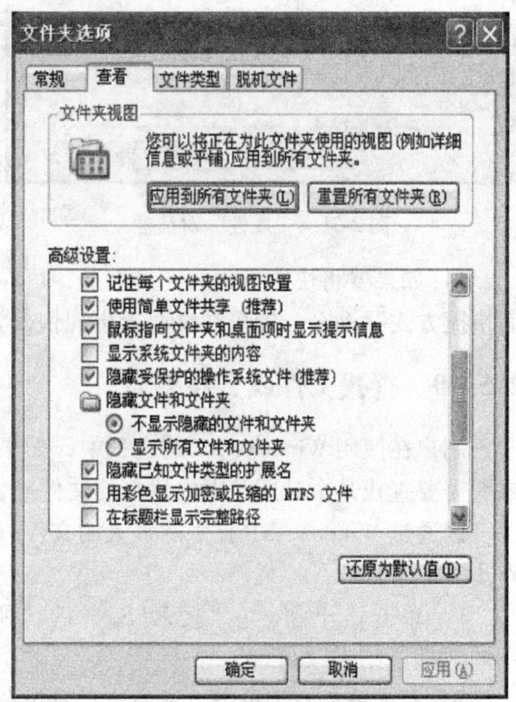

图 2-30　“文件夹选项”对话框

2.5.9 创建快捷方式

为了快速启动应用程序和打开文件或文件夹，可以为其创建快捷方式，还可以将常用程序或工具的快捷方式放在桌面上，以方便用户使用。

创建快捷方式的步骤如下：

1）选定需要创建快捷方式的文件或文件夹。

2）单击“文件(F)”→“创建快捷方式(S)”命令；或右键单击对象，在其快捷菜单里单击“创建快捷方式”命令，如图2-32所示。会在当前位置出现左下角带有“↗”的快捷方式图标。

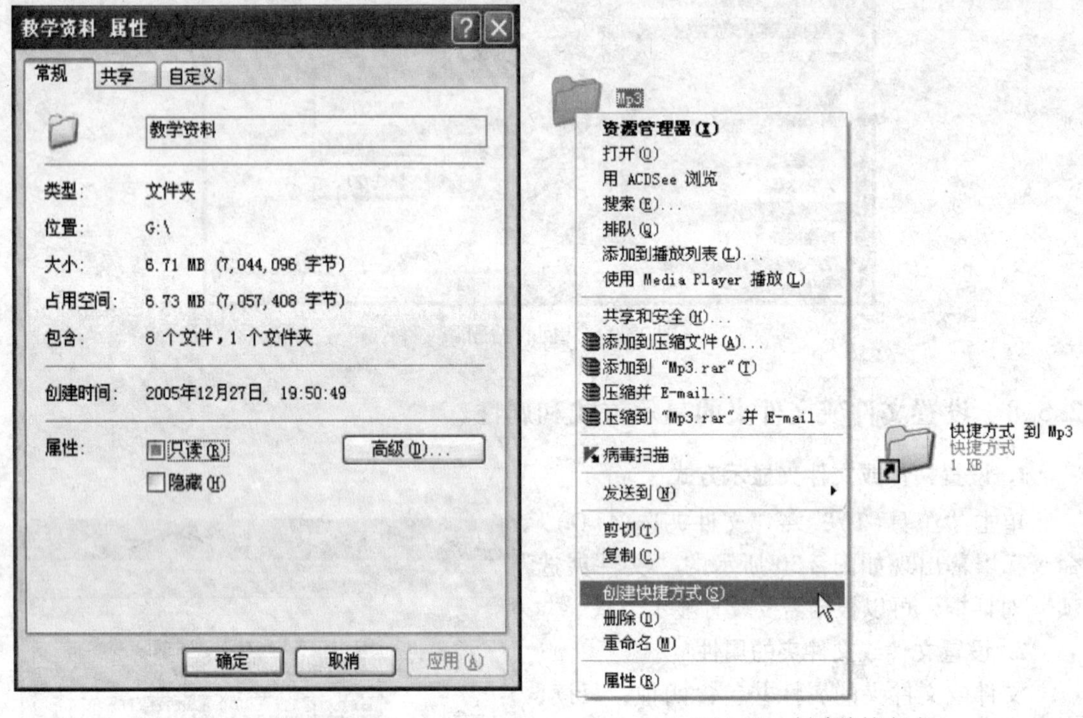

图2-31 “属性”对话框　　　图2-32 创建快捷方式

3）如果要将快捷方式放到桌面上，可在对象的快捷菜单中单击“发送到(N)”→“桌面快捷方式”命令，即可在桌面上出现快捷方式图标。

2.5.10 查找文件或文件夹

用户在使用Windows XP的过程中，如果需要快速找到某个不知道路径的文件或文件夹；或者需要查找某个日期范围内建立的文件或文件夹；或者是包含某些字符的文件或文件夹，都可以通过Windows XP提供的强大的文件查找工具，能够轻松快速地找到要找的目标。操作步骤如下：

1）单击“开始”→“搜索(S)”→“所有文件或文件夹(L)”命令，打开如图2-33所示的“搜索结果”窗口。

2）在该窗口左侧单击“所有文件和文件夹”超链接，打开如图2-34所示的搜索窗格。在“全部或部分文件名”文本框中输入需要查找的文件或文件夹的名称；在“在这里寻找”

下拉列表框中确定搜索的范围，既可以选择搜索单个驱动器，也可选择搜索整个存储系统，如果选择下拉列表框中的“浏览”选项，还可以在网络中进行搜索。

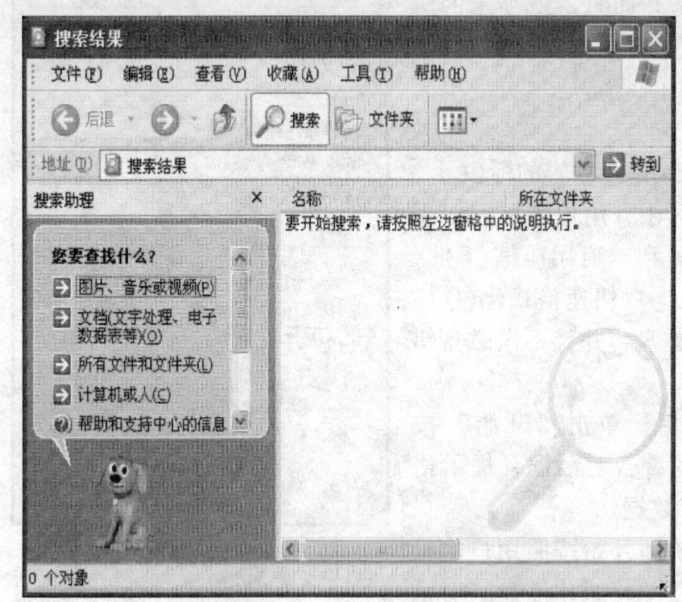

图 2-33 “搜索结果”窗口

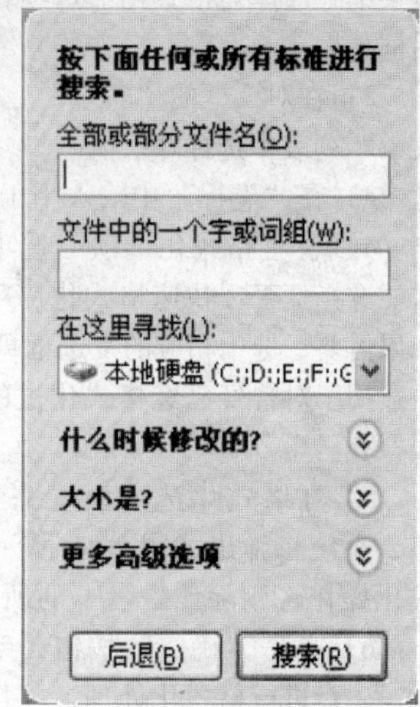

图 2-34 搜索窗格

3）设置完成后单击“搜索”按钮，系统将在设定的条件下搜索符合条件的文件或文件夹。

2.6 磁盘管理

通常，用户的各种数据都是以文件的形式保存在计算机磁盘上的，磁盘包括硬盘、软盘、可移动磁盘等，用户应学会管理和维护磁盘的基本知识。在 Windows XP 中提供了多种磁盘管理工具，利用这些管理工具，用户可以方便容易地整理磁盘存储空间、检查磁盘错误、保护数据等。

2.6.1 格式化磁盘

格式化磁盘就是给磁盘划分存储区域，以便操作系统把数据信息有序地存放在里面。如果新购磁盘在出厂时未格式化，那么必须先对其进行格式化后才能使用。有时因某种原因导致磁盘读写出错，经过格式化可以使磁盘重新正常使用。格式化磁盘将删除磁盘上的所有数据，并能检查磁盘上的坏区。通常格式化之前应先将有用的信息备份到可靠位置。格式化硬盘时更要谨慎，因为硬盘上的数据要比软盘上多得多，一旦磁盘上有用的资料被格式化掉了，会造成不必要的损失。

在格式化磁盘之前，应先关闭磁盘上的所有文件和应用程序。

格式化硬盘、U 盘、可移动硬盘的操作类似，此处以格式化硬盘为例进行说明。操作步骤如下：

1）打开“我的电脑”或“资源管理器”窗口，在准备格式化的磁盘驱动器上单击鼠标右键，在弹出的快捷菜单中选择“格式化”选项，打开如图 2-35 所示的对话框。

2）在对话框的“容量”、“文件系统”、“分配单元大小”列表中选择默认值。

3）在“卷标”中输入用于识别磁盘内容的标识。

4）在“格式化选项”选项区中，用户还可以根据需要选择是否“快速格式化(Q)”和“启用压缩(E)”，如果需要，选中相应的复选框即可。“快速格式化(Q)”一般用于对曾经已经格式化过的磁盘，并且不做磁盘错误检查。

5）在格式化选项设置完毕后，单击“开始”按钮，系统将弹出如图 2-36 所示的警告对话框，提示格式化操作将删除该磁盘上的所有数据。

6）单击“确定”按钮，系统即开始按照用户的设置对磁盘进行格式化处理，并且在“格式化磁盘”对话框的底部实时地显示格式化磁盘的进度。

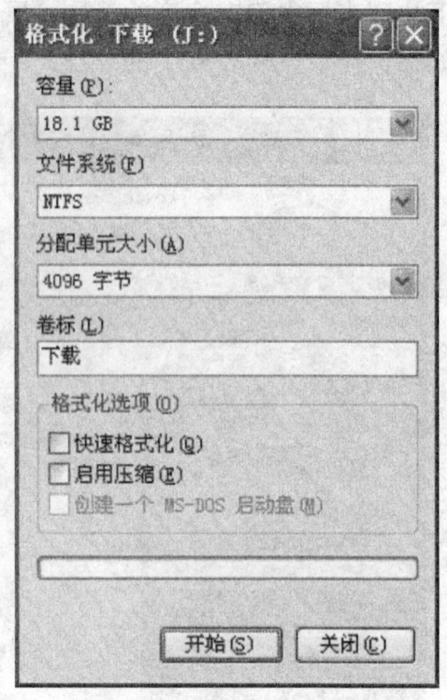

图 2-35 “格式化”对话框

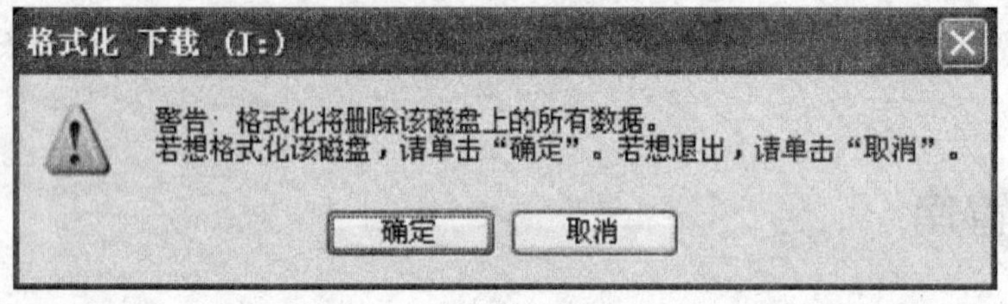

图 2-36 “格式化”警告对话框

2.6.2 使用磁盘

U 盘和可移动硬盘方便了数据的转存、移动和共享，使用它们时做到及时清理无用数据，用前用后进行杀毒处理即可。

而硬盘作为计算机的主要存储设备，其使用过程中的保护和有效管理显得更为重要。通常在使用硬盘时，将其划分为多个驱动器，第一驱动器命名为 C 盘，主要用于存放操作系统文件和运行应用程序；其他驱动器依次命名为 D 盘、E 盘、F 盘等，用于存放普通数据文档、图片、音乐等文件，用户在使用时，应按自己的需求合理规划硬盘空间，并以合适的命名来区分其不同的应用。

通常在学校教学用的机房中，为了防止病毒或学生的误操作破坏 C 盘的操作系统文件和应用程序文件，会采取硬盘保护卡或软件加密的方法将 C 盘保护起来，数据只能使用但不能写入此驱动器，有时也会将存放程序文件和备份重要文档的 D 盘保护起来。所以，学生在上课使用硬盘保存文件时，应尽量选择硬盘的最后一个驱动器使用。如果保存在 C 盘上，当计算机重启时会造成所存数据丢失的现象。

2.6.3　磁盘驱动器的管理

1. 磁盘属性

用户可以通过查看磁盘属性知道磁盘容量、已用空间及所剩的可用空间等信息，其操作步骤如下：

1）在“我的电脑”或“资源管理器”中选中要检查的磁盘，单击“文件(F)”→“属性(R)”命令；或右键单击要查看的磁盘图标，从弹出的快捷菜单中选择“属性(R)”选项，将打开如图 2-37 所示的对话框。

2）在“常规”选项卡中可以查看磁盘的容量、已用空间和可用空间等信息。还可以在“卷标”文本框中输入新的卷标(卷标是磁盘的一种标识)。

3）在“工具”选项卡中可以检查磁盘卷中的错误、进行磁盘碎片整理和磁盘备份工作。在“硬件”选项卡中可以查看所有磁盘驱动器并对驱动器进行属性设置。在“共享”选项卡中可以进行“本地共享和安全”和“网络共享和安全”等设置。在“配额”选项卡中可以对磁盘驱动器进行“配额”设置。

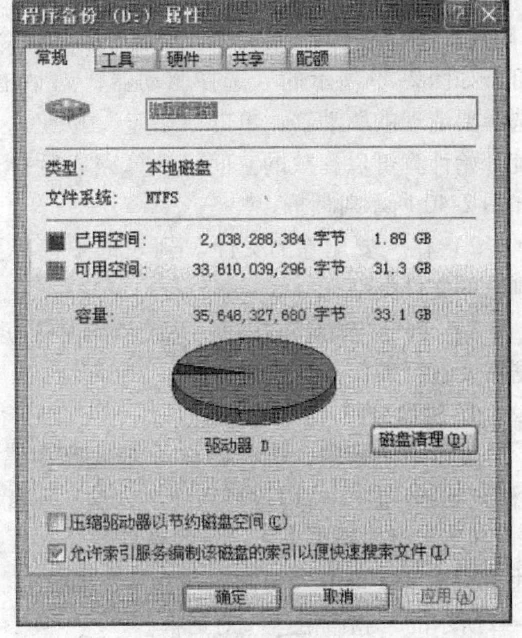

图 2-37　磁盘属性对话框

2. 磁盘碎片整理

在磁盘的使用过程中，由于经常进行添加、删除等操作，会使磁盘的空闲扇区分散在不同的物理位置上，从而造成文件在磁盘上不能连续存放的现象，这样，在读写这些文件时，磁头需要在磁盘的多个扇区来回移动，既影响系统读写速度，又造成磁盘利用率降低，所以，整理磁盘是很有必要的。磁盘碎片整理的操作步骤如下：

1）单击“开始”→“所有程序(P)”→“附件”→“系统工具”→“磁盘碎片整理程序”命令；或在磁盘“属性”对话框的“工具”选项卡中单击“开始整理”按钮，打开如图 2-38 所示的“磁盘碎片整理程序”窗口。

2）在进行磁盘碎片整理前，应先对磁盘碎片进行分析，该驱动器是否需要整理磁盘碎片，若需要再开始进行整理。单击“碎片整理”按钮后，磁盘碎片整理过程会显示在窗口右下角的显示框中。

3）磁盘碎片整理完成后，系统将弹出“碎片整理完毕”对话框，单击“确定”按钮即可。

整理容量较大的磁盘将会花相当长的时间。磁盘经过碎片整理以后，运行程序速度

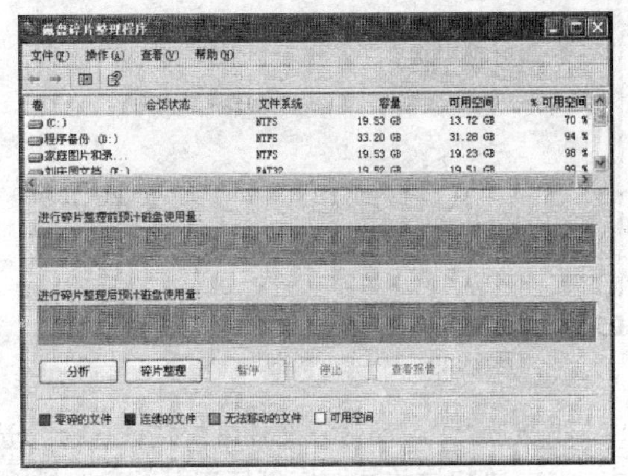

图 2-38　“磁盘碎片整理程序”窗口

加快的程度取决于原始磁盘碎片的数量和分布情况。如果原始磁盘碎片较多，而且碎片比较分散，经过碎片整理后，运行程序的速度将会大大提高。

3. 磁盘空间管理

在使用计算机的过程中会产生许多没有用的临时文件和程序，时间一长，这些文件和程序会占据大量磁盘空间，因此需要定期对磁盘进行清理，以释放磁盘空间。操作步骤如下：

1）单击“开始”→“所有程序(P)”→“附件”→“系统工具”→“磁盘清理”命令，打开如图 2-39 所示的“选择驱动器”对话框。选择要清理的驱动器，单击“确定”按钮，系统开始计算可以释放的空间，计算完成后打开如图 2-40 所示对话框。

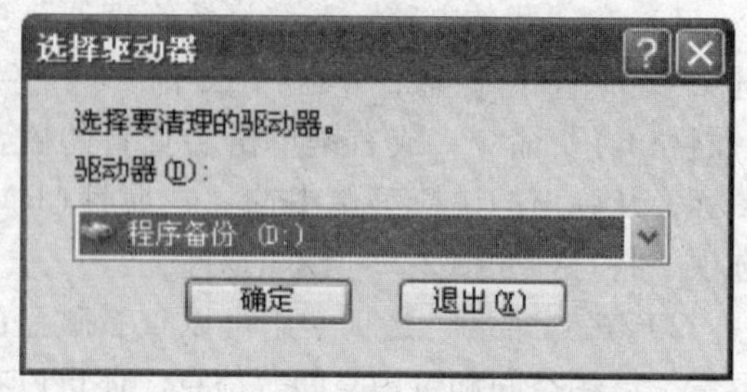

图 2-39 “选择驱动器”对话框

2）在“要删除的文件”列表框中选择要删除的文件类型。

3）单击“确定”按钮，系统弹出对话框问“您确信要执行这些操作吗?”，用户可以根据需要进行操作。

4. 磁盘维护

磁盘维护指的是检查磁盘中是否存在错误，并修复磁盘的错误。Windows XP 附带的“磁盘扫描程序”可以检测和修复软盘、硬盘和可移动磁盘上的错误。操作步骤如下：

1）鼠标右键单击要检查的磁盘图标，从弹出的快捷菜单中选择“属性”命令，在“属性”对话框中单击“工具”选项卡，如图 2-41 所示。单击“开始检查”按钮，打开如图 2-42所示的“检查磁盘”对话框。

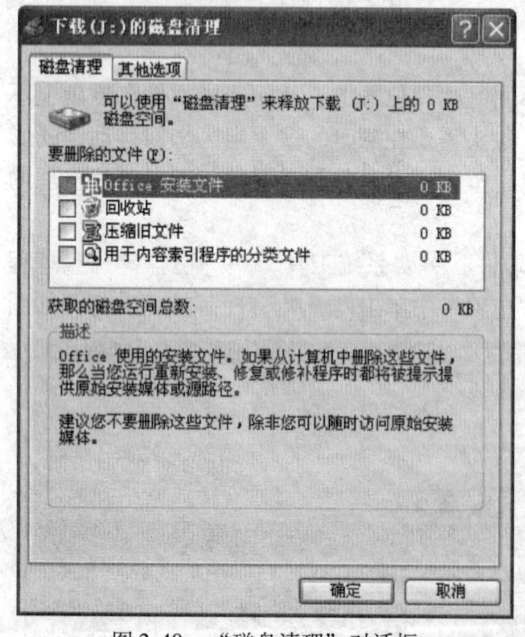

图 2-40 “磁盘清理”对话框

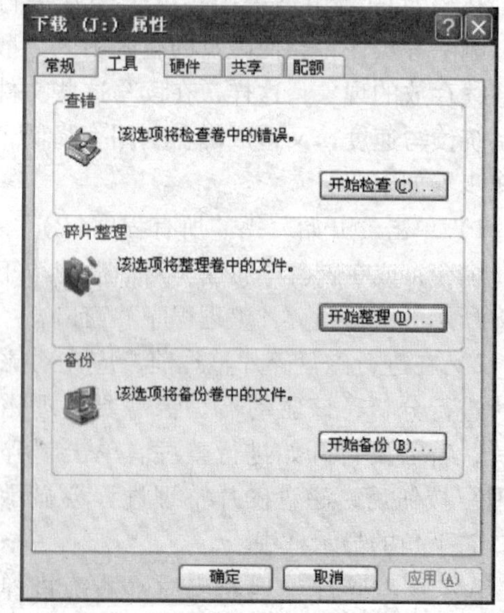

图 2-41 磁盘“工具”选项卡

2）选中“自动修复文件系统错误(A)”选项，能够在磁盘检测过程中修复文件系统错误；选中“扫描并试图恢复坏扇区(N)”选项，则表示在检查过程中扫描整个磁盘，如果遇到坏扇区，扫描程序对其自动恢复。

3）单击“开始”按钮，系统开始检查磁盘中的错误。“检查磁盘”对话框中将显示检查的进度。检查完毕后会自动弹出对话框，提示当前磁盘检查已经完成。

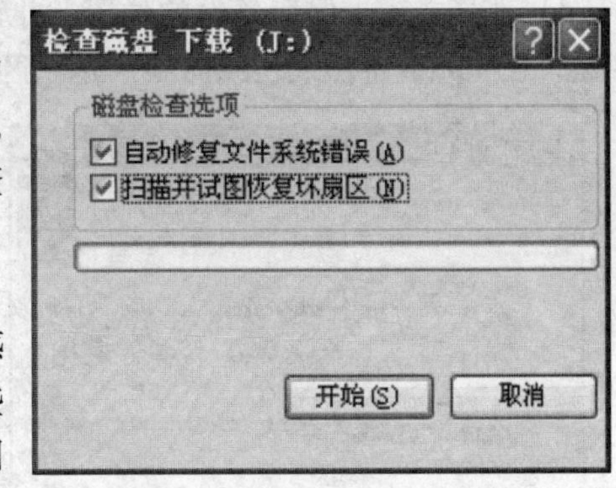

图 2-42 “检查磁盘”对话框

5. 备份和还原文件

在使用计算机过程中，由于硬盘破损、病毒感染、供电中断、蓄意破坏、网络故障以及其他一些不可预知的原因，可能引起数据的丢失或破坏。因此，定期备份服务器或者本地硬盘上的数据是非常必要的。有了备份后，在数据遭到破坏时就可以将它们还原。对于一般用户来说，进行文件的备份或还原时最好使用备份或还原向导。使用该向导时按照提示一步步进行操作，直到完成。

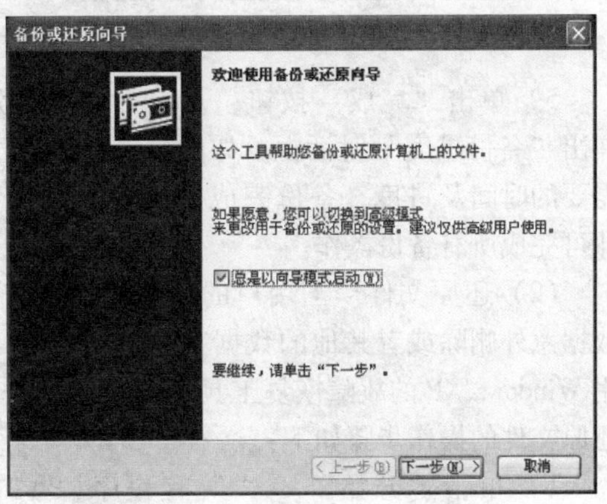

图 2-43 “备份或还原向导”对话框

(1) 备份文件的操作步骤如下：

1）单击“开始”→“所有程序(P)”→“附件”→“系统工具”→“备份”命令，打开“备份或还原向导”对话框，如图 2-43 所示。单击“下一步(N)”按钮，如图 2-44 所示。

2）根据需要选择“备份文件和设置(A)”或“还原文件和设置(R)”。选中后单击“下一步(N)”按钮，如图 2-45 所示，在“要备份的内容”中选择要备份的内容。

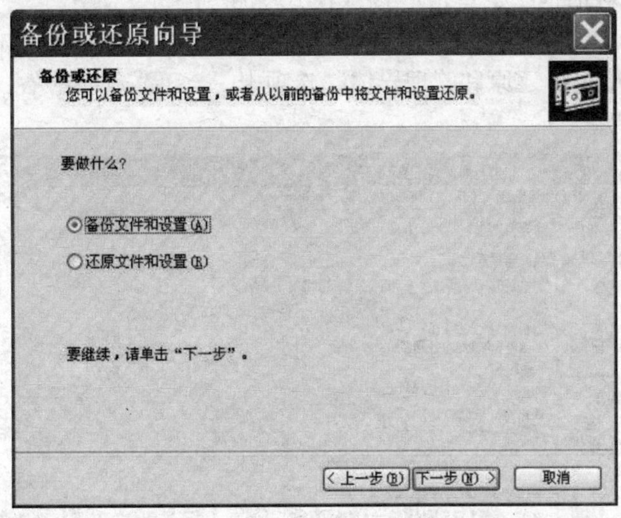

图 2-44 “备份或还原”选项区

3）假设用户在“要备份的内容”中选中了“我的文档和设置(M)”单选按钮，单击“下一步(N)”按钮，会打开如图 2-46 所示的“备份类型、目标和名称”选项区。

4）选择或输入保存备份的位置，并输入该设备的名称后，单击“下一步(N)”按钮，打开“正在完成备份或还原向导”选项区，它列出了备份的名称、描述、内容和位置等。

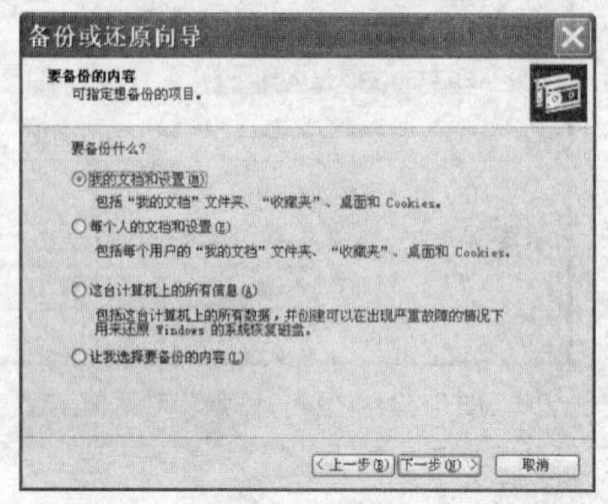

图 2-45 “要备份的内容”选项区

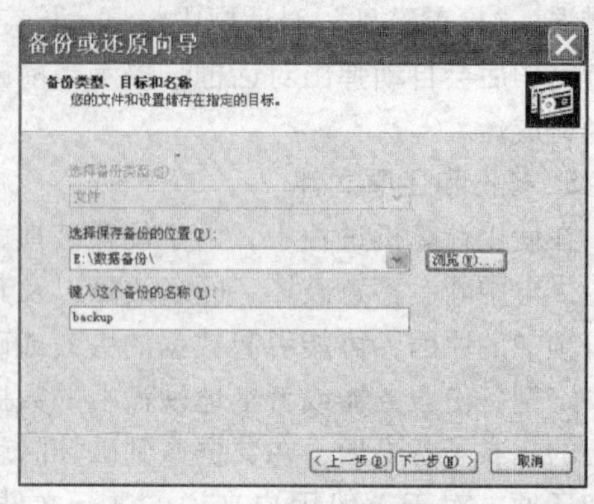

图 2-46 “备份类型、目标和名称”选项区

5）单击“完成”按钮，开始文件的备份，同时弹出“备份进度”对话框，如图2-47所示，显示备份需要的时间及进度，备份完成后单击“关闭”按钮，即可完成所有备份操作。

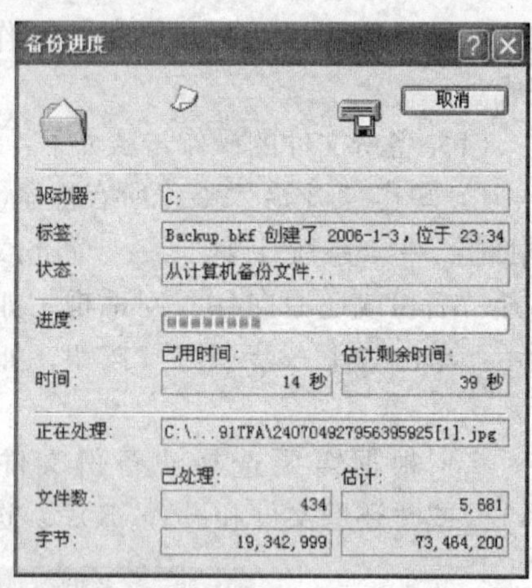

图 2-47 “备份进度”对话框

（2）还原文件　当用户的计算机出现硬件故障、数据意外删除或者其他的数据丢失或损坏时，可以使用 Windows XP 的故障恢复工具还原以前备份的数据。还原文件的操作步骤如下：

1）单击“开始”→“所有程序(P)”→“附件”→“系统工具”→“备份”命令，在弹出的“备份或还原向导”对话框中，单击“高级模式”超链接，进入“备份工具”窗口，如图 2-48 所示。在“备份工具”窗口中单击“还原和管理媒体”选项卡，如图2-49所示。

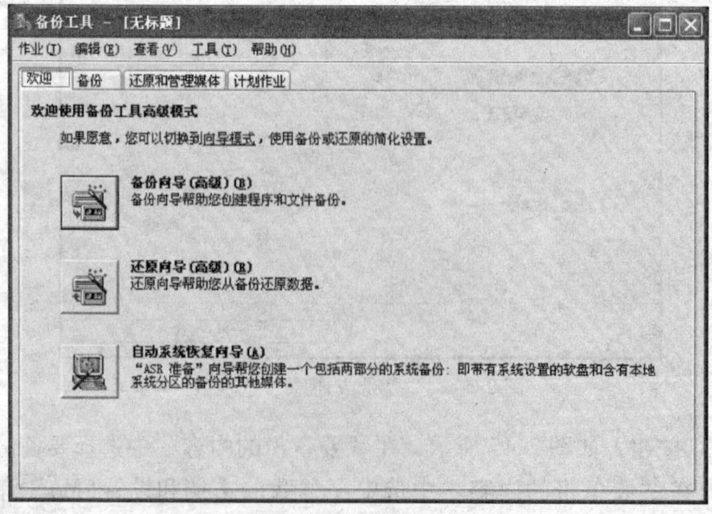

图 2-48 “备份工具”窗口

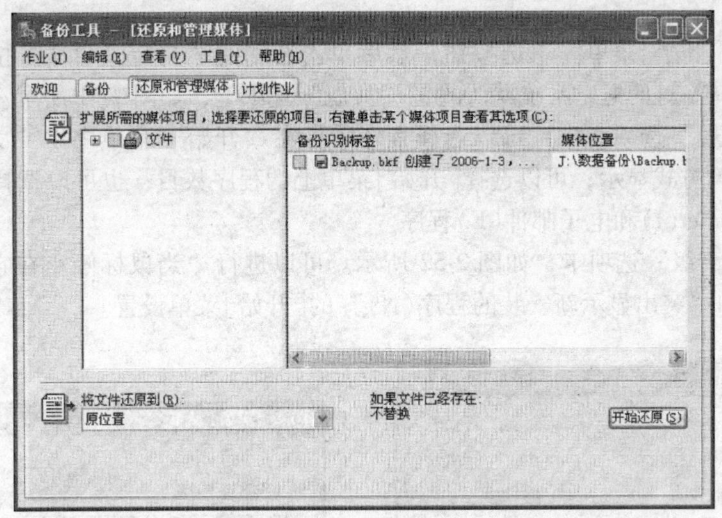

图 2-49　“还原和管理媒体”选项卡

2）在窗口左侧，可以通过单击某项目前的复选框来选择要还原的驱动器、文件或文件夹。

3）单击“开始还原(S)”按钮，系统将开始进行还原，同时屏幕上将显示“还原进度”对话框。

4）在对话框中单击“报表”按钮，可以查看还原操作的有关信息，最后单击“关闭”按钮结束还原操作。

2.7　Windows XP 的工作环境设置

Windows XP 提供了强大的个性化设置功能，用户不但可以根据个人的喜好调整“开始”菜单、任务栏、定制桌面，而且可以利用“控制面板”方便地对显示器、鼠标、网络、声音、字体、账户、新增设备等进行设置和管理。

2.7.1　自定义 Windows XP

1. 自定义“开始”菜单

用户可以根据自己的意愿设置“开始”菜单的显示方式、显示内容，并可添加或删除“开始”菜单中的程序。

（1）自定义“开始”菜单的操作步骤如下：

1）在任务栏上的空白处单击鼠标右键，从弹出的快捷菜单中选择“属性”选项，打开“任务栏和「开始」菜单属性”对话框，如图 2-50 所示。单击“「开始」菜

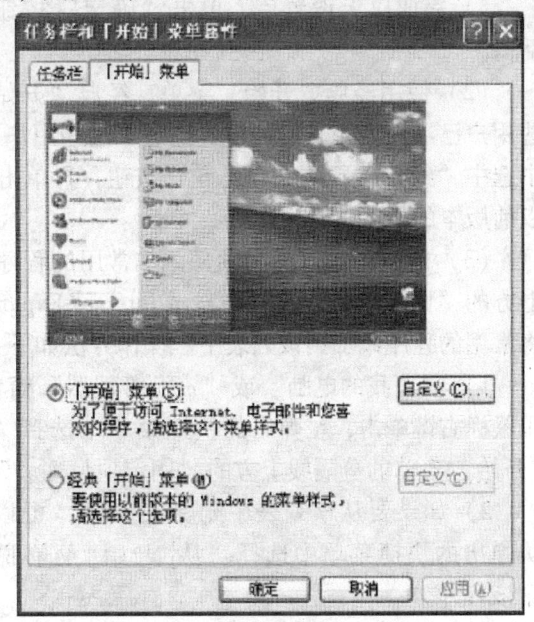

图 2-50　“「开始」菜单”选项卡

单”选项卡。

2）选中“「开始」菜单”单选按钮，然后单击右侧的“自定义(C)”按钮，打开“自定义「开始」菜单”对话框，系统默认的是“常规”选项卡，如图2-51所示。

3）在“常规”选项卡中，可以选择程序图标在“开始”菜单中以“大图标(L)”或“小图标(S)”的方式显示；可以选择「开始」菜单上的程序数目；也可以选择是否在「开始」菜单上显示Internet(I)和电子邮件(E)程序。

4）单击“高级”选项卡，如图2-52所示。可以进行“当鼠标停止在它们上面时打开子菜单(O)”和“突出显示新安装的程序(N)”的「开始」菜单设置。

图2-51 “常规”选项卡

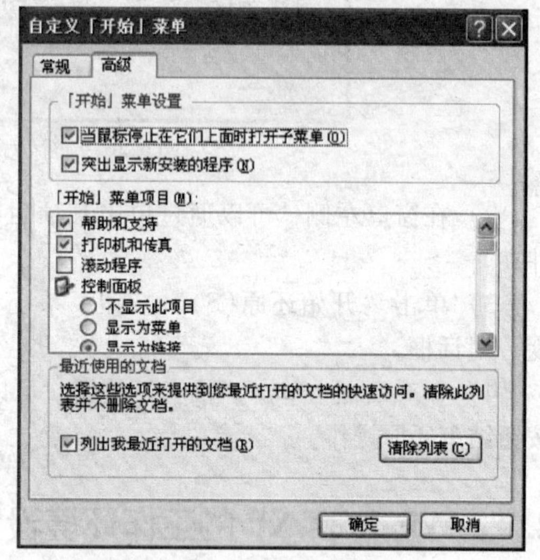

图2-52 “高级”选项卡

5）完成以上设置后，单击“确定”按钮，返回到“任务栏和「开始」菜单属性”对话框。

(2) 使用经典“开始”菜单　经典“开始”菜单指的是Windows以前版本的样式，有些用户已习惯使用它们的样式。对于这些用户，可在如图2-50所示“「开始」菜单”选项卡中选中“经典「开始」菜单”单选按钮，再单击“确定”按钮，即可将“开始”菜单恢复到以前版本的样式。

(3) 向“开始”菜单顶部添加常用的程序　默认情况下，“开始”菜单左侧的分隔线上方的“固定项目列表”中显示Internet Explorer和Outlook Express。用户也可以根据需要，将常用的程序添加到该列表中。操作方法如下：

1）在“我的电脑”或“资源管理器”窗口中找到要显示在“开始”菜单顶部的程序，用鼠标右键单击，在弹出的快捷菜单中选择“附到「开始」菜单”选项，该程序即显示在“开始”菜单的分隔线上方的“固定项目列表”中。

2）如果要从该列表中删除某程序，可以用鼠标右键单击“开始”菜单中的程序，从弹出的快捷菜单中选择“从「开始」菜单脱离”选项，即可从“固定项目列表”中删除该程序。

2. 自定义桌面

桌面是用户使用计算机工作时第一眼看到的界面，用户可以根据自己的喜好和需要进行个性化的桌面设置，如将桌面背景换成喜欢的图案，将桌面图标改变成自己喜欢的形状，这样不仅增加美感，还有利于保护眼睛。在 Windows XP 中增强了桌面的自定义功能，使用户对桌面的自定义更加轻松，也使桌面更加个性化。设置桌面的步骤如下：

1）右键单击桌面上的空白区域，从弹出的快捷菜单中选择“属性”选项，并在打开的“显示属性”对话框中选择“桌面”选项卡，如图 2-53 所示。

2）在其中的“背景(K)”列表框中选择所需的墙纸文件。单击“浏览(B)”按钮，可以在打开的“浏览”对话框中查找硬盘或网络上的图片文件作为桌面背景。在“位置(P)”下拉列表框中选择图片显示方式。

3）单击“自定义桌面(D)”按钮，弹出如图 2-54 所示的“桌面项目”对话框。用户可以选择在桌面上显示的桌面图标，单击“更改图标(H)”按钮更改图标，单击“现在清理桌面(C)”按钮，运行“清理桌面向导”，检查桌面并了解哪些图标从未使用过，是否要将它们删除。

图 2-53　“桌面”选项卡

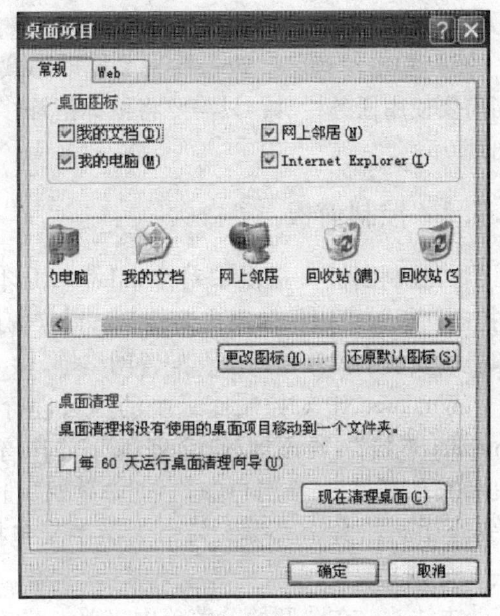

图 2-54　“桌面项目”对话框

4）设置完成后单击“确定”按钮，返回到“桌面”选项卡，再次单击“确定”按钮，关闭“显示属性”对话框，完成桌面的设置。

另外，桌面上的图标的排列方式有两种，即自动排列和非自动排列。自动排列可以按图标的名称、大小、类型和修改时间的方式排列。右键单击桌面的空白区域，从弹出的快捷菜单中根据需要选择不同的排列方式；用户也可按照自己的喜好拖动图标到不同的位置上来排列图标。

3. 自定义任务栏

用户可以根据需要调整任务栏的位置和大小，并可选择是否显示任务栏。

（1）移动任务栏　任务栏的默认位置位于桌面的底部，将鼠标指针指向任务栏的任一位置并按下鼠标左键拖动任务栏到屏幕的其他位置，即可改变其位置。将鼠标指针放于任务栏的上边框上，当鼠标指针变成上下方向箭头时，拖动鼠标可改变任务栏的大小。

（2）隐藏任务栏　为了能完整地浏览整个屏幕内容，可以将任务栏暂时隐藏起来。设置任务栏隐藏的操作步骤如下：

1）将鼠标指针指向任务栏上的空白位置，然后单击鼠标右键，在弹出的快捷菜单中选择“属性”选项，打开“任务栏和「开始」菜单属性”对话框，系统默认打开“任务栏”选项卡，如图2-55所示。

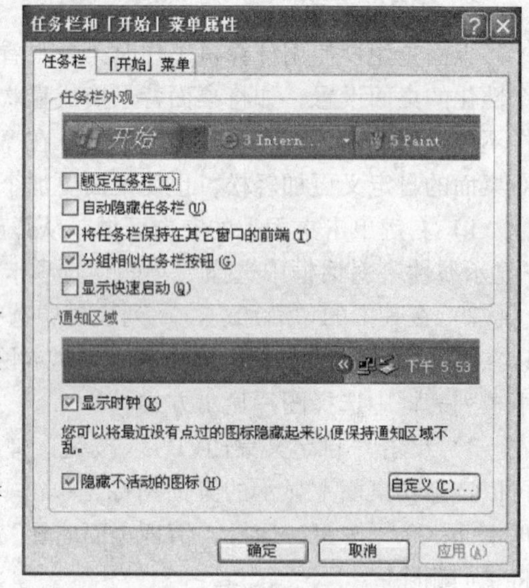

图2-55　“任务栏”选项卡

2）在其中的“任务栏外观”选项区中选中“自动隐藏任务栏(U)”复选框。

3）单击“确定”按钮后，系统即隐藏任务栏，使打开的应用程序窗口占据整个屏幕。当需要使用任务栏时，只需要将鼠标指针移动到隐藏以前任务栏所在位置，任务栏就会自动出现。

2.7.2　控制面板

“控制面板”提供了对Windows XP本身和计算机系统进行控制和设置的丰富工具。“控制面板”可以帮助用户调整Windows的操作环境、添加与删除各种硬件和程序、安装打印机、安装字体和输入法、配置网络等。

Windows XP对控制面板中的项目进行了分类，主要分为：“外观和主题”、“网络和Internet连接”、“添加/删除程序”、“声音、语音和音频设备”、“性能和维护”、“打印机和其他硬件”、“用户账户”、“日期、时间、语言和区域设置”、“辅助功能选项”和“安全中心”共十大类，每个大类中又包括许多小的设置选项。打开控制面板有三种方法，分别是：

方法一：在“开始”菜单中，单击“控制面板”菜单项。

方法二：打开“我的电脑”窗口，在“其他位置”区域中单击“控制面板”选项。

方法三：打开“资源管理器”窗口，在文件夹窗格中选择控制面板文件夹，会将其中的各大类展示在文件夹内容窗格中。

“控制面板”窗口如图2-56所示，如果用户不习惯这种分类视图显示方式，可以在“控制面板”窗口左侧单击“切换到经典视图”命令，将界面切换到经典视图窗口，如图2-57所示。

2.7.3　设置屏幕显示属性

在“控制面板”窗口中单击“外观和主题”大类，选择其中的“显示”选项，将打开“显示属性”对话框，如图2-58所示。在该对话框中可以做以下设置：

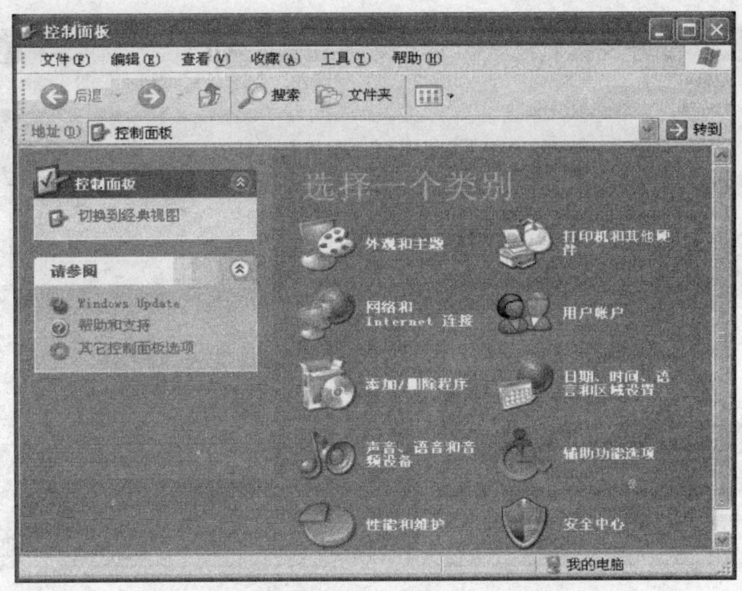

图 2-56　分类视图“控制面板”窗口

（1）“主题”选项卡　用于设置桌面的整体外观，在“主题”下拉列表框中列出了可用的桌面主题。

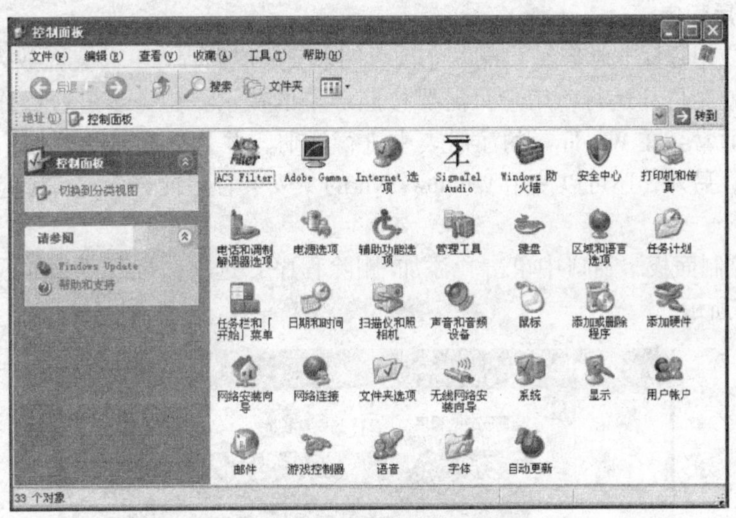

图 2-57　经典视图“控制面板”窗口

（2）“桌面”选项卡　用于选择桌面所用的图片，以及图片的显示方式（居中、平铺或拉伸）。

（3）“屏幕保护程序”选项卡　用于设置和预览屏幕保护程序，设置监视器的性能特征等。

（4）“外观”选项卡　用于设置桌面上各种元素的外观，包括颜色、字体等，通常采用系统默认的配色方案，如图 2-59 所示。

（5）“设置”选项卡　用于设置显示器的屏幕分辨率和颜色质量等属性。

图 2-58 “显示属性”对话框

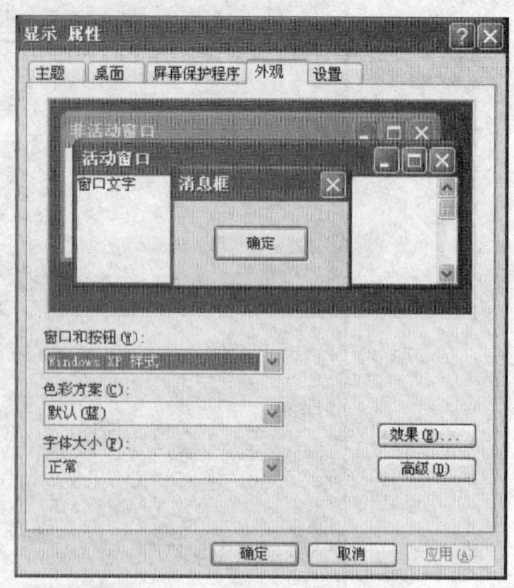

图 2-59 显示属性“外观”选项卡

2.7.4 安装和删除应用程序

1. 安装应用程序

安装新的应用程序非常容易。现以光盘为例来安装应用程序：将光盘放入光驱中，大部分的安装程序就会自动运行，用户只需要按照屏幕的提示一步一步进行操作，即可完成安装。这类程序通常会在 Windows 的注册表中进行注册，并且自动在“开始”菜单中添加相应的程序选项。另外，还可以使用 Windows XP 的“安装程序向导”来安装应用程序，操作步骤如下：

1）在“控制面板”窗口中单击“添加/删除程序”选项，打开“添加或删除程序”窗口，如图 2-60 所示。

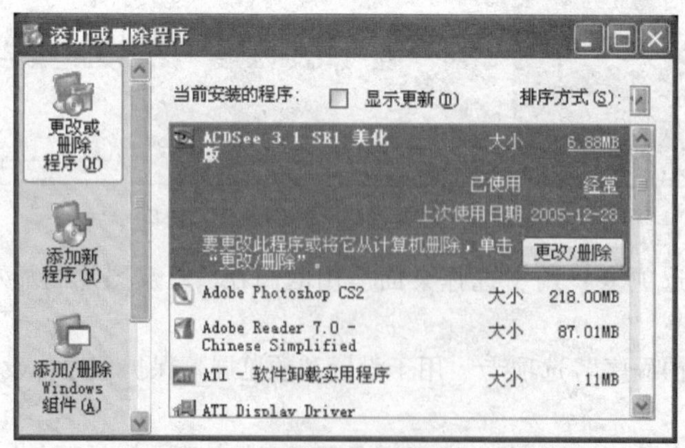

图 2-60 “添加或删除程序”窗口

2）单击窗口左侧的“添加新程序(N)”按钮，即可切换到安装应用程序的界面，如图 2-61 所示。

3）将应用程序的安装盘放在驱动器中，然后在安装界面中单击“CD 或软盘(F)”按

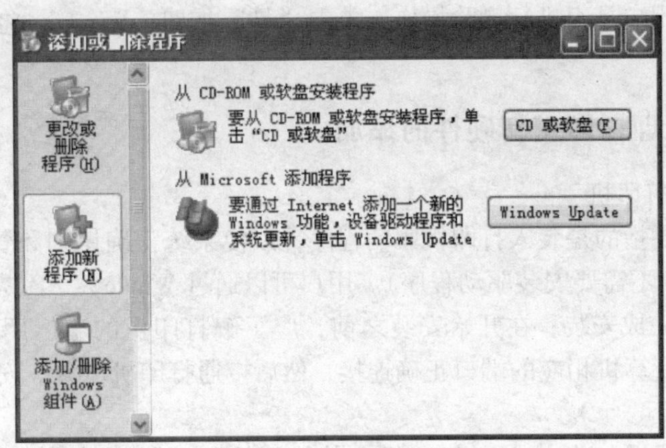

图 2-61　添加新程序

钮，打开如图 2-62 所示的“从软盘或光盘安装程序”对话框。

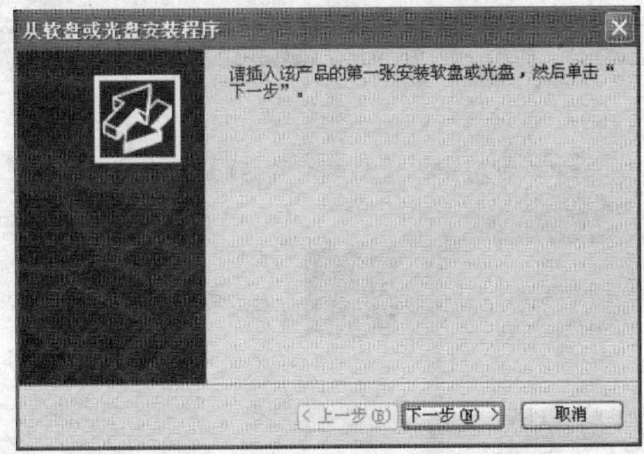

图 2-62　“从软盘或光盘安装程序”对话框

4）根据系统安装向导提示操作即可完成安装。

2. 删除应用程序

如果计算机中安装了过多的软件，不仅占用计算机宝贵的空间，而且有的软件之间还会发生冲突，从而影响计算机的整体运行速度。因此，对于一些有冲突的软件或经常不用的软件要删除掉。

删除软件不能单纯删除软件所在程序的目录或文件夹，因为在 Windows 环境下安装的软件都会在 Windows 注册表中注册，有的软件在安装中还会在 Windows 目录中复制一些共享程序，所以单纯删除软件的目录或文件夹不能把软件完全彻底地删除掉。

正确删除软件的方法有两种：一种是许多软件自身带有卸载程序，用户启动卸载程序便可将该软件完全卸载。另一种是使用“添加或删除程序”功能删除软件，操作步骤如下：

1）在如图 2-60 所示的“添加或删除程序”窗口中，单击左侧的“更改或删除程序”按钮，会看到在“当前安装的程序”列表框中列出了 Windows XP 中已安装的应用程序名称。

2）选中需要删除的应用程序。

3）单击“删除”按钮，Windows 会弹出一个确认信息对话框，此对话框将显示系统要进行的操作并询问用户是否进行删除操作，单击“是”按钮，Windows 将开始自动进行删除操作。

2.7.5 打印机及即插即用新硬件的添加

1. 安装和设置打印机

安装打印机主要指的是装入打印机驱动程序，以使系统正确识别和管理打印机(如果打印机有 USB 接口,则不需要安装驱动程序)。用户可以通过 Windows XP 提供的“添加打印机向导”程序顺利地完成安装。在开始安装之前，应了解打印机的生产厂商和类型，并使打印机的数据电缆与计算机相应的端口正确连接，然后接通打印机电源。安装打印机驱动程序的步骤如下：

1）在“控制面板”中单击“打印机和其他硬件”选项，单击“打印机和传真”选项(或单击“开始”→“打印机和传真”菜单项)，打开如图 2-63 所示的“打印机和传真”窗口。

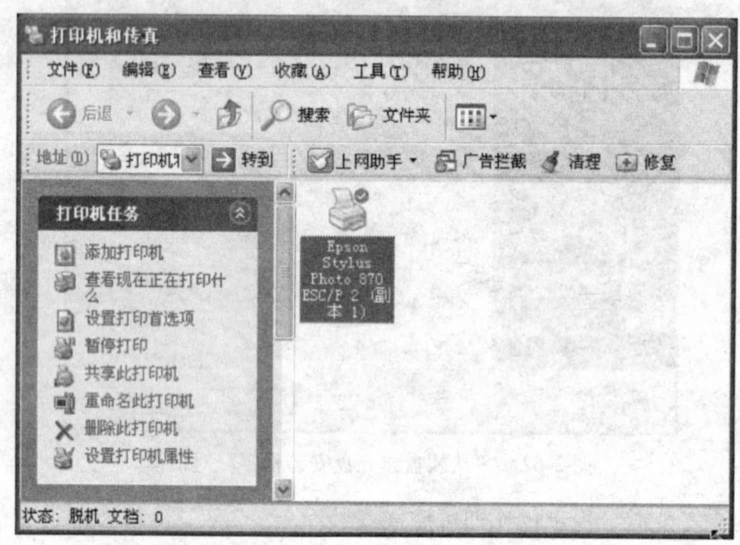

图 2-63 “打印机和传真”窗口

2）在该窗口左侧的“打印机任务”选项区中单击“添加打印机”超链接，即可启动如图 2-64 所示的“添加打印机向导”对话框。

3）单击“下一步(N)”按钮，在弹出对话框的“本地或网络打印机”选项区中选择使用“本地”或“网络”打印机后，单击“下一步(N)”按钮，系统将自动检测新打印机。按系统提示操作，直到完成添加打印机的操作。

4）在如图 2-63 所示的“打印机和传真”窗口中会出现新添加的打印机图标。用鼠标右键单击此图标，打开该打印机的“属性”对话框，如图 2-65 所示。用户可以对打印机的默认设置进行调整。

2. 即插即用新硬件的添加

要给计算机添加新的硬件，可以按照以下步骤进行：

1）将新的设备连到计算机上。

2）为该设备安装相应的驱动程序。

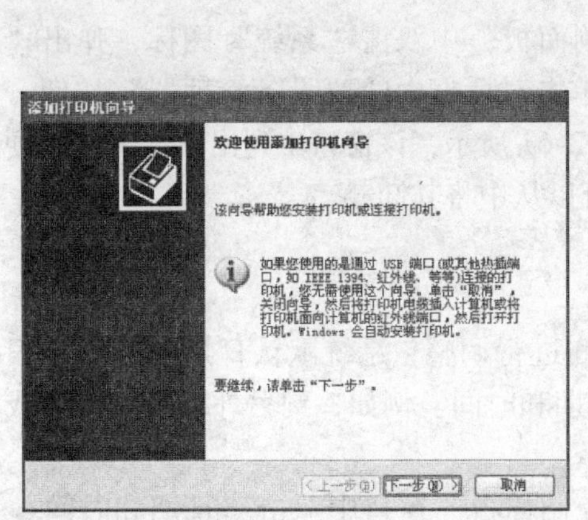

图 2-64 “添加打印机向导”对话框

图 2-65 “属性”对话框

3）配置该设备的属性和设置。

对于即插即用设备，一般都允许进行热插拔，即在开机状态下将其连接到计算机。连接以后计算机能自动检测和配置设备并安装适当的设备驱动程序。例如，可以在开机状态下，将 U 盘插入计算机的 USB 接口，计算机将自动检测到该硬件，并添加它的驱动程序，用户就可以直接对 U 盘进行操作了。大部分硬件在 Windows XP 下都可以即插即用。

对于非即插即用设备，就需要关闭计算机，然后将设备连接到合适的端口或插入合适的插槽中。在开机后计算机检测到新硬件，或从控制面板中双击“添加硬件”图标，在弹出的“添加硬件向导”对话框中安装设备的驱动程序。在安装过程中要求提供生产商的驱动程序，以便进行加载。

在设备驱动程序加载到系统之后，Windows XP 将为该设备配置属性和设置，也可以手

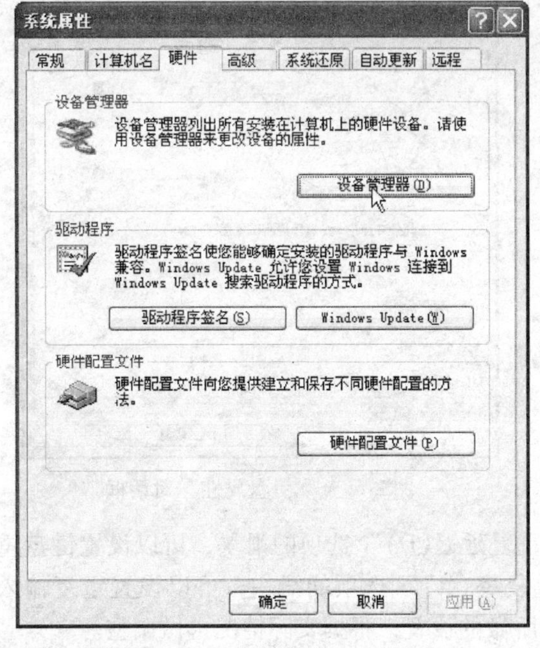

图 2-66 “系统属性”对话框

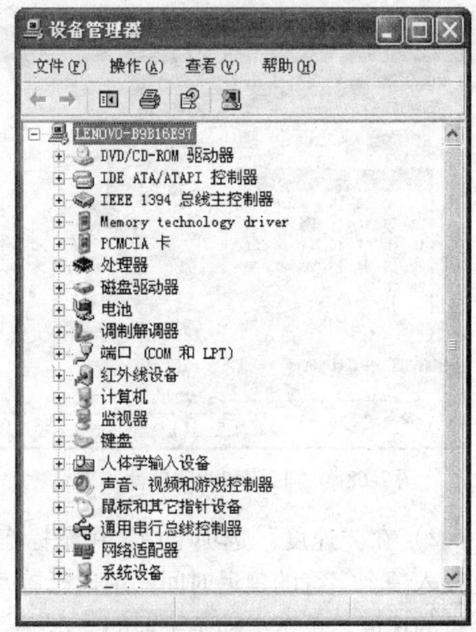

图 2-67 “设备管理器”窗口

工配置。手工配置属性和设置时，该设置为编程固定的设置，这意味着将来发生问题或与其他设备冲突时，Windows XP 将不能修改此设置。

要查看计算机中所有的硬件，则可以从“控制面板”中双击“系统”图标，弹出“系统属性”对话框，从中选择“硬件”选项卡，再单击对话框中的“设备管理器”按钮，如图 2-66 所示。打开的“设备管理器”窗口，如图 2-67 所示，该窗口中列出了计算机的硬件配置，可以查看各种硬件的型号、工作情况，也可以从中将其卸载。

2.7.6 设置系统日期和时间

在计算机系统中，经常要对显示的日期和时间进行调整，系统默认日期和时间是根据 CMOS 中的设置得到的。用户可以在需要时更新日期和时间。例如，到另外一个时区，或者修改当天时间以得到准确的时间。操作步骤如下：

1）双击任务栏右下角的时间指示器或在“控制面板”窗口中双击“日期和时间”图标，即可打开如图 2-68 所示的“日期和时间属性”对话框。

2）在“日期”选项区的下拉列表框中选择月份和年份，然后在日历上单击选中某一天。

3）如果要设置时间，那么就在“时间”选项区时钟下面的数值框中输入时间，也可以用鼠标直接拖动时钟的指针改变当前的时间，单击“确定”按钮即可。

2.7.7 设置键盘和鼠标

1. 键盘属性的设置

用户可以进行合理的键盘设置，以提高输入速度。设置键盘属性的操作步骤如下：

1）在“控制面板”中单击“键盘”图标，打开“键盘属性”对话框，如图 2-69 所示。

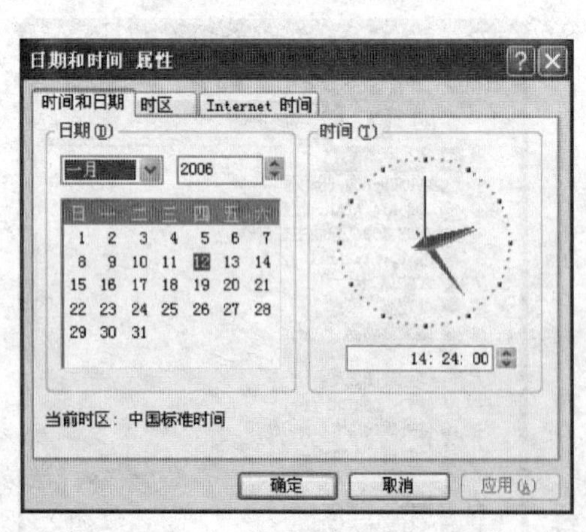

图 2-68 “日期和时间属性”对话框

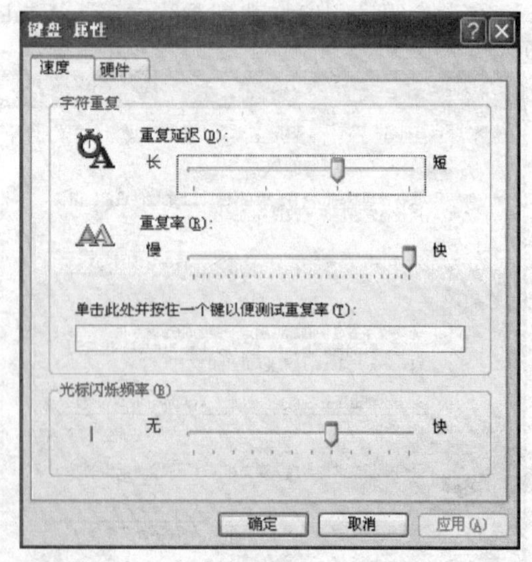

图 2-69 “键盘属性”对话框

2）在“速度”选项卡中，用鼠标拖动“重复延迟(D)”选项的滑块，可以设置键盘重复输入一个字符的延迟时间。用鼠标拖动“重复率(R)”选项的滑块，可以设置重复输入字符的速度。单击滑动条下面的文本框，测试所做的设置，根据实际情况再做调整。

3）用鼠标拖动“光标闪烁频率(B)”选项区中的滑块，可以设置光标在被编辑时的闪烁速度，当拖动滑块时，在滑动条的左边会显示一个光标，表明此设置所对应的光标闪烁速度。

4）设置完成后，单击“确定”按钮即可应用所做的调整。

2. 更改鼠标的工作方式

Windows 系统具有设置鼠标功能，包括使用鼠标“左手习惯”或“右手习惯”、鼠标双击速度、鼠标指针形状等。

更改鼠标的工作方式操作步骤如下：

1）在“控制面板”中单击“鼠标”图标，打开如图 2-70 所示的“鼠标属性”对话框。

2）设置“左手习惯”或“右手习惯”。单击“鼠标键”选项卡，在鼠标键配置选项区里选中“切换主要和次要的按钮(S)”复选框，即由原来的鼠标左键为主键变成右键为主键。

3）改变双击速度。调节“双击速度”标尺，然后在测试区域内双击文件夹，如果设置合适，双击成功，文件夹就会打开或关闭。

4）设置鼠标指针。单击“指针”选项卡，在“方案”下拉列表中选择一种自己喜欢的方案。按下“确定”，设置成功。如果“方案”下拉列表中没有满意的图标，单击“浏览(B)”按钮，从“浏览”对话框中选择一个满意的图标，单击“确定”按钮即可。

5）设置移动速度。如图 2-71 所示，在“指针选项”选项卡中，拖动“选择指针移动速度(C)”选项的滑块，设置鼠标指针移动速度的快慢，并选中“提高指针精确度(E)”复选框。通过选择“显示指针踪迹(D)”设置显示或不显示鼠标移动指针轨迹。

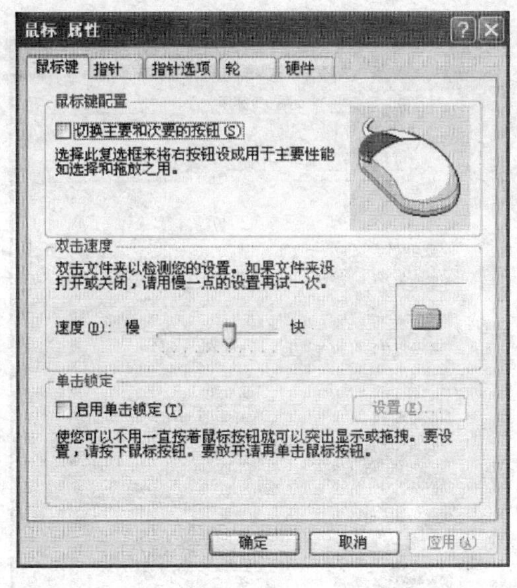

图 2-70　“鼠标属性”对话框

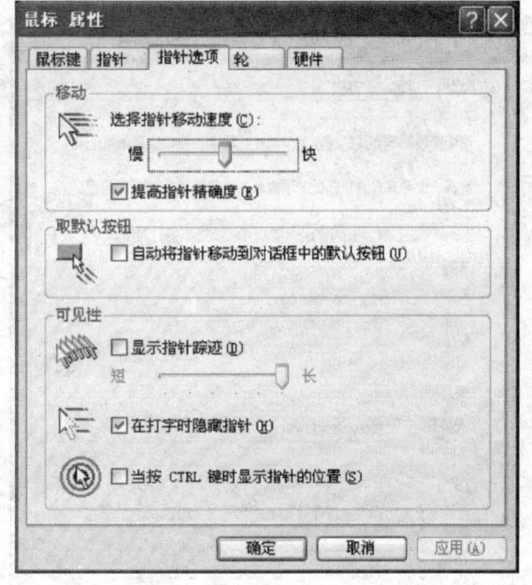

图 2-71　“指针选项”选项卡

2.7.8　区域设置

区域设置用于设置所在国家或地区惯用的数字、货币、时间和日期等的表示方式。

1. 区域选项

区域选项的操作步骤如下：

1）单击“控制面板”窗口中的“日期、时间、语言和区域设置”超链接，在打开的界面中再单击“区域和语言选项”链接，打开如图2-72所示的“区域和语言选项”对话框。

2）在其中的“区域选项”选项卡中的“标准和格式”选项区的下拉列表框中选择本地语言，如“中文(中国)”；在“位置”选项卡的下拉列表框中选择用户所在地。

3）单击“应用”按钮，系统将根据当前的区域选项自动设置数字、货币、时间、短日期和长日期的格式。用户可以从“示例”中看到相应的格式。

2. 数字和货币格式设置

在计算机的使用过程中，特别是金融和财务工作时，数字、货币、时间与日期的格式是非常重要的。Windows XP允许用户自行设置数字和货币格式。

（1）指定数字格式　在如图2-72所示的“区域和语言选项”对话框中的“区域选项”选项卡中单击“自定义”按钮，打开“自定义区域选项”对话框。在“数字”选项卡中，用户可以设置小数点、小数位数、数字分组符号、数字分组、负号、负数格式、零起始显示、列表分隔符、度量衡系统以及数字替换选项。在“示例”选项区中显示了当前数字格式的正数和负数的表示格式。设置完毕后，单击“应用”按钮，即可在“示例”选项区中显示更改后的正数和负数示例，如图2-73所示。

（2）指定货币格式　如果要指定货币格式，则单击“自定义区域选项”对话框中的“货币”选项卡，该选项卡中的“示例”选项区中显示了当前货币格式的正值和负值的表示形式。在“货币”选项卡中可以设置货币符号、货币正数格式、货币负数格式、小数点、小数位数、数字分组符号和数字分组选项。设置完成后，单击“应用”按钮，即可使当前的更改生效。

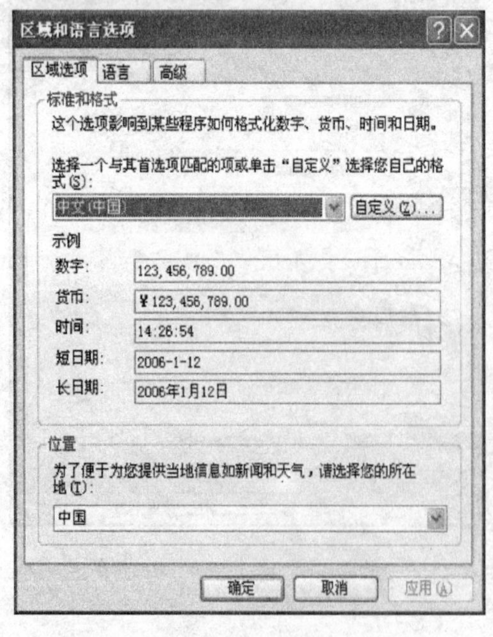

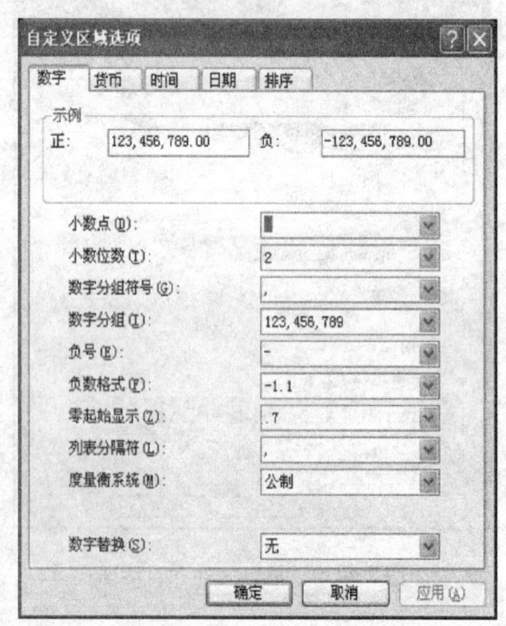

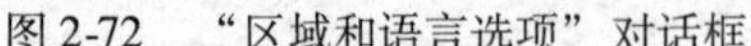
图2-72　“区域和语言选项”对话框

图2-73　“数字”选项卡

3. 时间和日期格式设置

由于生活习惯和区域的差异，各个国家或地区的时间和日期的格式都有所不同。如果用户不习惯默认的时间和日期格式，可以在“自定义区域选项”对话框中的“时间”选项卡和“日期”选项卡进行重新设置。

2.8　常用附件程序

Windows XP 操作系统为用户提供了很多实用的小程序，并将它们集中放在附件里，如写字版、记事本、画图、娱乐、计算器等。下面简单介绍几种常用的附件。

2.8.1　记事本

记事本是一个创建和编辑小型文本文件的应用程序，它只能完成纯文本文件的编辑，无法完成特殊格式的编辑，默认情况下文件的扩展名为 txt。记事本保存的文本文件可以被 Windows 的大部分应用程序调用。记事本窗口打开的文件可以是记事本文件或其他应用程序保存的 txt 文件。

记事本常用于编辑一些程序文件，如自动批处理文件（autoexec. bat）、系统配置文件（config. sys）以及 Windows 初始化信息文件（win. ini）等；还可以用作随记本，记载办公活动中的一些零星琐碎的事情，例如电话记录、留言、摘要、备忘录等，打印出来可备随时查看。

单击“开始”→“所有程序(P)”→“附件”→“记事本”命令，就打开了“记事本”窗口，如图 2-74 所示。

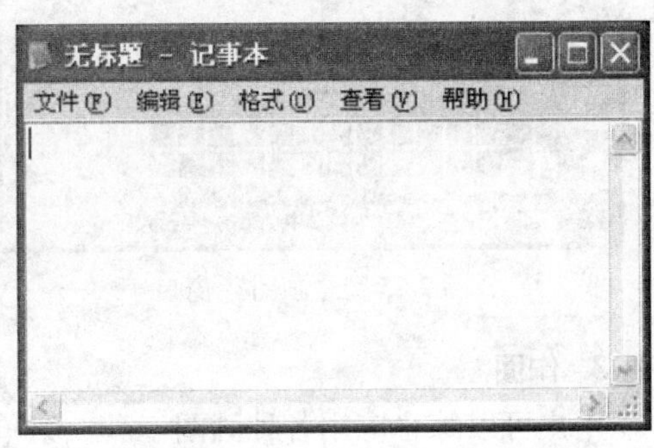

图 2-74　“记事本”窗口

2.8.2　画图

Windows 为用户提供了一个简单而易用的图像处理工具——“画图”。打开方法如下：

单击“开始”→“所有程序(P)”→“附件”→“画图”命令，打开如图 2-75 所示的“画图”程序窗口。

在“画图”程序中，要制作一幅图画，操作方法是：单击“文件(F)”→“新建(N)”命令，在画图区中打开一个空的画布，可以使用窗口左侧“工具箱”中的画图工具进行创作了。

1. 编辑图形

“画图”程序除了可以绘制一些简单的图形之外，还可以作为编辑工具，对一些图形进行编辑，例如对图形进行旋转、拉伸、反色等操作。

1）单击“图像(I)”→“翻转/旋转(F)”命令，在打开的“翻转和旋转(F)”对话框中指定旋转的方向和角度，可以对当前打开的图片进行翻转和旋转的操作。

2）单击“图像(I)”→“拉伸/扭曲(S)”命令，在弹出的“拉伸和扭曲(S)”对话框中指定相应的参数，可以使图像产生变形效果。

3）用选取工具选择图像的部分区域，然后在“图像(I)”菜单中单击“反色(I)”命令，可以对选中的区域进行颜色反转处理。

2. 编辑颜色

在调色板中，有程序预置的 28 种颜色，同时在“颜色(C)”菜单中，还提供了“编辑颜色(E)”命令，单击该命令，用户可以在弹出的对话框中定义自己喜爱的颜色，提供以后调用，图 2-76 为“编辑颜色”对话框。

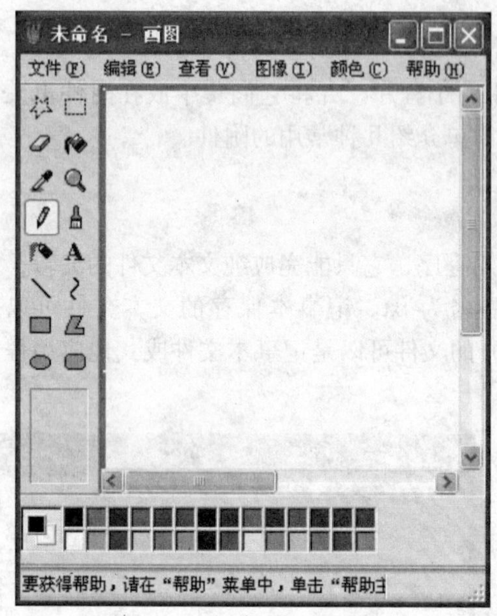

图 2-75 “画图”窗口

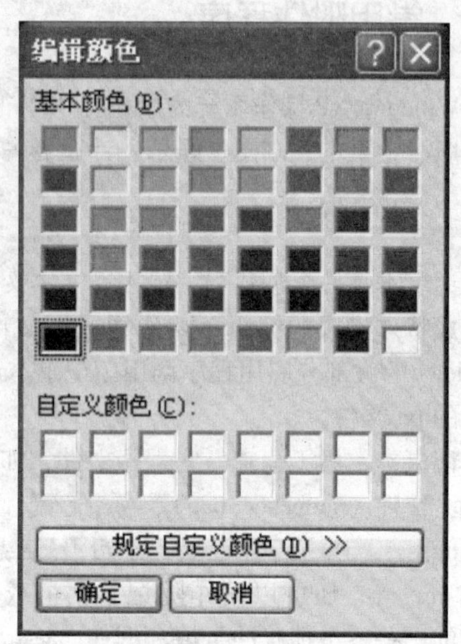

图 2-76 “编辑颜色”对话框

3. 作图

用户可以综合应用各种画图工具、菜单功能和颜色设置，随心所欲地绘制自己需要的图形。制作完成后，通常将其保存为“bmp”位图文件。

2.8.3 娱乐

Windows XP 对多媒体设备提供了很强的支持功能，它自带的录音机、Windows Media Player 等可供用户休闲娱乐。

1. 录音机

Windows XP 自带的录音机可以录制和处理声音，并保存成声音文件等。

单击“开始”→“所有程序(P)”→“附件”→“娱乐”→“录音机”命令，打开如图 2-77 所示的“声音-录音机”窗口，这就是 Windows XP 的录音机，最右端的圆形红色按钮是“录音”按钮。在声卡与麦克风连接正常情况下，只需按下“录音”按钮，然后对麦克风说话，即可看到录音机窗口的状态框中出现波形图，说明正在录音，单击“停止”按钮即可停止录音，然后单击“文件(F)”→“保存(S)”命令，在打开的对话框中输入要保存的文件名与文件类型，即可将录制的声音保存下来。

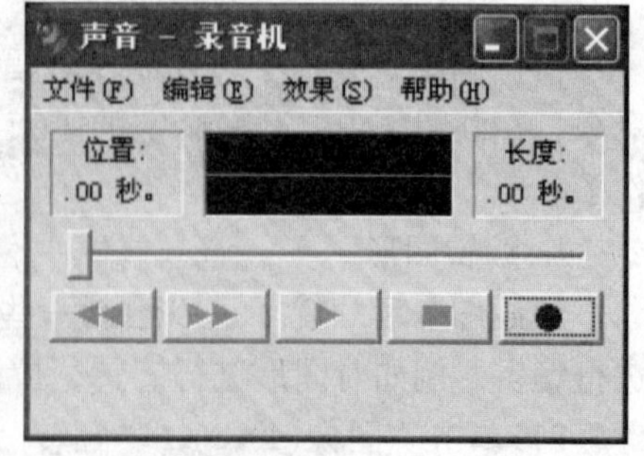

图 2-77 “录音机”窗口

2. Windows Media Player

Windows XP 集成的 Windows Media Player 具有强大的功能，支持的播放文件格式很多，例如：wma、wav、snd、au、mp3、m3u、dat、mp2、avi 等。

操作 Windows Media Player 的方法：单击“开始”→“所有程序(P)”→“附件”→“娱乐”→“Windows Media Player”命令，打开如图 2-78 所示的播放界面。要播放 dat 格式的 VCD 影片，只需在打开的播放任务列表的窗口中单击“显示所有文件”命令，然后选择 dat 文件即可播放。用户可以将要播放的文件添加到程序提供的某一播放任务列表或者是自己创建的播放任务列表中即可。

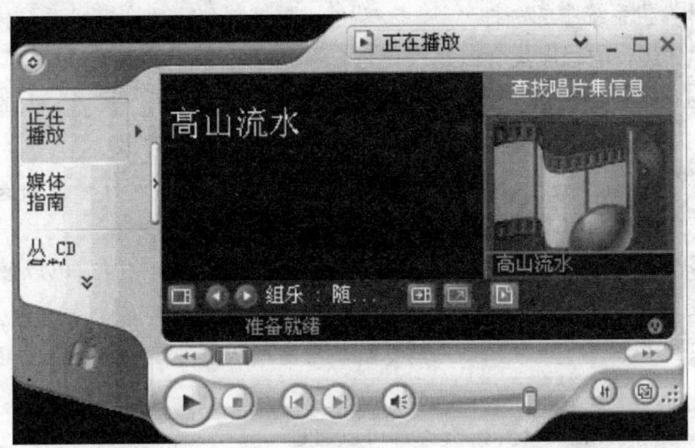

图 2-78　“Windows Media Player”播放界面

2.8.4　计算器

用户可以使用标准型计算器进行简单的加、减、乘、除运算，也可以用科学型计算器进行高级计算和统计。

1. 标准型计算器

单击“开始”→“所有程序(P)”→“附件”→“计算器”命令，打开“计算器”窗口，如图 2-79 所示。

这个界面中的计算器是标准型计算器，用它只能进行简单的计算。如果要使用键盘上的数字小键盘输入数字和运算符，按【Num Lock】键实现数字锁定，然后再输入数字和运算符。该计算器还能存储数据。

图 2-79　“计算器”窗口

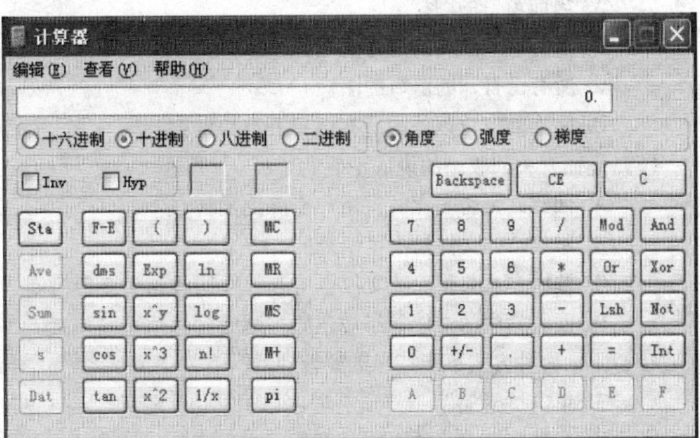

图 2-80　科学型计算器

2. 科学型计算器

如图 2-79 所示，单击“查看(V)”→“科学型(S)”命令，标准型计算器就变成了科学型计算器，如图 2-80 所示。科学型计算器的功能很强大，不仅可以进行三角函数、阶乘、平方、立方等运算，还具有逻辑和统计计算的功能。

习　题

1. 填空题

(1) 操作系统是计算机系统中的一种________软件，是控制和管理计算机系统内的各种硬件和软件资源、有效地组织多道程序运行的程序集合，是用户与________之间的接口。

(2) 用鼠标单击窗口的最小化按钮后，就会使该窗口缩小成为位于________上的一个图标。

(3) 在使用菜单时，如果选择了带有省略号(…)的菜单项，就会弹出________。

(4) 在 Windows XP 中，________用来存放硬盘上被删除的文件或文件夹，需要时还可以通过________命令将这些文件或文件夹恢复到原来的位置。

(5) 在 Windows XP 中，如果只记得文件的名称而不知道它的具体位置，可以使用“开始”菜单中的________命令来找到该文件。

(6) 鼠标操作非常重要，________是指连续快速地单击两次鼠标左键。通常，单击鼠标右键会弹出桌面对象的________。

(7) 在 Windows XP 中，所有的计算机资源都可以通过________、________和________来访问。

(8) 在________对话框里可以设置桌面背景、屏幕保护程序、配色方案等。

(9) 文件或文件夹的属性共有________、________、________和系统四种。

(10) 磁盘维护指的是检查磁盘中是否存在错误，并修复磁盘的错误。Windows XP 附带的________可以检测和修复硬盘、软盘和或移动磁盘上的错误。

2. 选择题

(1) Windows 中的“桌面”是指(　　)。

A. 整个屏幕　　B. 某个窗口　　C. 程序界面　　D. 活动窗口

(2) Windows XP 是一种(　　)。

A. 编译系统　　B. 杀毒软件　　C. 操作系统　　D. 数据库管理系统

(3) Windows XP 的“开始”菜单包括了 Windows XP 系统的(　　)。

A. 主要功能　　B. 全部功能　　C. 部分功能　　D. 初始化功能

(4) 在 Windows XP 桌面的任务栏中部，显示的是(　　)。

A. 当前窗口的图标

B. 所有被最小化的窗口的图标

C. 所有已打开的窗口的图标

D. 除当前窗口以外的所有已打开窗口的图标

(5) 下面有关回收站的说法正确的是(　　)。

A. 回收站可暂时存放被用户删除的文件

B. 回收站的文件是不可恢复的

C. 被用户永久删除的文件也可存放在回收站中一段时间

D. 回收站中的文件如果被还原，则回到它原来的位置

(6) 下面哪种方式不能打开资源管理器(　　)。

A. 单击“开始”→“所有程序(P)”→“附件”→“Windows 资源管理器”命令

B. 右键单击“我的电脑”图标，在出现的快捷菜单中单击“资源管理器”命令

C. 在“开始”菜单中单击“运行”命令，在出现的对话框中输入“资源管理器”

D. 右键单击“开始”按钮，在出现的快捷菜单中单击“资源管理器”命令

(7) 对话框外形和窗口差不多，下面关于对话框的说法中不正确的是(　　)。

A. 允许用户改变对话框的大小　　B. 对话框也有标题栏

C. 对话框中也有按钮　　D. 对话框中也有滚动条

(8) 当一个应用程序窗口被最小化时，该应用程序将(　　)。

A. 被暂停执行　　B. 被终止执行

C. 被转入后台执行　　D. 继续在前台执行

(9) 在 Windows XP 中，下列对窗口滚动条的叙述中，正确的是(　　)。

A. 每个窗口都有水平和垂直滚动条　　B. 每个窗口都有水平滚动条

C. 每个窗口都有垂直滚动条　　D. 每个窗口可能出现必要的滚动条

(10)“资源管理器”左边窗口中的文件夹或驱动器的加号“+”表示(　　)。

A. 等同数学中的“+”　　B. 文件夹的增加

C. 文件夹的移动　　D. 表示该文件夹包含子文件夹

(11) 在 Windows XP 中，将当前活动窗口图案复制到“剪贴板”中，应使用(　　)。

A. PrintScreen　　B. Alt + PrintScreen

C. Shift + PrintScreen　　D. Ctrl + PrintScreen

(12) 在 Windows XP 中的“资源管理器”或“我的电脑”窗口中，要改变文件或文件夹的显示方式，应进行的操作为(　　)。

A. 在“文件”菜单中选择　　B. 在“编辑”菜单中选择

C. 在“查看”菜单中选择　　D. 在“帮助”菜单中选择

(13) 在 Windows XP 中，对“粘贴”操作错误的描述是(　　)。

A. “粘贴”是将“剪贴板”中的内容复制到指定的位置

B. “粘贴”是将“剪贴板”中的内容移动到指定的位置

C. 经过“剪切”操作后就能“粘贴”

D. 经过“复制”操作后就能“粘贴”

(14) 在 Windows XP 中，对“剪切”操作正确的描述是(　　)。

A. “剪切”是将“剪贴板”中的内容复制到指定的位置

B. “剪切”是将“剪贴板”中的内容移动到指定的位置

C. 可以对选定的同一信息进行多次“剪切”操作

D. “剪切”操作的结果必须被“粘贴”才能生效

(15) 鼠标单击文件夹，按【Delete】键，该文件夹将(　　)。

A. 被删除　　B. 被移动　　C. 被复制　　D. 被粘贴

(16) 在 Windows XP 中的“资源管理器”窗口中，如果要一次选择多个不相邻的文件或文件夹，应进行的操作是(　　)。

A. 用鼠标左键依次单击各个文件

B. 按住【Ctrl】键，并用鼠标左键依次单击各个文件

C. 按住【Shift】键，并用鼠标左键依次单击各个文件

D. 用鼠标左键单击第一个文件，然后用鼠标右键单击各个文件

(17) Windows XP 配备了许多系统工具，使用这些工具可以达到(　　)的目的。

A. 访问磁盘　　B. 维护磁盘　　C. 给磁盘做卷标　　D. 格式化磁盘

(18) 屏幕的分辨率可在“显示属性”对话框的(　　)选项卡中进行设置。

A. 主题　　B. 外观　　C. 设置　　D. 桌面

(19) 在 Windows XP 中，“回收站”是(　　)。

A. 内存中的一块区域　　B. 硬盘中的一块区域

C. 可移动磁盘中的一块区域　　　　D. 高速缓存中的一块区域

(20) 即插即用的含义是指(　　)。

A. 不需要 BIOS 支持即可使用硬件

B. Windows 系统所能使用的硬件

C. 安装在计算机上不需要配置任何驱动程序就可使用的硬件

D. 硬件安装在计算机上后，系统会自动识别并完成驱动程序的安装和配置

3. 上机操作题

(1) 启动 Windows XP，打开"我的文档"窗口，做以下操作练习：

1) 最小化窗口，观察其结果，然后再将窗口复原。

2) 最大化窗口，然后再将窗口复原。

3) 适当调整窗口的大小，使滚动条出现，然后滚动窗口中的内容。

4) 适当调整窗口的大小，移动窗口。

5) 关闭窗口。

(2) 定制任务栏，使其自动隐藏且不显示"快速启动栏"，然后再恢复原有设置。

(3) 分别打开"附件"里的写字板、画图、记事本、计算器程序，做以下练习：

1) 以不同方式排列已打开的窗口(层叠、横向平铺、纵向平铺)。

2) 通过任务栏和快捷键切换当前窗口，并试试看是否还有别的方法可以切换窗口？

(4) 打开"资源管理器"窗口，然后进行以下操作：

1) 观察左右窗格内容分布状态，并调整左右窗格的大小。

2) 分别用鼠标单击带有"+"号和带有"-"号的文件夹图标，观察其变化。

3) 打开一个包含有子文件夹和文件的文件夹，然后在"查看"菜单中分别选"缩略图"、"平铺"、"图标"、"列表"、"详细信息"菜单项，观察"资源管理器"右窗格显示内容的变化。

4) 在"查看"→"排列图标"级联菜单中，分别选按"名称"、"大小"、"类型"、"按修改时间"、"按组排列"、"自动排列"等，观察"资源管理器"右窗格内容的不同显示方式。

(5) 在"我的电脑"或"资源管理器"窗口里完成以下操作：

1) 在 E 盘上新建名为"student"和"teacher"的文件夹。

2) 在"student"里创建文件"作业 1. txt"和"作业 2. bmp"。

3) 给文件夹"student"和文件"作业 1. txt"创建快捷方式。

4) 将"作业 1. txt"和"作业 2. bmp"复制到文件夹"teacher"里。

5) 在"teacher"文件夹里，将"作业 1. txt"改名为"上交作业 1. txt"。

6) 删除文件夹"student"。

7) 给文件夹"teacher"创建桌面快捷方式。

8) 将"teacher"文件夹移动到 D 盘上。

9) 查看"teacher"文件夹的属性。

10) 从回收站中还原文件夹"student"。

(6) 在桌面上创建"记事本"和"画图"程序的快捷方式。

(7) 查找 C 盘上所有 . rar 文件，并运行其中一个文件，观察其结果。

(8) 查看磁盘 D 的可用空间，进行"磁盘清理"操作。

(9) 通过"帮助"菜单来获取如何进行磁盘碎片整理的信息。

(10) 用画图程序新建一个文件，自己制作一幅图画后命名为"test. bmp"，并把它设置为桌面背景。

第3章　Word 2003

学习目标

1）掌握文件的新建、保存、选定、移动、复制、删除、插入等基本操作。

2）掌握字体属性设置、段落属性设置、分栏、编号和项目符号等操作。

3）了解 Word 常用的视图方式。

4）掌握表格的创建、移动、复制、删除、排序，行、列和单元格的插入、删除等操作。

5）掌握图形的插入、格式设置、图文混排等操作。

6）掌握页面设置、页眉和页脚、页码的插入、打印设置等操作。

3.1　Word 2003 简介

Office 2003 是 Microsoft 公司推出的办公套件。Office 2003 包括字处理软件 Word 2003、电子表格 Excel 2003、幻灯片 PowerPoint 2003、数据库软件 Access 2003 等。

Word 2003 是 Office2003 的重要组件，它是 Windows 环境下的优秀文字处理软件，它秉承了 Windows 的窗口界面、风格和操作方法，集文字处理、表格处理、传真、电子邮件、HTML 和 Web 页制作功能于一身，提供了一整套齐全的功能；灵活方便的操作方法，让用户能够轻松地进行文字、图形和数据处理，制作出各种图文并茂的文档，是功能强大的文字处理软件之一。

Word 2003 主要功能是：文档的编辑与排版、查找与替换、创建表格、打印设置等。

1. Word 2003 启动

启动 Word 2003 有多种方法，常用的方法有以下两种：

方法一：单击“开始”→“所有程序(P)”→“Microsoft Office”→“Microsoft Office Word 2003”，即可启动 Word 2003 工作窗口，如图3-1a 所示。

方法二：如果在 Windows 桌面上有 Microsoft Office Word 2003 的快捷方式图标，可直接双击该图标，如图 3-1b 所示。

2. Word 2003 退出

在退出 Word 时，将关闭所有的用户文档。如果有经过修改和编辑而未保存的文档，系统将询问是否要保存该文档，如果需要保存，应在屏幕显示的信息提示框中单击“是”按钮，否则单击“否”按钮。退出 Word 的方法主要有以下几种：

方法一：在菜单栏中单击“文件(F)”→“退出(X)”命令。

方法二：单击 Word 窗口标题栏右上角的“关闭”按钮☒。

方法三：按【Alt】+【F4】组合键可以方便地退出 Word。

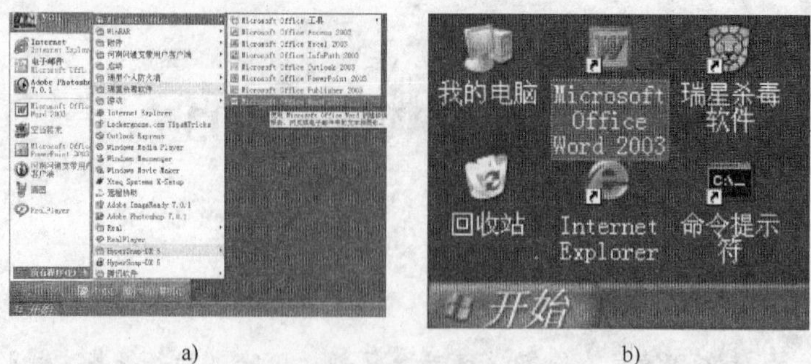

a) b)

图 3-1 启动 Word 2003

3.2 Word 2003 窗口的组成与基本操作

3.2.1 Word 2003 窗口的组成

启动 Word 后，屏幕就会出现如图 3-2 所示的窗口。Word 窗口由标题栏、菜单栏、工具栏、标尺、编辑区、滚动条、状态栏等组成。

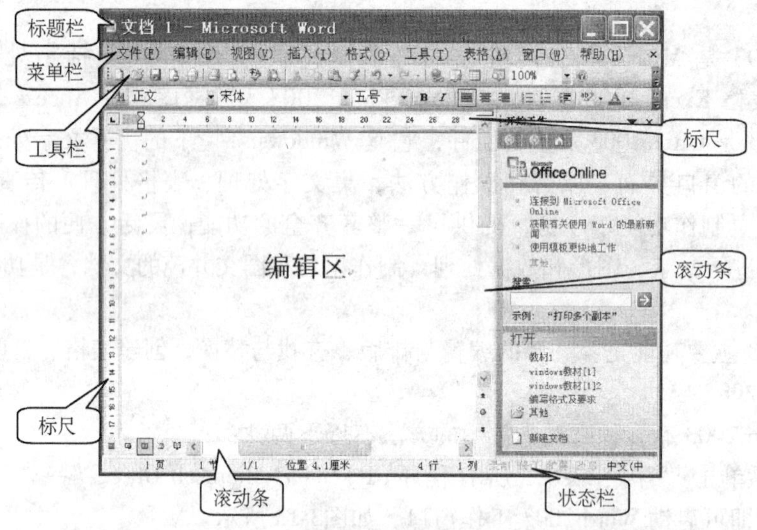

图 3-2 Word 2003 窗口

1. 标题栏

标题栏位于屏幕的最顶部，显示正在编辑的文档名和应用程序名。

2. 菜单栏

菜单栏位于标题栏的下方。菜单栏提供了 9 个菜单：文件、编辑、视图、插入、格式、工具、表格、窗口、帮助。每个菜单中包含的菜单项是 Word 可执行的命令。要执行菜单中的命令，可以用鼠标单击菜单栏上的菜单，再在下拉菜单中单击相应的命令；也可以使用键盘，按【Alt】键和菜单后面带下划线的字母键来打开相应的菜单，然后用方向键选择菜单命令。例如：打开编辑菜单，按【Alt】+【E】组合键。

3. 工具栏

工具栏位于菜单栏的下方，Word 将一些常用的命令制成工具按钮，然后按照不同的功能列于不同的工具栏中。用鼠标单击某个工具栏按钮，即可快速选择相应的命令。

默认情况下，屏幕上可以看到“常用”工具栏(见图3-3)和“格式”工具栏(见图3-4)。“常用”工具栏用于文件操作和文档编辑操作，其名称和功能见表3-1。“格式”工具栏用于段落格式化、字体格式化等，其名称和功能见表3-2。

图 3-3 “常用”工具栏

图 3-4 “格式”工具栏

表 3-1 “常用”工具栏中各按钮的名称和功能

按 钮	名 称	功 能
	新建	根据默认模板创建新文档
	打开	打开已存在的文档
	保存	保存文档
	(自由访问)的权限	防止敏感文档和电子邮件被未授权人员转发、编辑或复制
	电子邮件	将文件作为电子邮件发送
	打印	用打印机打印文档
	打印预览	进入打印预览模式显示打印的效果
 繁	中文简繁转换	将选中文档或全部文档进行简繁体的转换
	拼写和语法	检查活动文档中的英文拼写或可疑的中、英文词组
	信息检索	显示或隐藏“信息检索”窗格
	剪切	将选择的内容剪下来并存放到剪贴板中
	复制	将选择的内容复制到剪贴板中
	粘贴	在插入点位置插入剪贴板中的内容
	格式刷	将选定格式复制到指定区域
	撤消	取消最后一次操作
	恢复	恢复已用撤消命令撤消的操作
	插入超链接	插入或编辑指定的超链接
	“表格和边框”工具栏	显示或隐藏“表格与边框”工具栏
	插入表格	在插入点位置插入表格
	插入 Microsoft Excel 工作表	在插入点位置插入 Excel 工作表

（续）

按　钮	名　称	功　能
	分栏	给文档分栏
	更改文字方向	更改文字方向(把横排的文字方向改为竖排,竖排的文字方向改为横排)
	绘图	显示或隐藏“绘图”工具栏
	文档结构图	显示或隐藏文档结构
	显示/隐藏编辑标记	显示或隐藏编辑标记
100%	显示比例	改变文档视图的显示比例
	Microsoft Office Word 帮助	可提供帮助主题和提示，以便协助用户完成任务
阅读(R)	阅读	文档为阅读版式

表 3-2 “格式”工具栏中各按钮的名称和功能

按　钮	名　称	功　能
	格式窗格	显示或隐藏“样式和格式”窗格
正文	样式	用样式为选定内容设置格式
宋体	字体	改变选定文字的字体
五号	字号	改变选定文字的字号
B	加粗	使选定文字加粗
I	倾斜	使选定文字倾斜
U	下划线	给选定文字添加下划线
A	字符边框	给选定文字添加边框
A	字符底纹	给选定文字添加底纹
	字符缩放	设置扁体字或长体字
	两端对齐	使选择的段落按照左右编排对齐
	居中	使选择的段落居于文档的中间
	右对齐	使选择的段落按照右编排对齐
	分散对齐	使选择的段落整行对齐
	行距	设置行距
	编号	创建编号列表

（续）

按　钮	名　称	功　能
	项目符号	创建项目符号列表
	减少缩进量	往左减少缩进量
	增加缩进量	往右增加缩进量
	突出显示	给选定文字加上背景色
	字体颜色	给选定文字设置不同的颜色
	拼音指南	给选定的文字标注拼音
	带圈字符	给选定的文字外面画圈

如果想隐藏工具栏上的某项工具，单击“视图(V)”→“工具栏(T)”命令，在弹出的下级子菜单中清除该菜单左侧的“√”记号，如图 3-5 所示。

4. 标尺

默认情况下，水平标尺位于“格式”工具栏的下方。标尺上划有刻度和数字，用于缩进段落、调整页边距、改变栏宽以及设置制表位等。在页面视图中，编辑区的左侧还会出现垂直标尺。如果想隐藏标尺，可以单击“视图(V)”命令，清除“标尺(L)”菜单左侧的“√”记号，如图 3-6 所示。

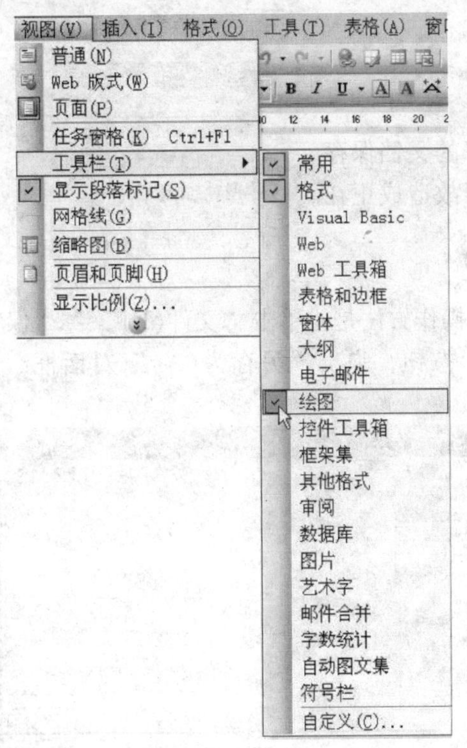

图 3-5　隐藏工具栏上的某项工具

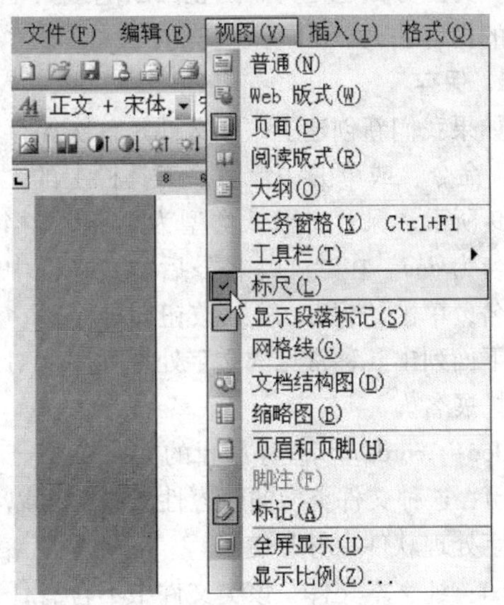

图 3-6　设置显示或隐藏“标尺”

5. 编辑区

在水平标尺下方的空白区域是编辑区。

6. 滚动条

滚动条包括水平滚动条和垂直滚动条，用来查看文档的显示位置。可以拖动滚动条的滚动块或者单击滚动箭头，以移到文档中的不同位置。用户的屏幕中没有显示滚动条，可以单击“工具(T)”→“选项(O)”命令，打开“选项”对话框，在“视图”选项卡中选择“水平滚动条(Z)”和“垂直滚动条(V)”复选框，单击“确定”按钮，如图3-7所示。

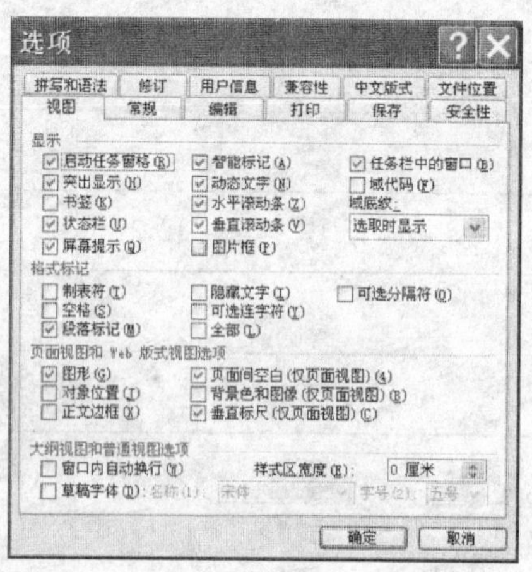

图3-7 “选项”对话框

7. 状态栏

状态栏位于Word窗口的下方，用来显示当前文档的页数以及当前光标的位置等信息。

3.2.2 创建文档

当启动Word 2003时，将自动打开一个名为“文档1”的空白文档。

创建一个新的Word文档，可以单击“常用”工具栏上的“新建空白文档”按钮，也可以单击“文件(F)”→“新建(N)”命令，在弹出“新建文档”窗格中，单击“空白文档”图标，如图3-8所示。当完成新建文档后，我们就可以直接在该窗口中输入内容，并对其进行编辑和排版。

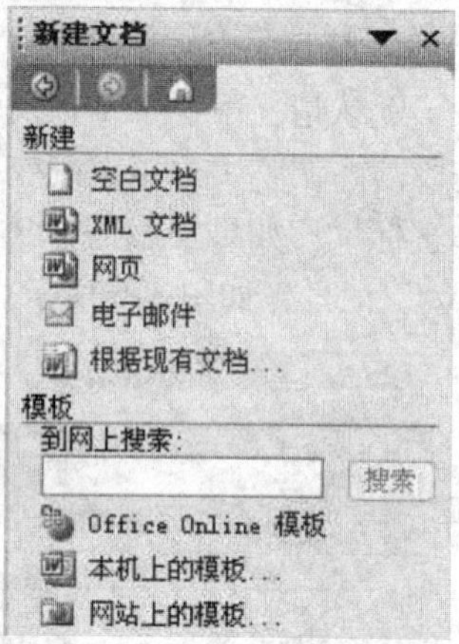

图3-8 “新建文档”窗格

3.2.3 保存文档

保存文档的目的一方面是将已经输入或编辑好的文档保存起来，另一方面也是为了防止因断电或其他意外事故造成正在编辑的内容丢失。

1. 保存

如果我们新创建了一个文件是首次保存文档。操作方法是：单击“文件(F)”→“保存(S)”命令，或单击“常用”工具栏上的“保存”按钮，弹出“另存为(A)”对话框，如图3-9所示。保存时默认类型为Word文档，即扩展名为doc。在“文件名”后的文本框中输入文件名，单击“保存(S)”按钮即可。

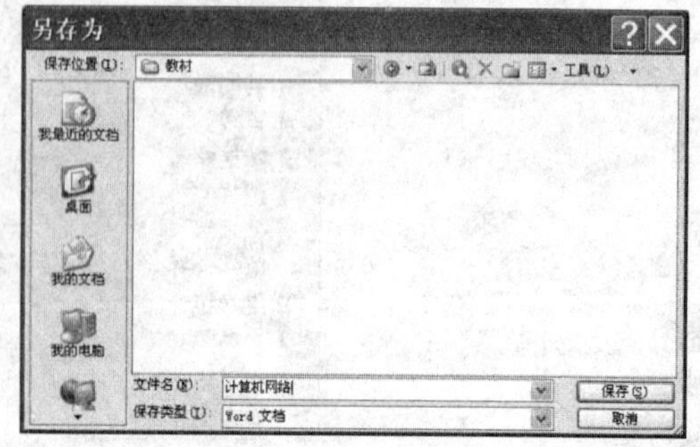

图3-9 “另存为”对话框

下面列出几种常见的文字处理程序所对应的文件扩展名。

doc：Word应用程序编辑的文件格式。

rtf：这种文件类型的兼容性较强，可以在许多文字处理软件中打开使用。

txt：纯文本文件，该类文件中不含有任何排版格式。

htm 或 html：Web 页面格式。

wps：金山公司的 WPS 编辑的文件格式。

2. 另存为

另存为是为已有名字的文档换名保存。操作方法是：单击“文件(F)”→“另存为(A)”命令，弹出如图 3-9 所示的“另存为”对话框，重复“保存(S)”操作即可。

3. 自动保存

单击“工具(T)”→“选项(O)”命令，弹出“选项”对话框，如图 3-10 所示。选择“保存”选项卡，在“自动保存时间间隔(S)”的输入框中输入时间(单位是分钟)，单击“确定”按钮，则每隔设定时间自动保存一次。

4. 设置密码

有时候我们不希望别人打开或者修改某个文件，这时就可以给文件设置密码，只有知道密码的用户才能打开和修改文件。操作步骤如下：

1）单击“工具(T)”→“选项(O)”命令，在弹出的“选项”对话框中，选择“安全性”选项卡，如图 3-11 所示。

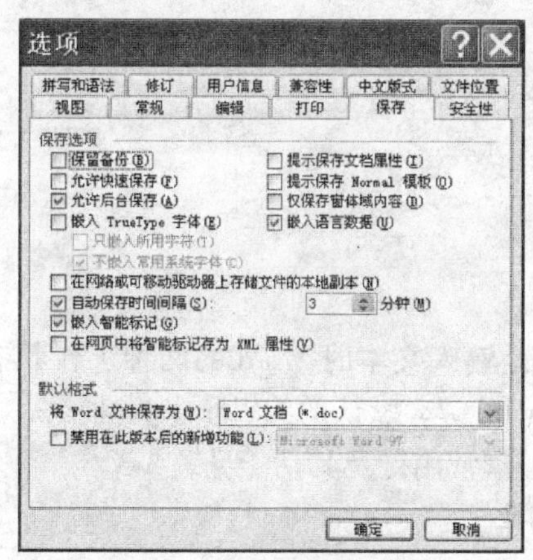

图 3-10　“选项”对话框

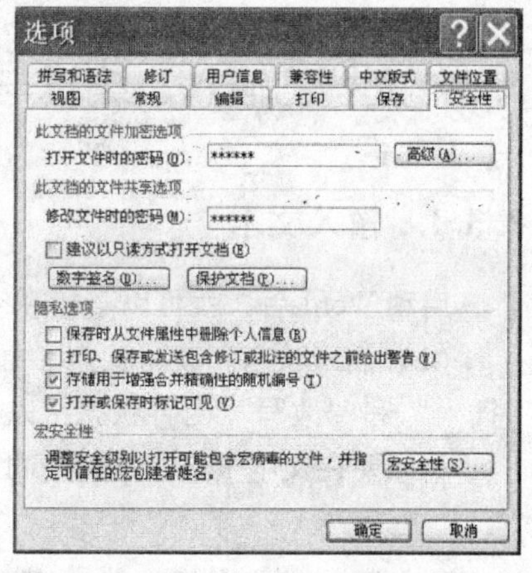

图 3-11　“安全性”选项卡

2）在“打开文件时的密码(O)”和“修改文件时的密码(M)”中分别输入密码。单击“确定”按钮，系统会弹出对话框再次要求用户确认密码，如图 3-12 所示。

3.2.4　打开文档

打开 Word 文档的方法很多，下面介绍常用的 3 种打开文档的方法。

方法一：用菜单命令打开文档。单击“文件(F)”→“打开(O)”命令，出现如图 3-13 所示的“打开”对话框。选择要打开的文件，单击“打开”按钮或双击选择的文件，即打开了文档。

方法二：单击“常用”工具栏上的按钮打开文档。单击“常用”工具栏上的“打开”按钮，在弹出的对话框中选择要打开的文件。

方法三：打开“文件”菜单中列出的文档。在“文件”菜单的下方显示最近打开过的文件列表，选择其中的文件名可打开该文件。默认状态下，“文件”菜单中列出最近使用过的 4 个文件名。

图 3-12 “确认密码”对话框

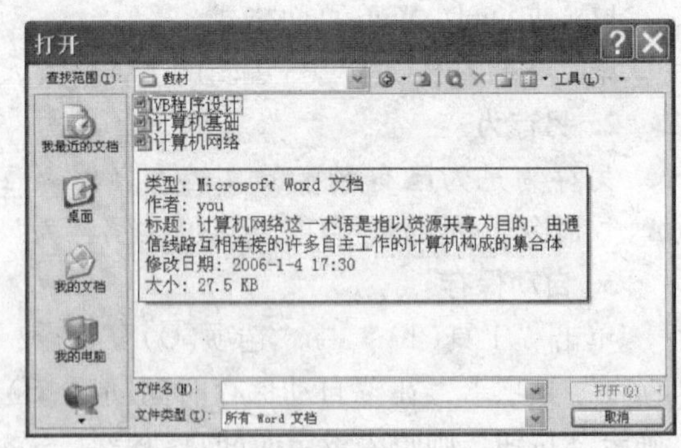

图 3-13 “打开”对话框

3.2.5 退出文档

退出 Word 同退出其他应用程序的方法是一样的。单击标题栏右侧的“关闭”按钮 可退出 Word，单击“文件(F)”→“退出(X)”命令也可退出 Word。

3.3 文档的输入、编辑与排版

3.3.1 输入文本

启动 Word 后，就可以直接在空白文档中输入文本。

（1）插入状态和改写状态 插入状态和改写状态是输入文本时 Word 的两种工作状态。“插入”和“改写”两种状态可以互相转换，即按【Insert】键。默认的编辑状态为插入。

如果要在文本中进行编辑，可以用鼠标或键盘。键盘常用键及其功能见表 3-3。

表 3-3 常用键及其功能

按 键	功 能	按 键	功 能
←	向左移动一个字符	Home	移动到当前行首
→	向右移动一个字符	End	移动到当前行尾
↑	向上移动一行	PageUp	快速滚动窗口，查看前面的内容
↓	向下移动一行	PageDown	快速滚动窗口，查看后面的内容
Ctrl + ←	向左移动一个单词	Ctrl + Home	移动到文档的开头
Ctrl + →	向右移动一个单词	Ctrl + End	移动到文档的末尾
Ctrl + ↑	向上移动一个段落	Ctrl + PageUp	移动到本页面的最前面
Ctrl + ↓	向下移动一个段落	Ctrl + PageDown	移动到本页面的最后面

（2）插入字符 在一个字符前插入其他字符的操作方法是把插入点光标移动到字符的前面，然后输入所需插入的字符，插入点以后的字符依次往后移动。

（3）插入符号或特殊字符 用户在处理文档时可能需要输入一些特殊字符，这些符号不能直接从键盘输入。此时可以单击“插入(I)”→“符号(S)”命令，弹出如图 3-14 所示的“符号”对话框，再根据需要选择符号，单击“插入(I)”按钮或双击选择的符号。

（4）插入文本 文本插入是将另一个文件的所有内容插入到当前编辑的 Word 中。操作步骤如下：

1）将光标移动到需插入文本的位置。

2）单击“插入(I)”→“文件(L)”命令，如图 3-15 所示。弹出“插入文件”对话框，如图 3-16 所示。

图 3-14 “符号”对话框

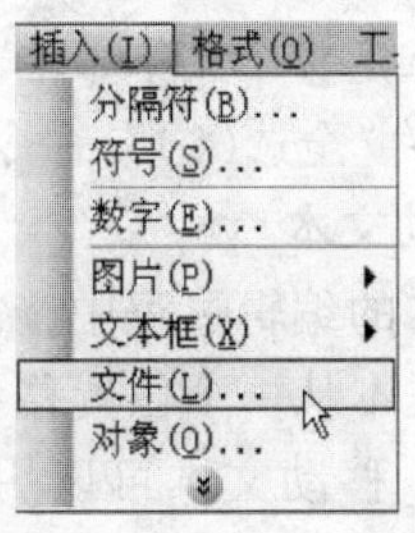

图 3-15 “插入”菜单

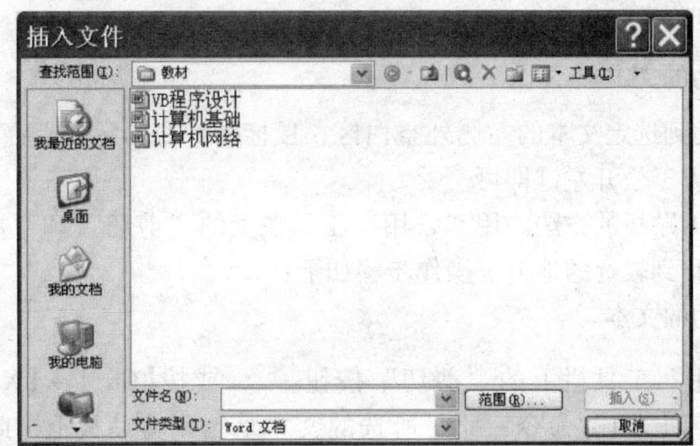

图 3-16 “插入文件”对话框

3）在“文件类型(T)”中选择文件类型，在“文件名(N)”中选择文件的名称。

4）单击“插入(S)”按钮即可。

3.3.2 编辑文本

1. 选定文本

对文本进行编辑前，必须告诉 Word 要对哪一部分文本进行操作，这就需要选定文本。被选定的文本将反色显示，即黑底白字，以便和未被选中的文本区分开来。

（1）移动鼠标选定文本 将光标移到要选定文本的开始位置，按下鼠标左键不要放开，将鼠标向右、向下拖动到要选定的文本的最后位置，放开鼠标左键。此时，鼠标拖动经过的文本变成黑底白字显示，这就是选定的文本，如图 3-17 所示。

（2）选定一行文本 将鼠标移到该行的左侧外空白处，在鼠标指针变为形状后，单击鼠标左键，即可选定该行。

(3) 选定多行文本　将鼠标移动到段落的左侧外空白区，在鼠标指针变为形状后，按住鼠标左键向上或向下拖动鼠标即可。

(4) 选定一个段落　将鼠标移动到段落的左侧外空白区，在鼠标指针变为形状后，双击鼠标左键即可。

(5) 选定整个文本　单击“编辑(E)”→“全选(L)”命令。

2. 移动文本

在文本的编辑过程中，常常需要将某些文本从一个位置移动到另一个位置。移动文本可以用鼠标，也可以通过剪贴板来实现。

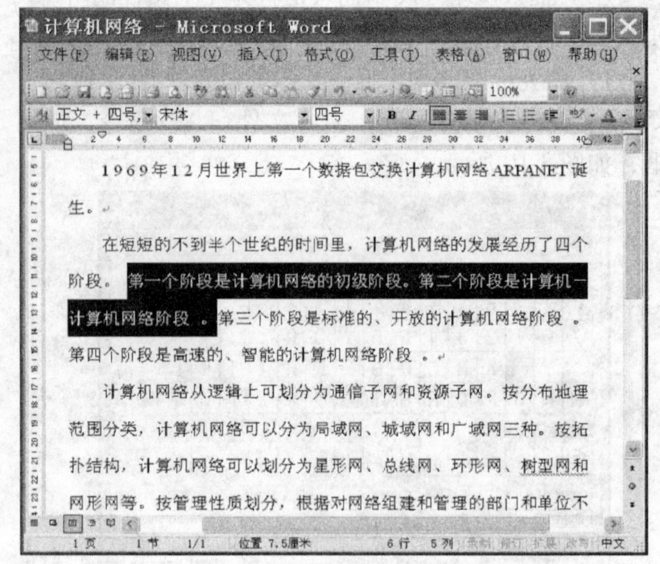

图 3-17　拖动鼠标选定文本

方法一：利用鼠标拖动的方法。它是移动最简便的方法，它适合于近距离的移动。操作步骤如下：

1) 选定要移动的文本。

2) 将鼠标移动到选定文本的左侧外空白区，鼠标指针变为形状后，按住左键并拖动到所需要移动的地方，松开左键即可。

方法二：利用剪贴板的方法。用“常用”工具栏上的“剪切”和“粘贴”按钮，通常用在要把所选文本移到较远的地方。操作步骤如下：

1) 选定要移动的文本。

2) 单击“常用”工具栏上的“剪切”按钮，或按【Ctrl】+【X】组合键，或单击“编辑(E)”→“剪切(T)”命令；此时所选的文本复制到剪贴板上，此文本从文档中被删除。

3) 把光标移到要插入文本的位置，单击“常用”工具栏上的“粘贴”按钮，或按【Ctrl】+【V】组合键，或单击“编辑(E)”→“粘贴(P)”命令，此时剪贴板上的文本粘贴到当前插入点的位置，即完成了移动操作。

3. 删除文本

用【Backspaec】键或【Delete】键逐个删除字符，如果要删除大量的文字，先选定要删除的内容，然后可以选择下述任意一种方法删除文本。

方法一：按【Backspaec】键或【Delete】键。

方法二：单击“常用”工具栏上的“剪切”按钮。

方法三：单击“编辑(E)”→“剪切(T)”命令。

4. 复制文本

把一段文本复制到另一个位置的操作和移动文本的操作很相似。在短距离内可以用鼠标拖动的方法复制文本，方法是在移动文本的同时按住【Ctrl】键。

在较长的距离复制文本，与移动文本类似，利用剪贴板来复制更为方便。步骤如下：

1）选定要复制的文本。

2）单击“常用”工具栏上的“复制”按钮，或单击“编辑(E)”→“复制(C)”命令。

3）将光标移到要插入文本的位置，单击“常用”工具栏上的“粘贴”按钮，或按【Ctrl】+【V】组合键，或单击“编辑(E)”→“粘贴(P)”命令，此时剪贴板上的文本粘贴到当前插入点的位置，即完成了复制操作。

5. 撤消与重复

在文档的处理过程中，如果误删某一部分，或者排版时出现失误，可以单击“常用”工具栏上的“撤消”按钮，或单击“编辑(E)”→“撤消(u)”命令，使文本恢复原来的状态。如果还要取消再前一次的操作，可继续单击“撤消(u)”按钮。

“常用”工具栏上的“恢复”按钮，其功能与“撤消(u)”按钮正好相反，它可以恢复被撤消的一步或任意步的操作。

3.3.3 查找和替换

如果在一篇较长的文档中“手工”查找和替换一个或多个文字或字符串，非常麻烦。若用 Word 中提供的“查找和替换”功能，就可以消除这些麻烦。

1. 查找文本

查找文字或字符串的操作步骤如下：

1）单击“编辑(E)”→“查找(F)”命令，弹出“查找和替换”对话框。

2）在“查找内容(N)”文本框中输入要查找的内容，然后单击“查找下一处(F)”按钮，开始查找，查找到的内容将被反色显示。

3）单击“查找下一处(F)”按钮，将继续查找下一处内容，如图 3-18 所示。

2. 替换文本

替换文字或字符串的操作步骤如下：

1）单击“编辑(E)”→“替换(P)”命令，弹出“查找和替换”对话框，如图 3-19 所示。

图 3-18 “查找”选项卡

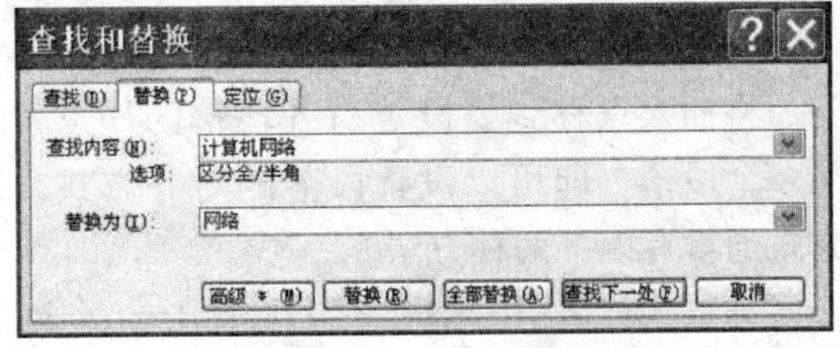

图 3-19 “替换”选项卡

2）在“查找内容(N)”文本框中输入要查找的内容，在“替换为(I)”文本框中输入要替换的内容。

3）如果需要将查找到的内容全部替换成“替换为(I)”文本框的内容，单击“全部替换(A)”按钮即可。如果只需要将查找到的内容部分替换，则单击“查找下一处(F)”按钮进行查找，查找到需要替换的内容后，单击“替换(R)”按钮即可将其替换。

3.3.4 设置字体属性和字符间距

1. 设置字体属性

设置字体的属性，可以单击“格式(O)”→“字体(N)”命令，弹出“字体”对话框，如图 3-20 所示，在对话框中作相应的设置；或通过“格式”工具栏来设置，如图 3-4 所示。

2. 设置字符间距

单击“格式(O)”→“字体(N)”命令，在弹出的“字体”对话框中选择“字符间距(R)”选项卡，就可以设置“缩放(C)”、“间距(S)”、“位置(P)”等项目，如图 3-21 所示。

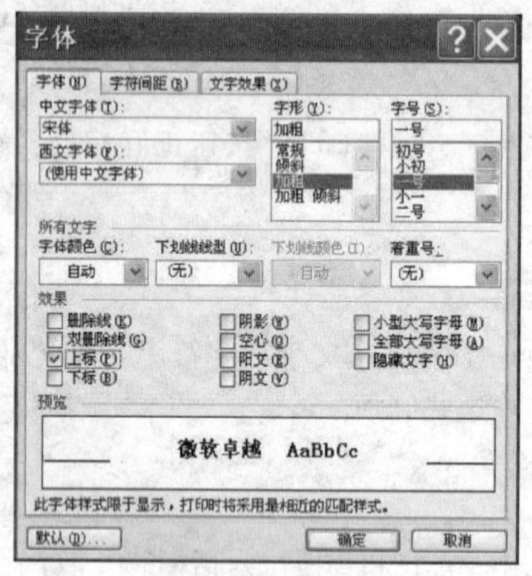

图 3-20 “字体”对话框

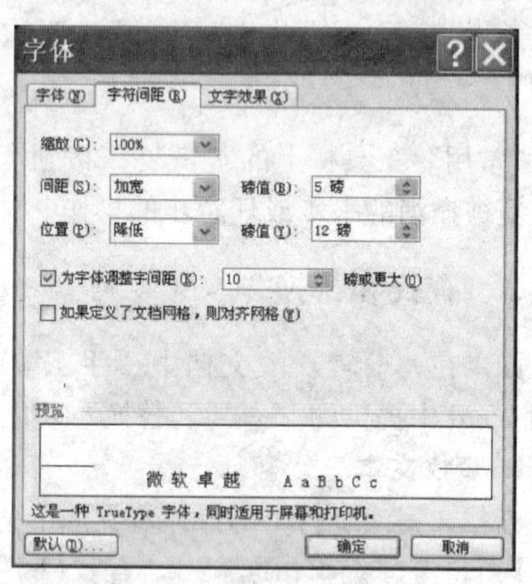

图 3-21 “字符间距”选项卡

3.3.5 设置段落属性

段落格式用来改变段落的外观属性，它主要包括：段落缩进和对齐方式，行间距和段落间距、行距等。

1. 段落对齐方式

Word 提供了 4 种对齐方式：两端对齐、居中、右对齐和分散对齐。

将插入点移到要设置对齐段落的任意位置，或选取多个段落，即可以设置段落的对齐方式。设置对齐方式通常有以下两种方法。

方法一：单击“格式”工具栏上的对齐按钮。

方法二：单击“格式(O)”→“段落(P)”命令，弹出“段落”对话框，在“对齐方式(G)”下拉列表框中选择所需要的对齐方式，按“确定”按钮，如图 3-22 所示。

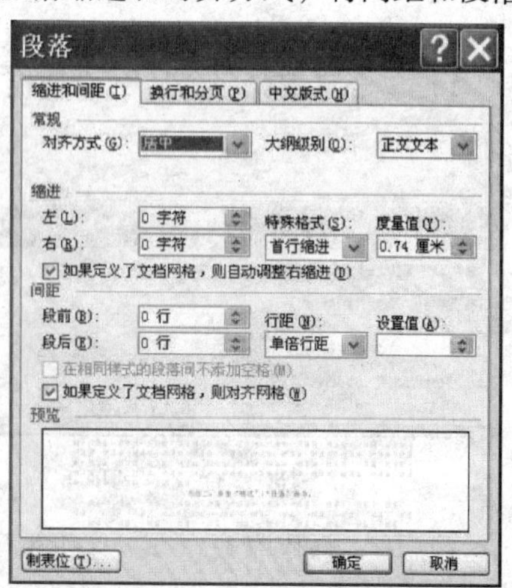

图 3-22 “段落”对话框

2. 段落缩进

Word 提供了多种段落缩进方法：使用标尺、段落对话框、格式栏中的按钮等。

方法一：使用标尺。标尺上面有 4 种缩进标记：首行缩进、悬挂缩进、左缩进和右缩进，如图 3-23 所示。

方法二：使用“段落”命令。选取要缩进的段落，单击“格式(O)”→“段落(P)”命令，弹出如图 3-22 所示的“段落”对话框。在“缩进和间距”选项卡中，可选择各种缩进方式。

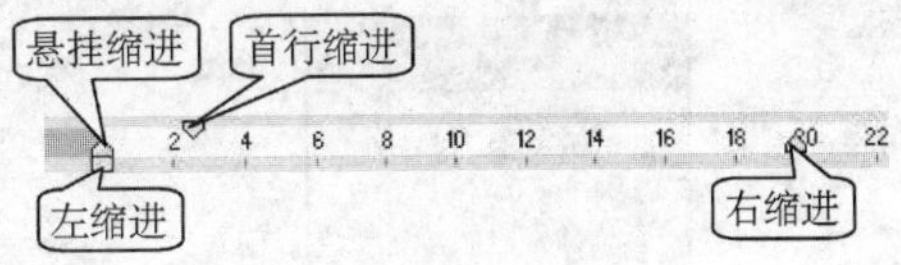

图 3-23　标尺上的缩进标记

3.3.6　边框和底纹

1. 边框

在 Word 中，给文本添加边框的步骤如下：

1）选定要添加边框的文本。

2）单击“格式”工具栏中的“字符边框”按钮A。

2. 底纹

在 Word 中，给文本添加底纹的操作步骤如下：

1）选定要添加底纹的文本。

2）单击“格式”工具栏中的“字符底纹”按钮A。

当然，也可以单击“格式(O)”→“边框和底纹(B)”命令，在弹出的“边框和底纹”对话框里设置边框和底纹，如图 3-24 所示。

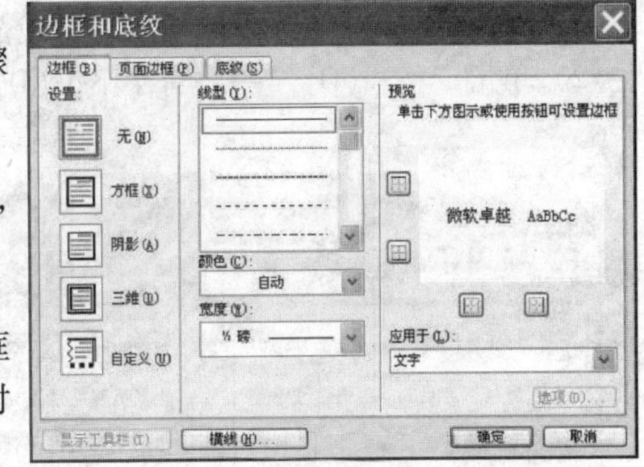

图 3-24　“边框和底纹”对话框

3.3.7　文档的分页和分栏

1. 文档的分页

在编辑 Word 文档时，文字充满页面后会自动进行分页，但有些情况下需要将上一页中的文字直接分到下一页，操作步骤如下：

1）将插入点置于要分到下一页的段落前。

2）单击“插入(I)”→“分隔符(B)”命令。

3）在“分隔符”对话框中，选中“分页符(P)”，单击“确定”按钮，即可将插入点所在的段落分到下一页，如图 3-25 所示。

2. 文档的分栏

Word 的分栏功能可以将文档分为多栏，每一栏文档都可以作为单独的部分进行各种编辑。操作步骤如下：

1）选中要进行分栏操作的文字。

2）单击“格式(O)”→“分栏(C)”命令，弹出“分栏”对话框，如图 3-26 所示。

3）在“预设”选项下选择使用样式，或在“栏数(N)”中设置文档的栏数。

4）根据需要进行相应的选择，如是否需要“栏宽相等(E)”、是否需要“分隔线(B)”

等，单击“确定”按钮即可。

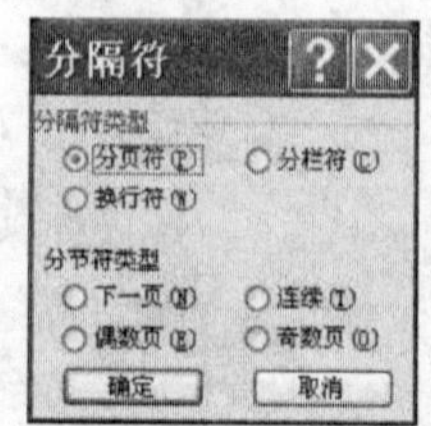

图 3-25 “分隔符”对话框

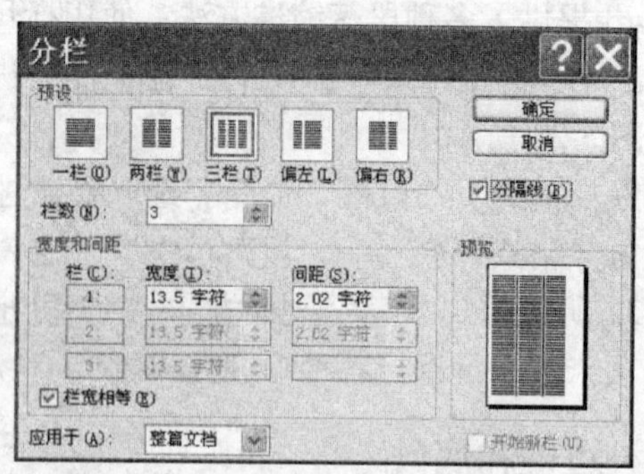

图 3-26 “分栏”对话框

图 3-27 所示是一个文档分栏后的例子。

3.3.8 首字下沉

设置首字下沉的步骤如下：

1）将光标移到需要“首字下沉”的段落的任何地方。

2）单击“格式(O)”→“首字下沉(D)”命令，弹出“首字下沉”对话框，如图 3-28 所示。

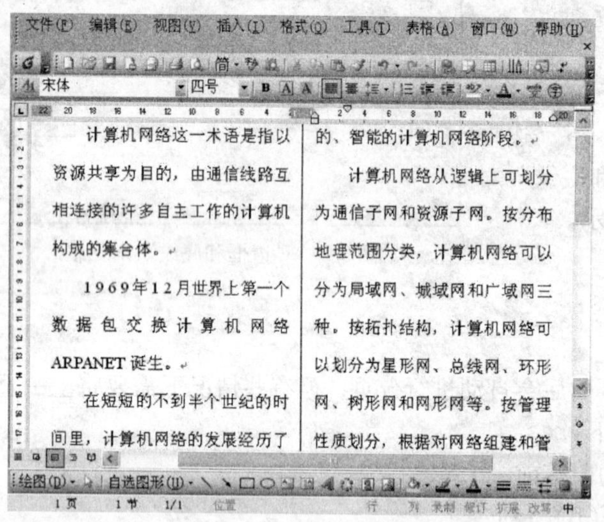

图 3-27 文档的分栏

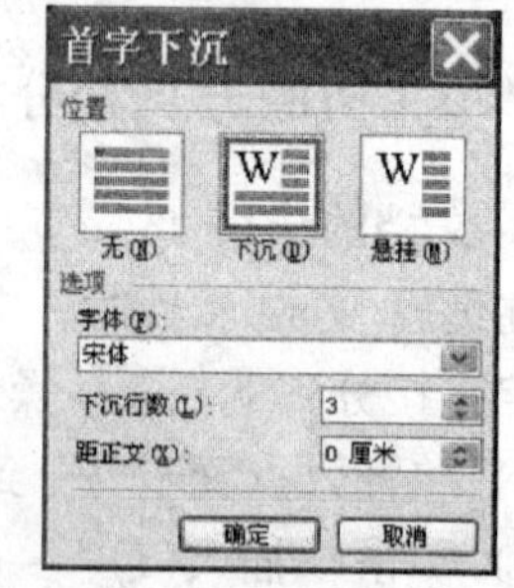

图 3-28 “首字下沉”对话框

3）选择“下沉位置”、“下沉行数(L)”等。

4）单击“确定”按钮即可。

3.3.9 使用格式刷

格式刷是刷“格式”用的，也就是复制格式的。在 Word 中，格式和文字一样可以复制。使用格式刷的方法是：选中这些文字，单击“常用”工具栏上的“格式刷”按钮，鼠标变成了形状，用此刷子“刷”过的文字的格式变得和选中的文字格式一模一样。

如果要多处复制同一格式，可以这样操作：先选中文字，然后双击“格式刷”按钮，这样就可以连续给其他文字、行或者段落复制格式，再次单击“格式刷”按钮即可恢复正常的编辑状态。

3.4　视图方式

Word 提供了“普通视图”、“Web 版式视图”、“页面视图”、“大纲视图”、“阅读版式”、“打印预览”和“全屏显示”等多种屏幕查看模式，以适应不同工作场合的需要。

3.4.1　普通视图

Word 的普通视图查看模式适合大多数日常工作场合。在普通视图模式下的显示注重正文的格式(如行距、字体、字号等)，但正文的外部区域，包括页眉、页脚、页号、页边距等都不显示出来。普通视图简化了整个页面的布局，以便提高输入和编辑的效率，如图 3-29 所示。

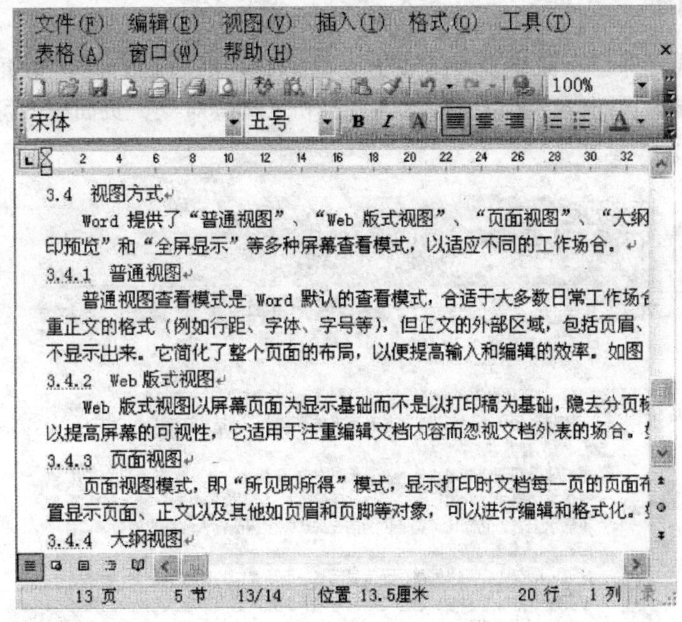

图 3-29　普通视图

3.4.2　Web 版式视图

Web 版式视图以屏幕页面为显示基础而不是以打印稿为基础，隐去分页标志，及页眉、页脚等设置，以提高屏幕的可视性。Web 版式视图适用于注重编辑文档内容而忽视文档外表的场合，如图 3-30 所示。

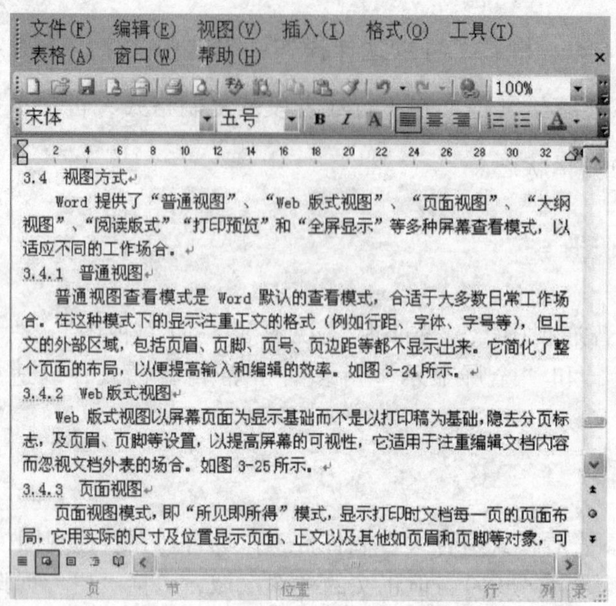

图 3-30 Web 版式视图

3.4.3 页面视图

页面视图模式，即“所见即所得”模式，显示打印时文档每一页的页面布局，它用实际的尺寸及位置显示页面、正文以及其他如页眉和页脚等对象，页面视图可以进行编辑和格式化，如图 3-31 所示。

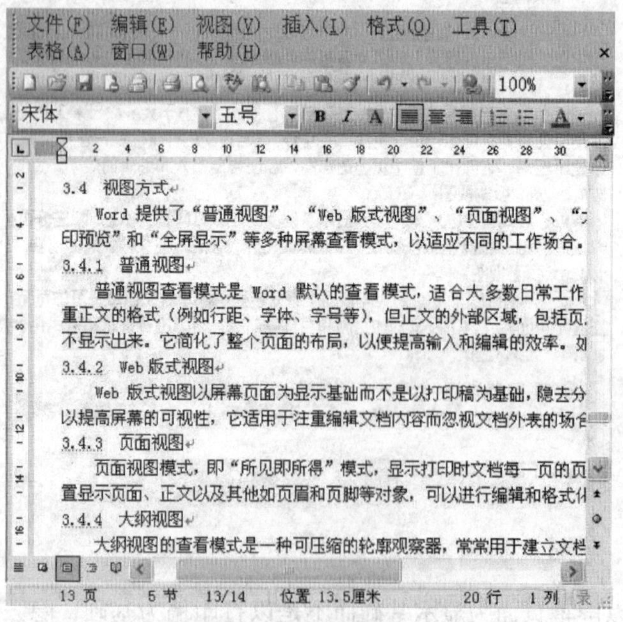

图 3-31 页面视图

3.4.4 大纲视图

大纲视图的查看模式是一种可压缩的轮廓观察器，常常用于建立文档的大纲，检查文档的结构。如果文档中定义有不同层次的标题，可以将这些文档压缩起来，只看这些标题，也可以只看到某一特定层次以上的标题，还可以十分容易地移动文档的各段，把一个整段压缩成一行，从而通过这一行的方式来看这一段的文本，如图 3-32 所示。

3.4.5 阅读版式

图 3-33 所示是阅读版式。

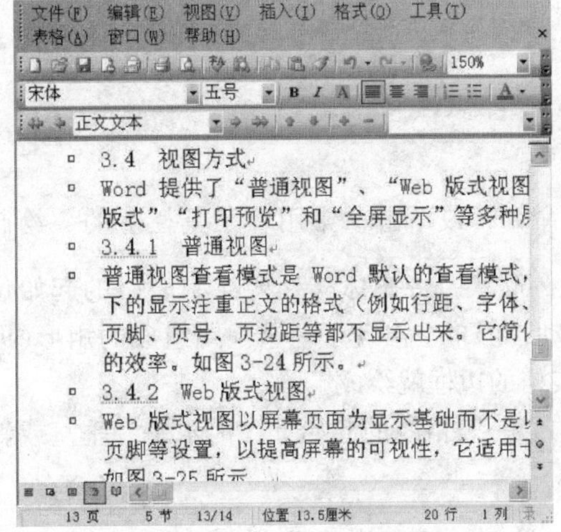

图 3-32 大纲视图

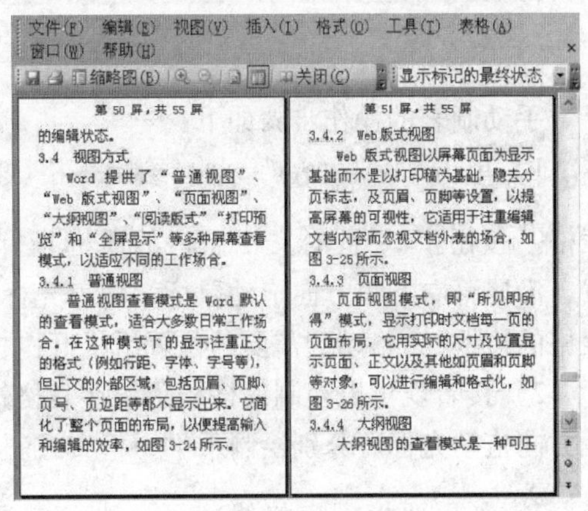

图 3-33 阅读版式

3.5 表格

表格作为一种简明扼要的表达方式，以行和列来组织信息，具有结构严谨、直观、信息量大的特点。

3.5.1 创建表格

1. 自动制表

自动制表的操作步骤如下：

1）将光标定位到要插入表格的位置，单击“表格(A)”→“插入(I)”→“表格(T)”命令，弹出“插入表格”对话框，如图 3-34 所示。

2）选择列数、行数和其他的一些参数，单击“确定”按钮，Word 将在插入点处建立空表格。也可以用“常用”工具栏上的“插入表格”按钮来插入表格，如图 3-35 所示。

2. 手动制表

图 3-36 所示是“表格和边框”工具栏。

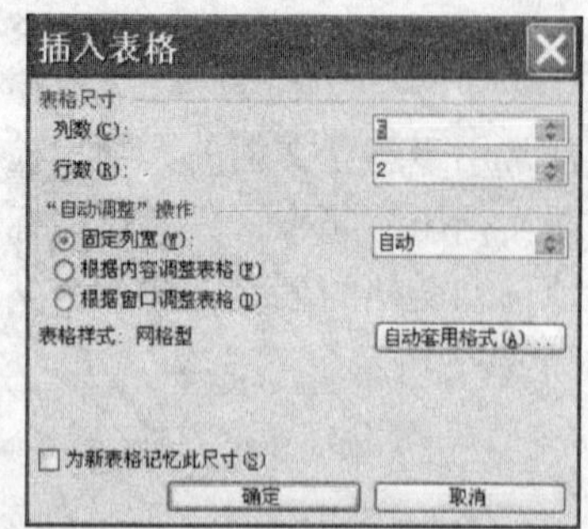

图 3-34 “插入表格”对话框

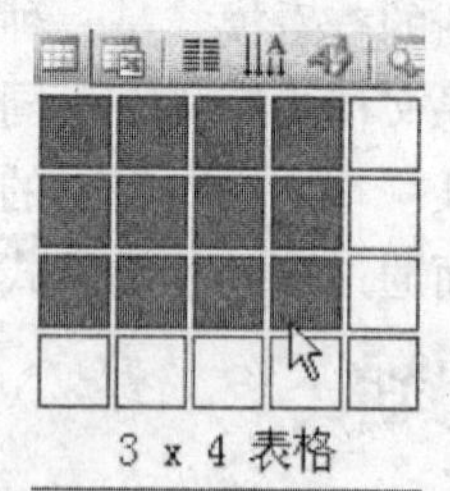

图 3-35 用鼠标拖动产生表格

图 3-36 “表格和边框”工具栏

手动制表的操作步骤如下：

1）单击“表格(A)”→“绘制表格(W)”命令，或单击“常用”工具栏上的“绘制表格”按钮，此时文档窗口的鼠标指针变为形状，将光标移到要绘制表格的起始位置，沿屏幕右下角方向拖动鼠标，随着光标的移动，屏幕上出现了一个虚线组成的矩形(即表格的边框)，拖动到需要的位置后松开鼠标，表格的边框就绘成了。

2）接着就可以绘制表格线了，在表格边框内某一表格线的起始处，沿水平、垂直或斜线方向拖动光标可分别绘制水平、垂直或斜线。

3）如果要擦除表格线，可单击“表格和边框”工具栏上的“擦除”按钮，光标变为形状，沿表格线拖动光标，即可擦除表格线，再次单击“擦除”按钮退出擦除状态。

3.5.2 编辑表格与设置表格属性

1. 表格中的光标定位

将光标定位到单元格，最直接的方法是用鼠标单击所需的单元格。

2. 单元格选择

（1）选择一个单元格　把鼠标指针指向该单元格的左侧，待指针变为形状后单击左键。

（2）选择一行　把鼠标指针指向该行的左侧边沿处，待指针变为形状后单击左键。

（3）选择一整列　把鼠标指针指向该列的顶端，待指针变为形状后单击左键。

（4）选择连续的几行或几列　在要选择的单元格、行或列上拖动鼠标。

（5）选择整个表格　将插入点置于表格中，表格左上角出现标志后，单击该标志即可选择整个表格。

3. 单元格的移动或复制

单元格的移动或复制与文本的移动或复制的操作方法基本相同。

4. 插入或删除行、列或单元格

(1) 插入行或列　选择表格的若干行(列)，要插入几行(列)就选择几行(列)。单击“表格(A)”→“插入(I)”→“行”(“列”)命令，如图 3-37 所示。

(2) 删除行或列　选择要删除的行(列)，单击“删除(D)”→“行(R)”(“列(C)”)命令，如图 3-38 所示。

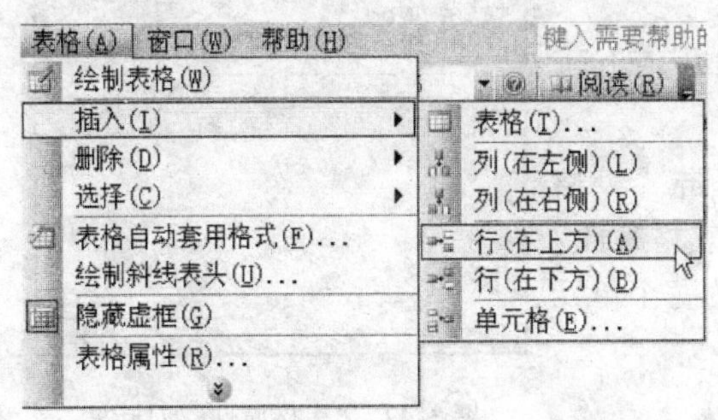

图 3-37　“插入”菜单的子菜单

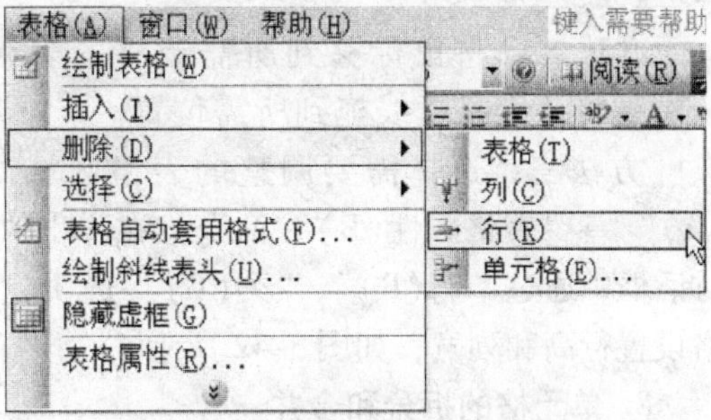

图 3-38　“删除”菜单的子菜单

(3) 插入或删除单元格

1) 插入单元格。把光标定位在要插入单元格的位置，单击“表格(A)”→“插入(I)”→“单元格(E)”命令，在弹出的“插入单元格”对话框中选择一种插入方式，单击“确定”按钮即可，如图 3-39 所示。

2) 删除单元格。选定要删除的单元格，单击“删除(D)”→“单元格(E)”命令，在弹出的“删除单元格”对话框中选择一种删除方式，单击“确定”按钮即可，如图 3-40 所示。

5. 删除整个表格

鼠标单击要删除的表格，单击“表格(A)”→“删除(D)”→“表格(T)”命令即可，如图 3-38 所示。

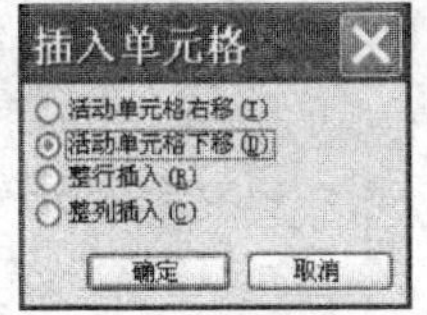

图 3-39　“插入单元格”对话框

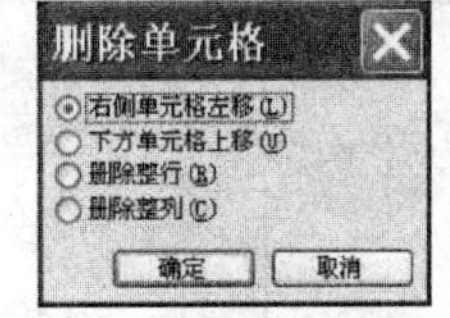

图 3-40　“删除单元格”对话框

6. 改变单元格中的文字的显示方向

在默认情况下，表格中的文字是水平排列的，但根据需要也可以改变文字的显示方向。操作步骤如下：

1) 选定要改变文字方向的单元格。

2) 单击“格式(O)”→“文字方向(X)”命令，弹出“文字方向”对话框，根据需要选择文字方向，如图 3-41 所示。

3) 单击“确定”按钮即可。

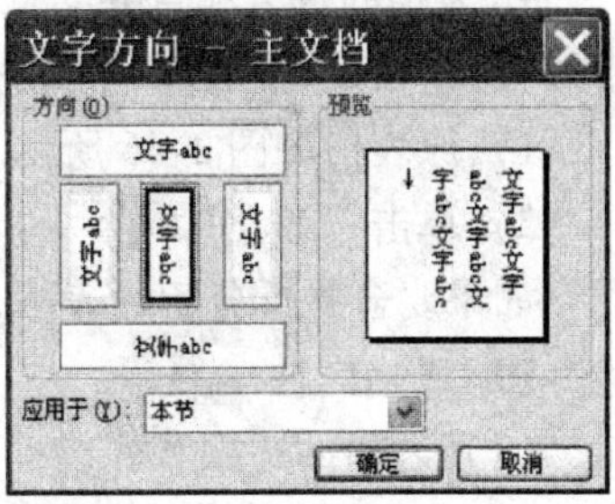

图 3-41　“文字方向”对话框

7. 调整单元格的宽度和高度

创建表格时，如果用户没有指定行高和列宽，Word 使用默认的行高和列宽。用户也可以根据所需尺寸进行相应的调整。调整的方法有以下几种：

方法一：选择需要调整的表格区域，分别在水平标尺和垂直标尺上出现列宽和行高标记。将鼠标指向列宽（行高）标记，鼠标的光标改变为左右（上下）的双箭头，按下鼠标左键将该标记拖动到所需要的位置，松开鼠标左键即可。

方法二：将鼠标移到所需调整的表格框线上，按下左键将该表格框线拖到所需位置。

方法三：选择需要调整的表格区域，单击“表格（A）”→“表格属性（R）”命令，在弹出的“表格属性”对话框中通过“行（R）”、“列（U）”选项卡可为每个单元格设置行高和列宽，如图 3-42 所示。

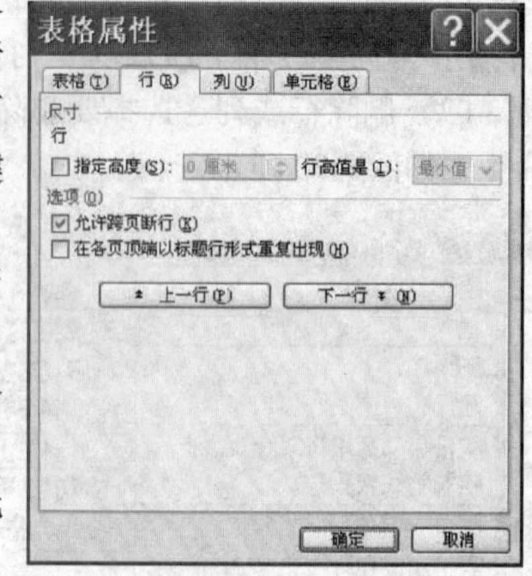

图 3-42 “表格属性”对话框

8. 单元格的拆分和合并

在表格的编辑中，根据需要可以把一个单元格拆分为几个单元格，或将几个单元格合并为一个单元格。原表格如图 3-43 所示。

（1）拆分单元格

1）选定需要拆分的单元格。

2）单击“表格（A）”→“拆分单元格（P）”命令，在弹出的“拆分单元格”对话框中，输入需拆分的列数和行数，单击“确定”按钮即可，如图 3-44 所示。

（2）合并单元格

1）选定需要合并的单元格。

2）单击“表格（A）”→“合并单元格（M）”命令，单击“确定”按钮，这样 Word 就删除了所选单元格之间的边界，建立起一个新的单元格，如图 3-45 所示。

图 3-43 原来的表格

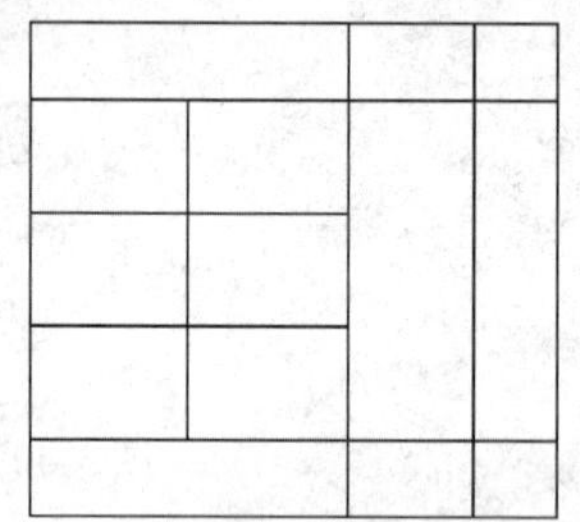

图 3-44 拆分单元格后的表格

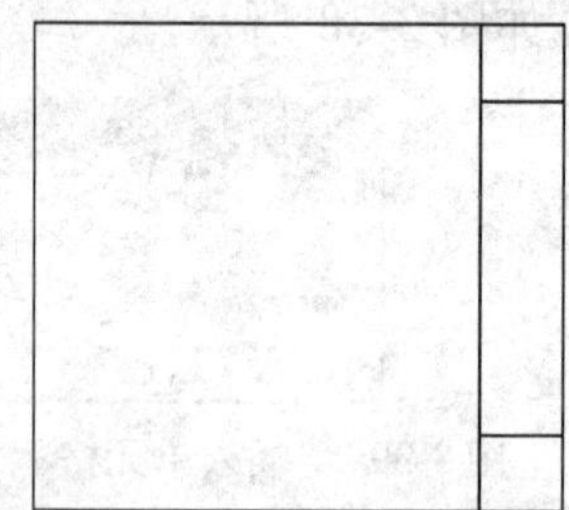

图 3-45 合并单元格后的表格

9. 表格的拆分和合并

表格的拆分就是将一个表格分成两个或多个表格，操作步骤如下：

1）原表格如图 3-46 所示。将光标定位在要拆分成第二个表格的第一行处。

2）单击“表格（A）”→“拆分表格（T）”命令即可，如图 3-47 所示。

如果要合并拆分后的表格，只需要删除两个表格之间的所有内容（包括空行）即可。

10. 表格属性

（1）表格的边框和底纹 用户可以根据需要修改表格的边框，为了突出某些单元格的内容，还可以为这些单元格加上不同的底纹。操作步骤如下：

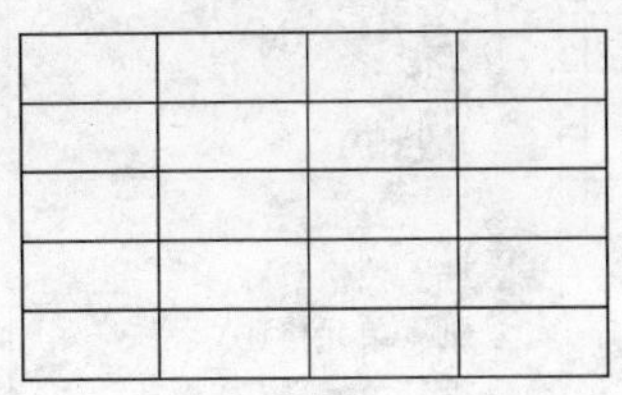

图 3-46　原来的表格

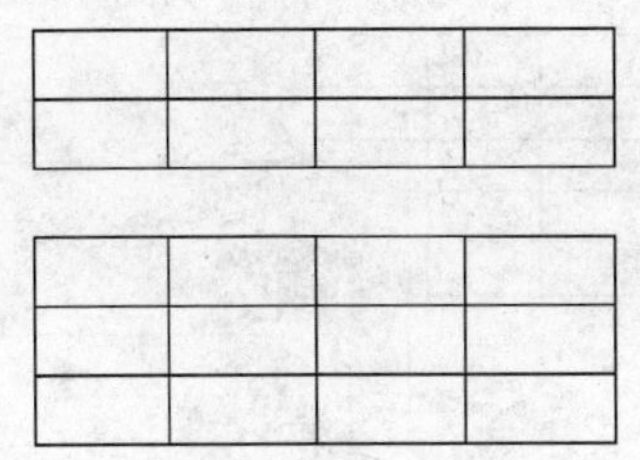

图 3-47　拆分后的表格

方法一：

1）选中表格或需要添加边框和底纹的单元格。

2）单击“格式(O)”→“边框和底纹(B)”命令，在弹出的“边框和底纹”对话框中选择边框的形状及线型、颜色、宽度等，然后单击“确定”按钮即可，如图 3-48 所示。

方法二：利用“表格和边框”工具栏中的工具添加边框与底纹，如图 3-36 所示。

(2) 表格的尺寸和对齐方式　对表格的尺寸和对齐方式的操作，通常有以下两种方法：

方法一：

1）将插入点放置在要进行属性设置的表格中。

2）单击“表格(T)”→“表格属性(R)”命令，弹出“表格属性”对话框。

3）在“表格(T)”选项卡中根据需要进行相应的设置，如图 3-49 所示。如果需要设置“边框和底纹”，单击“边框和底纹(B)”按钮再进行相应的设置，如图 3-48 所示。

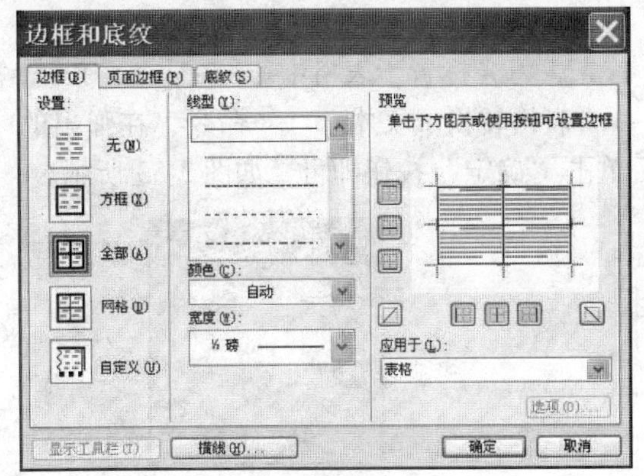

图 3-48　“边框和底纹”对话框

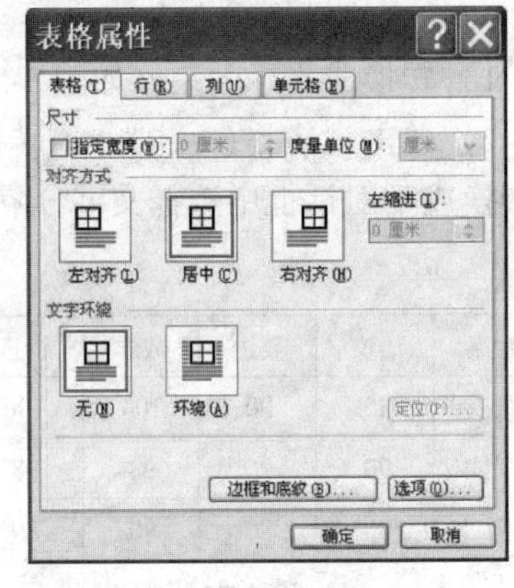

图 3-49　“表格属性”对话框

4）单击“确定”按钮即可。

方法二：

1）将插入点放置在要进行属性设置的表格中。

2）单击鼠标右键，弹出如图 3-50 所示的快捷菜单。单击“表格属性(R)”命令，弹出“表格属性”对话框。

3）同方法一的 3）和 4）。

(3) 单元格中文本的对齐方式　操作方法是：选定单元格，单击鼠标右键，在弹出的快捷菜单中根据需要设置对应方式，如图 3-51 所示。

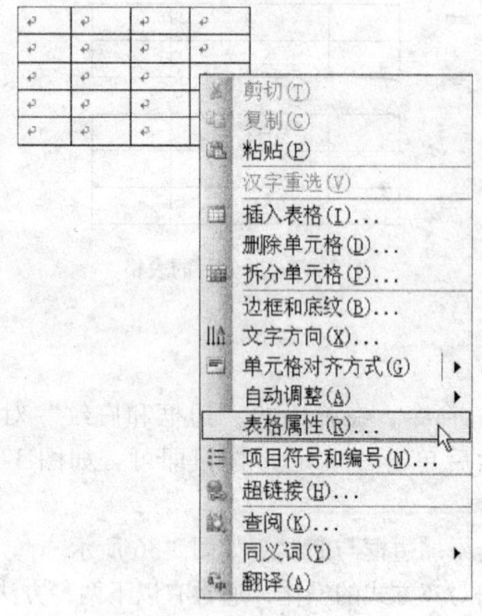

图 3-50 “表格属性”菜单

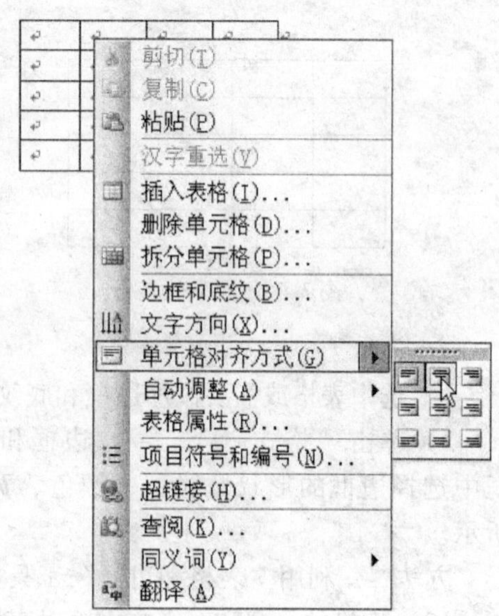

图 3-51 “单元格对齐方式”菜单

11. 表格和文本的相互转换

表格和文本各有所长，各有所短。对于同一内容，有时用表格来表示，有时需要用文本来表示，或者需要它们之间相互转换，即要把表格转换成文本，或把文本转换成表格。

（1）表格转换成文本

1）转换成文本的表格如图 3-52 所示。首先，将光标置于表格中。

2）单击“表格(A)”→“转换(V)”→“表格转换成文本(B)”命令，在弹出的“表格转换成”对话框中选择文字分隔符，然后单击“确定”按钮即可，如图 3-53 所示。

姓名	语文	英语	数学	物理	化学
张三	85	90	100	100	99
李四	90	95	98	98	95
王二	80	80	90	89	90

图 3-52 表格

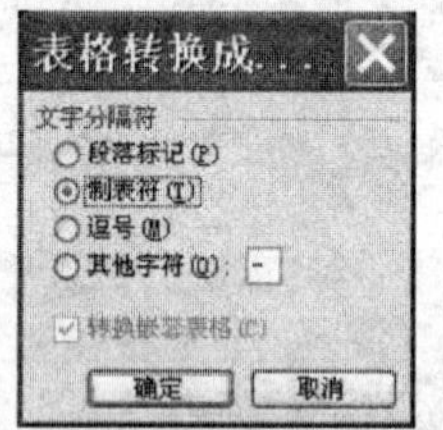

图 3-53 “表格转换成”对话框

下面是图 3-52 所示的表格转换成文本后的显示。

姓名　语文　英语　数学　物理　化学
张三　85　90　100　100　99
李四　90　95　98　98　95
王二　80　80　90　89　90

（2）文本转换成表格

1）选取要转换成表格的文本。在输入文本时，最好在两个文本之间有一致的分隔符，如制表符、逗号、空格等。

2）单击“表格(A)”→“转换(V)”→“文本转换成表格(X)”命令，在弹出的

“将文字转换成表格”对话框中进行相应的设置，然后单击“确定”按钮即可，如图 3-54所示。

下面的文本转换成表格后如图 3-55 所示。

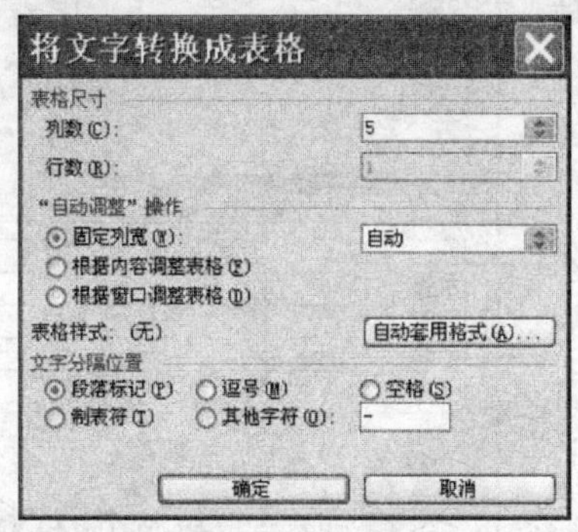

图 3-54 “将文字转换成表格”对话框

姓名	数学	物理	语文	英语
李丽	84	82	90	89
张红	85	90	90	100
李白	88	95	88	98

图 3-55　文本转换成表格后的显示

姓名-数学-物理-语文-英语
李丽-84-82-90-89
张红-85-90-90-100
李白-88-95-88-98

12. 绘制斜线表头

绘制斜线表头的操作步骤如下：

1）将光标置于表格中。

2）单击“表格(A)”→“绘制斜线表头(U)”命令，在弹出的“插入斜线表头”对话框中选择“表头样式”，选择“字体大小”，并在“行标题”和“列标题”框中输入所需的文字，如图 3-56 所示。

3）单击“确定”按钮即可。图 3-55 绘制斜线表头后如图 3-57 所示。

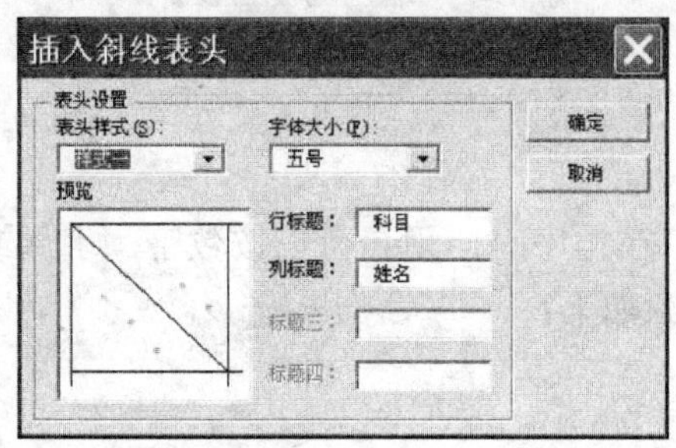

图 3-56 “插入斜线表头”对话框

科目 / 姓名	数学	物理	语文	英语
李丽	84	82	90	89
张红	85	90	90	100
李白	88	95	88	98

图 3-57　绘制斜线表头

13. 表格自动套用格式

Word 提供了许多种已定义好的表格格式，用户可以根据需要自动套用格式、快速格式化表格。操作步骤如下：

1）单击表格任意处。

2）单击“表格(A)”→“表格自动套用格式(F)”命令，在弹出的“表格自动套用格式”对话框的“格式样式”中选择所需格式，并进行其他的设置，如图 3-58 所示。

3）单击“确定”按钮即可。

3.5.3 表格的公式和排序

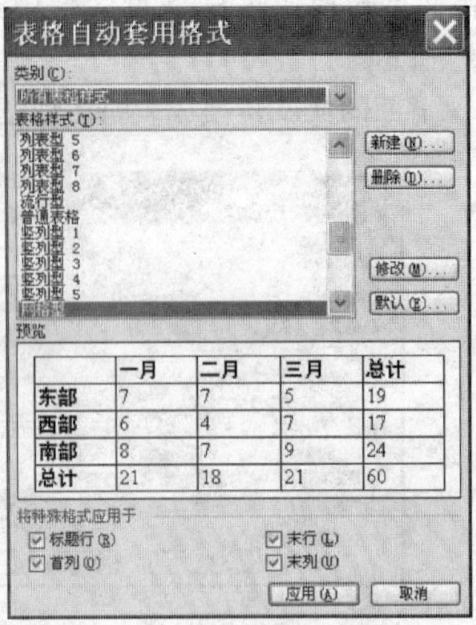

1. 表格中的公式计算

Word 具有对表格内容进行公式计算的功能，但是这里的公式计算比较简单。如果要对表格里的内容进行复杂的计算，请使用 Excel 电子表格进行复杂的数据处理，然后再将它插入粘贴到 Word 文档的表格中。

在表格中，Word 可以将计算结果插入到含有插入点的单元格中。单元格用字母表示的列和用数字表示的行来标识，如 A1，A2，B1，B2 等。例如对图 3-59 所示的表格求第二行的第 2 ~5 列的四个单元格数字之和，并放在该行第 6 列。操作步骤如下：

图 3-58 “表格自动套用格式”对话框

1）将插入点移至 F2 单元格中。

2）单击“表格(A)”→“公式(O)”命令，在“公式”对话框的“粘贴函数”框中选择函数 SUM，在“公式”文本框中输入求和范围后为“=SUM(B2,C2,D2,E2)”，或“=SUM(B2:E2)”，或“=SUM(LEFT)”，如图 3-60 所示。

3）单击“确定”按钮后，F2 单元格中即得到和的值。

需要说明的是公式中的函数自变量 LEFT 表示当前单元格以左的所有数值参加运算，ABOVE表示当前单元格以上的所有数值参加运算，A2：C2 表示 A2，B2，C2(即 A2 至 C2)参加运算。求平均值 AVERAGE()等其他函数的使用与求和类似。

科目 / 姓名	数学	物理	语文	英语	总分
李丽	84	82	90	89	345
张红	85	90	90	100	
李白	88	95	88	98	

图 3-59 “表格计算”示意图

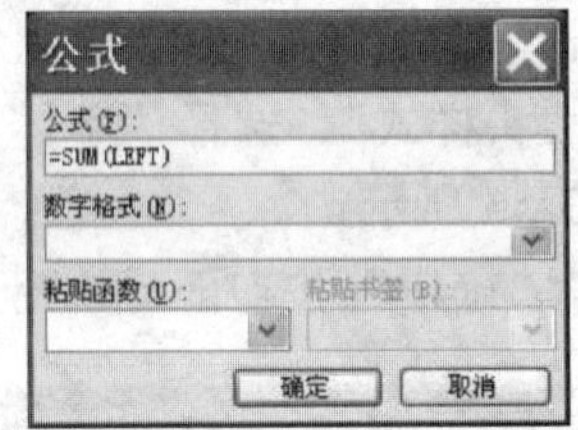

图 3-60 “公式”对话框

2. 对表格排序

Word 提供了对表格中的数据进行排序的功能。在排序时，用户可以按数字、字母或拼音等对表格内容进行升序或降序列的排列。操作步骤如下：

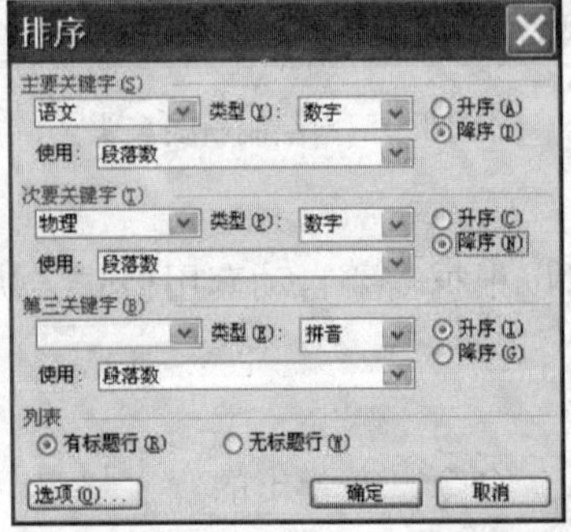

图 3-61 “排序”对话框

科目 / 姓名	数学	物理	语文	英语
张红	85	90	90	100
李丽	84	82	90	89
李白	88	95	88	98

图 3-62 图 3-57 的排序结果

1）将插入点移至表格中，单击“表格(A)”→“排序(S)”命令，弹出“排序”对话框，如图 3-61 所示。在“排序”对话框中，排序依据分为主要关键字、次要关键字和第三关键字，总共有三级。“类型”文本框用于指定排序依据的值的类型，“升序(A)”或“降序(D)”两个选项用于排序的顺序。

2）用户根据需要进行相应的设置后，单击“确定”按钮即可。图 3-62 是图 3-57 依据图 3-61 的排序结果。

3.6 图文混排和其他功能

我们在进行文本编辑的时候，常常要插入图片、剪贴画和文本框等。Word 2003 的图文混排功能非常强大，它可以插入多种格式的图片文件，使文档形象生动，大大增强了文档的吸引力。

3.6.1 图形

Word 提供了一系列图形处理工具，对图形进行绘制、编辑和修饰。

1. 画直线(箭头)

单击“绘图”工具栏(见图 3-63)上的“直线”按钮（“箭头”按钮），拖动鼠标到合适的大小，则可绘制直线(箭头)。

图 3-63 “绘图”工具栏

2. 画矩形(正方形)

单击“绘图”工具栏上的“矩形”按钮，拖动鼠标到合适的大小，则可绘制矩形。如果要绘制正方形，则按住【Shift】键不放，然后再拖动鼠标。

3. 画椭圆(圆)

单击“绘图”工具栏上的“椭圆”按钮，拖动鼠标到合适的大小，则可绘制椭圆。如果要绘制圆，则按住【Shift】键不放，然后再拖动鼠标。

4. 画自选图形

单击“绘图”工具栏上的“自选图形(U)”按钮  自选图形(U)，弹出如图 3-64 所示“自选图形”子菜单，有线条、连接符、基本形状、箭头总汇、流程图、星与旗帜、标注等菜单。单击需要的图形，拖动鼠标到合适的大小，即可绘制出相应的图形。

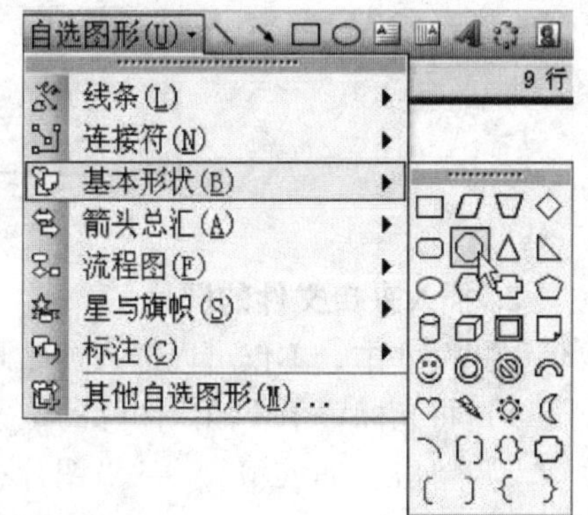

图 3-64 “自选图形”菜单

3.6.2 插入图片

Word 插入的图片可以来自剪贴画、文件、艺术字或自选图形，还可以来自图表、扫描仪或照相机等。

1. 插入来自剪贴画的图片

Word 2003 可以插入系统所提供的剪贴画、图片、声音和影片，使文档增色不少。Word 为用户提供了许多漂亮的剪贴画，在文档中插入剪贴画的步骤如下：

1）单击“插入(I)”→“图片(P)”→“剪贴画(C)”命令，或单击“绘图”工具栏的“插入剪贴画”按钮；弹出“剪贴画”窗格，如图 3-65 所示。

2）单击“管理剪辑”选项，弹出“将剪辑添加到管理器”对话框，如图 3-66 所示。单击“以后”按钮，弹出“Microsoft 剪辑管理器”对话框，如图 3-67 所示。

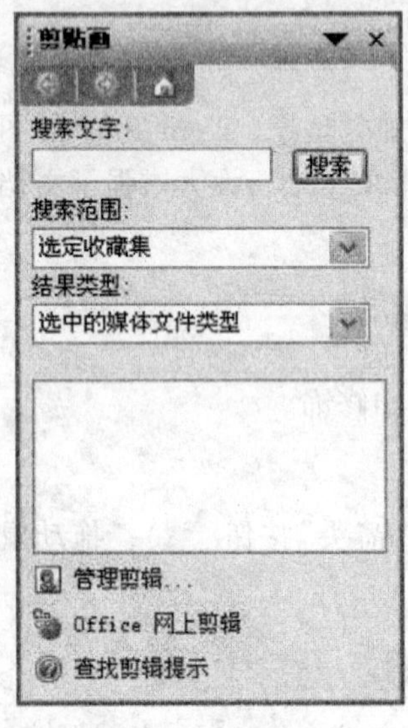

图 3-65 “剪贴画”窗格

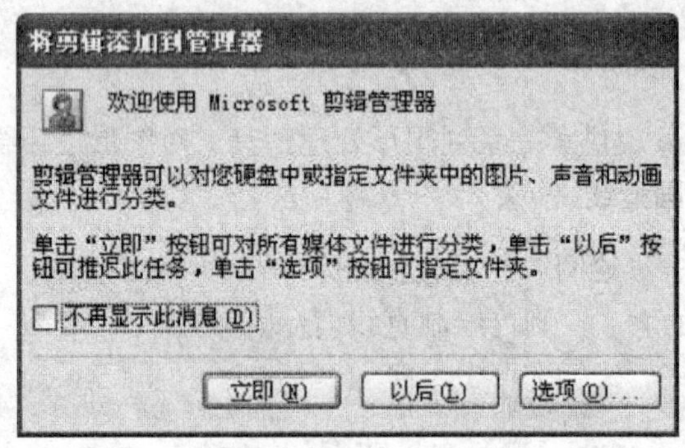

图 3-66 “将剪辑添加到管理器”对话框

3）在“收藏集列表”的“Office 收藏集”中选择主题，右边的窗口就显示相应的剪贴画。

4）右键单击选中的剪贴画，在弹出的快捷菜单中单击“复制”命令，把光标移到要插入剪贴画的位置，单击“常用”工具栏的“粘贴”按钮即可。

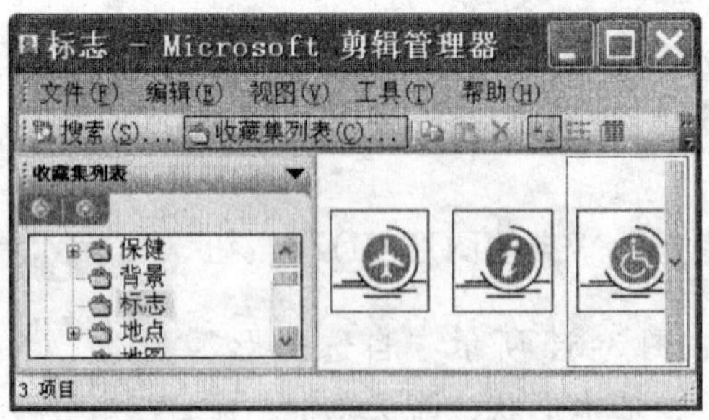

图 3-67 “Microsoft 剪辑管理器”对话框

2. 插入来自文件的图片

在 Word 中，不仅可以插入剪贴画，也可以插入多种格式的图片文件。操作步骤如下：

1）将光标置于要插入图片的位置。

2）单击“插入(I)”→“图片(P)”→“来自文件(F)”命令，找到要插入的图片，如图 3-68 所示。

3）单击“确定”按钮即可。

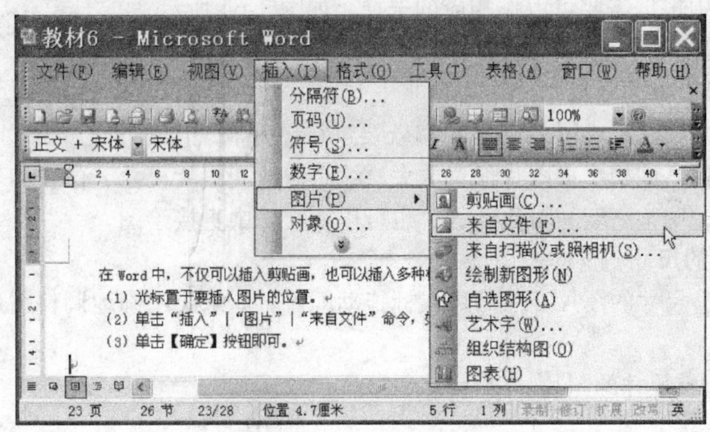

图 3-68　插入来自文件的图片

3. 插入艺术字

方法一：利用菜单完成。

1）光标置于要插入艺术字的位置。

2）单击“插入(I)”→“图片(P)”→“艺术字(W)”命令，弹出“艺术字库”对话框，如图 3-69 所示。

3）在“艺术字”对话框中选择一种艺术字的样式，单击“确定”按钮，出现“编辑‘艺术字’文字”对话框，如图 3-70 所示。

图 3-69　“艺术字库”对话框

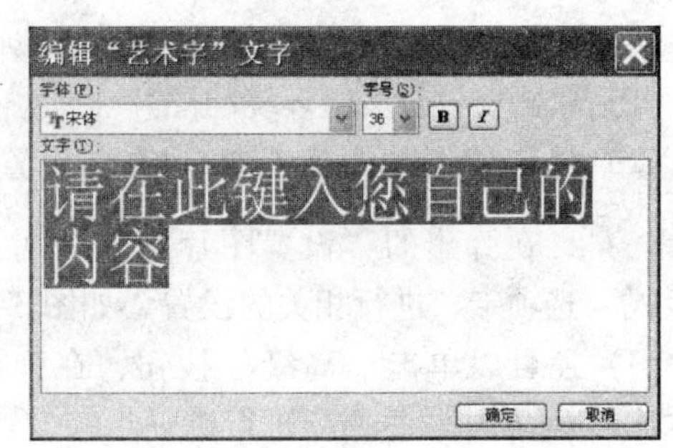

图 3-70　“编辑‘艺术字’文字”对话框

4）单击“确定”按钮即可。

方法二：用“艺术字”工具栏实现。

1）单击“艺术字”工具栏(见图 3-71)上的“插入艺术字”按钮，就打开了“艺术字库”对话框。

2）其余操作同方法一的 3)和 4)。

4. 插入自选图形

单击“绘图”工具栏(见图 3-63)上的“自选图形”按钮 自选图形(U)，在弹出的“自

图 3-71　“艺术字”工具栏

选图形”子菜单中根据需要可以作相应的选择，如图 3-64 所示。

3.6.3 图文混排

在文档中插入剪贴画或图片后，我们就要进行图片和文本之间的关系处理。Word 允许用户对其进行编辑，例如：将图片任意放大、缩小、改变图片尺寸、位置和环绕方式、裁剪图片、添加边框、调整高度和对比度等，也可以在文档中直接绘图。

1. 调整图片的尺寸

先选择要调整尺寸的图片，然后用鼠标拖动即可。如果要精确地调整图片的尺寸，操作步骤如下：

1）选择要调整尺寸的图片。

2）单击“图片”工具栏（见图 3-72）中的“设置图片格式”按钮，在弹出的“设置图片格式”对话框中选择“大小”选项卡，进行相关的设置，如图 3-73 所示。

图 3-72 “图片”工具栏

3）单击“确定”按钮即可。

2. 图文混排（设置图片的文字环绕）

1）单击要设置文字环绕的图片。

2）单击“图片”工具栏中的“文字环绕”按钮，在弹出的“文字环绕”列表中选择所需的环绕方式即可，如图 3-74 所示。

要精确设置图文混排方式，操作步骤如下：

1）单击要设置文字环绕的图片。

2）单击“图片”工具栏中的“设置图片格式”按钮，在弹出的“设置图片格式”对话框中选择“版式”选项卡，进行相关的设置，如图 3-75 所示。

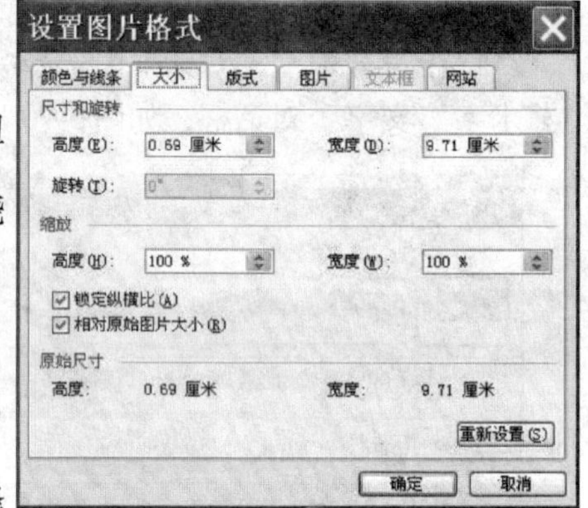

图 3-73 “设置图片格式”对话框

3）还可以单击“高级”按钮，在弹出的“高级版式”对话框中根据需要进行进一步的设置，如图 3-76 所示。

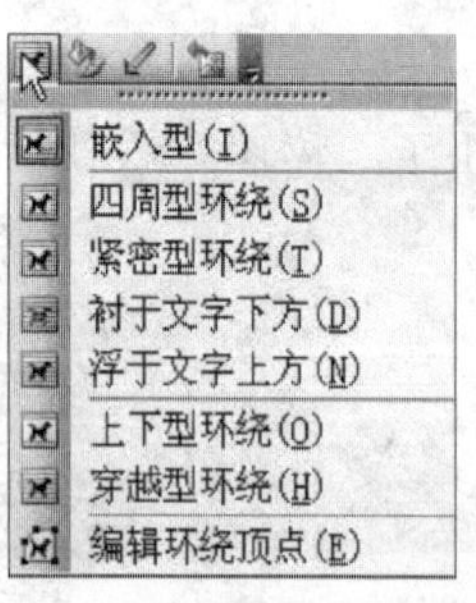

图 3-74 “文字环绕”列表

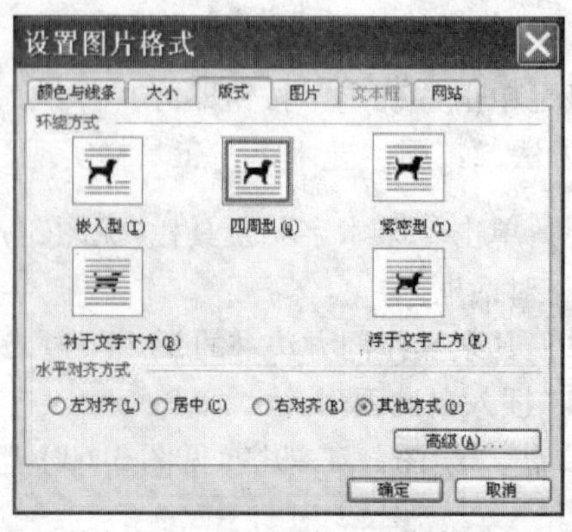

图 3-75 “版式”选项卡

4）单击“确定”按钮即可。

3.6.4　文本框

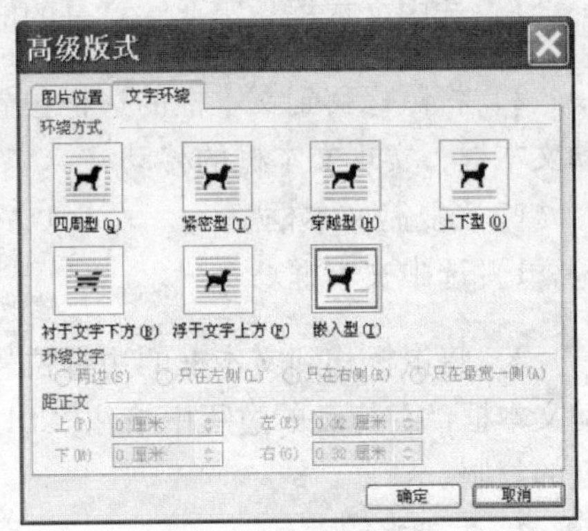

图 3-76　“高级版式”对话框

文本框是一种包含文字的图形对象，是存放文本和图片的容器，它可以放置在页面的任意位置，其大小可以由用户指定。文本框是将文字、表格、图形精确定位的有力工具。任何文档中的内容，不论是一段文字、一个表格、一幅图或者它们的组合，只要装进这个方框，就如同装进了一个容器，可以随时被鼠标带到页面的任何地方；可以在文本框中填充颜色、纹理图案或图片；也可以修改其边框的粗细和线形，还可以使文本框外的正文文字以不同的方式环绕在文本框四周。对文本框进行编辑时，需要在页面视图下工作，才能看到效果。

1. 创建文本框

创建文本框可以利用菜单完成也可以用工具栏上的按钮实现。创建文本框分为在文档中插入空白文本框和为已有内容添加文本框两种情况。

(1) 在文档中插入空白文本框

方法一：利用菜单完成。

1）光标置于要插入文本框的位置。

2）单击“插入(I)”→“文本框(X)”→“横排(H)”（“竖排(V)”）命令，此时鼠标指针变为十字光标，拖动鼠标指针就可以绘制文本框，当达到需要的尺寸和形状时，松开鼠标按钮，文本框处于选中状态，插入点在其中闪烁，即可在矩形区域内输入文字，如图 3-77 所示。

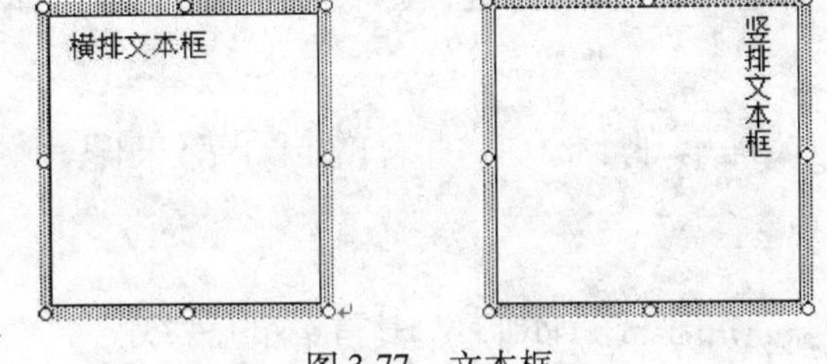

图 3-77　文本框

方法二：用“绘图”工具栏上的按钮实现。

1）光标置于要插入文本框的位置。

2）单击“绘图”工具栏(见图 3-63)上的“横排文本框”按钮（“竖排文本框”按钮），此时鼠标指针变为十字光标，拖动鼠标指针就可以绘制文本框，当达到需要的尺寸和形状时，松开鼠标按钮，文本框处于选中状态，插入点在其中闪烁，即可在矩形区域内输入文字。

(2) 为已有内容添加文本框

1）选定要添加文本框的内容，此内容可以是文字、表格或图形对象等。

2）单击“绘图”工具栏上的“横排文本框”按钮（“竖排文本框”按钮），此时即为选定的内容添加了文本框。

2. 设置文本框的格式

文本框属于图形对象，可以利用“绘图”工具栏的工具对其进行格式设置，如设置填充颜色、三维效果样式和线型等。

3. 移动和复制文本框

（1）移动文本框

1）选中文本框，需要注意是的应该选中文本框而不是选中文本框里的文本。

2）将鼠标移到文本框的边框位置附近，此时鼠标变为✥形状，按下鼠标左键即可拖动文本框，实现文本框的移动。

（2）复制文本框

1）选中文本框。

2）将鼠标移到文本框的边框位置附近，此时鼠标变为✥形状，按下鼠标左键即可拖动文本框，在拖动的过程中按住【Ctrl】键，则可以把选定的文本复制到新位置，实现了文本框的复制。

4. 生成水印

让文本框中的文字叠在图片或图形上就生成了水印图案。操作步骤如下：

1）先插入图片或图形，然后插入文本框并输入文字，再将文本框移到图片或图形上。

2）右击文本框，在弹出的快捷菜单中单击“设置文本框格式”命令，在弹出的“设置文本框格式”对话框中选择“颜色与线条”选项卡。

3）在“透明度”内填50%，单击“确定”按钮即可，如图3-78所示。

5. 对象组合

组合是将选定的两个或多个对象组合为一个对象。一个整体图形往往由多个图形组成，利用Word提供的组合功能，可以将分散的图形组合起来。组合后的对象作为一个整体来移动和修改。对象的组合操作步骤如下：

1）按住【Shift】键，逐个选择图形对象，如图3-79所示。

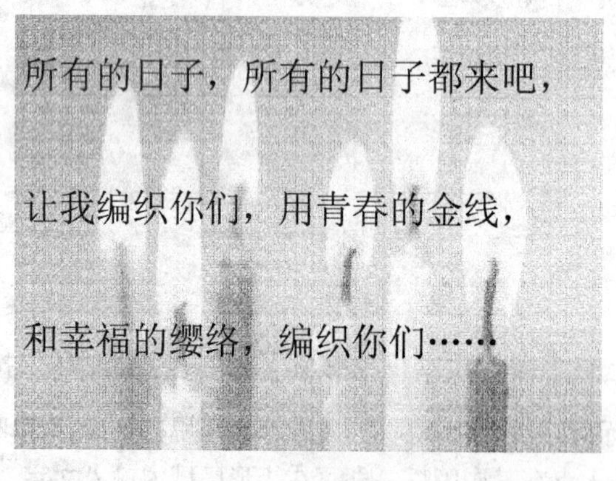

图3-78　水印图片

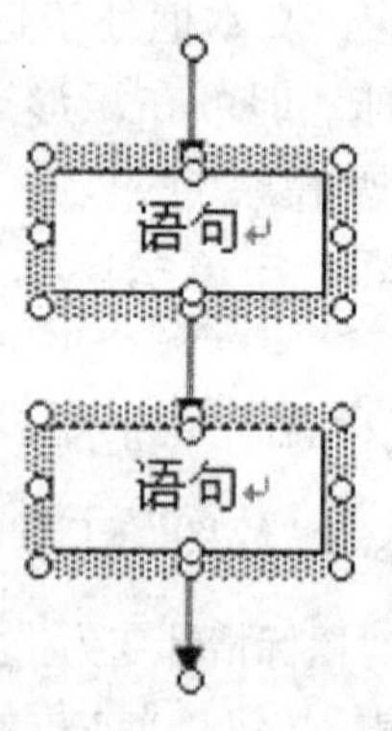

图3-79　选择组合对象

2）单击鼠标右键，在弹出的快捷菜单中单击“组合(G)”项，如图3-80所示。图形就组合成为一个整体，如图3-81所示。

组合后的对象还可以取消组合。操作方法是：选定组合后的对象，单击鼠标右键，在弹出的快捷菜单中单击“取消组合”命令，图形就取消了组合。

6. 设置图形的叠放次序

当多个图形之间有重叠形象，如果需要重新确定叠放次序，操作步骤如下：

1）选中需要设置叠放次序的图形，如图3-82所示。

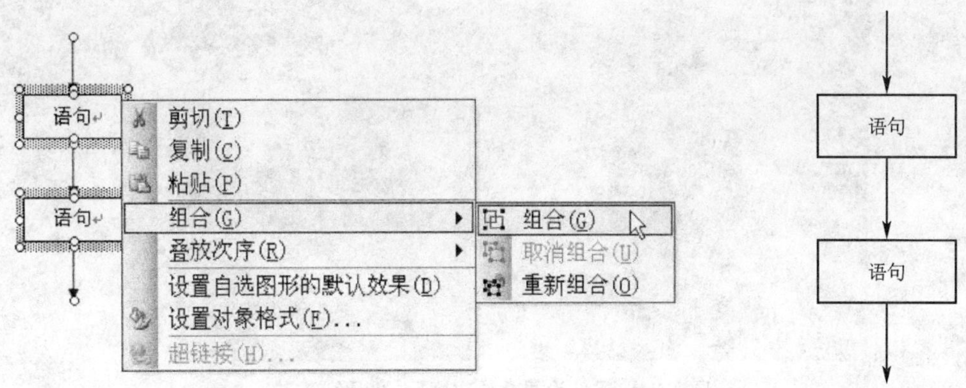

图 3-80 “组合”命令

图 3-81 对象组合后成为一个整体

2）单击鼠标右键，在弹出的快捷菜单上单击“叠放次序(R)”命令，如图 3-83 所示。根据需要选择叠放次序，如图 3-84 所示。

图 3-82 原图形

3.6.5 检查和统计

在 Word 文档里，如果单词有错误，系统会在单词下面加上红色的波浪线以提示；如果有语法错误，则加上绿色的波浪线。

1. 拼写和语法

Word 提供了一组校对工具，用来保证英文文本的正确性。其中，拼写检查是根据选定的词典库查找并更改拼错的单词，语法检查则用于查找语法错误。

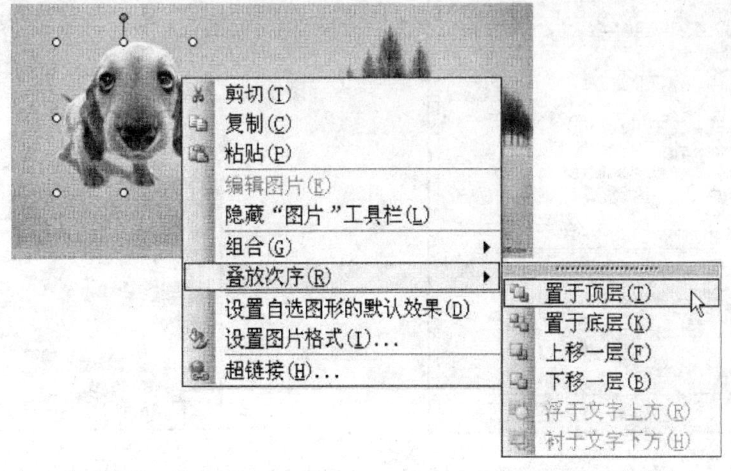

图 3-83 选中需要设置叠放次序的图形

对文档进行“拼写和语法”检查通常用菜单完成。单击“工具(T)”→“拼写和语法(S)”命令，在弹出的“拼写和语法”对话框中将显示可疑的错误，如图 3-85 所示。

图 3-84　重新设置叠放次序后的图形

2. 自动更正

设置自动更正功能可以自动更改通常容易发生的输入错误，使文本的输入更准确、快捷。操作步骤如下：

1）单击“工具(T)”→“自动更正选项(A)”命令，弹出“自动更正”对话框。在“替换(R)”文本框中输入替换的词条，“替换为(W)”文本框中输入自动更正的词条。

2）单击“确定”按钮即可，如图 3-86 所示。

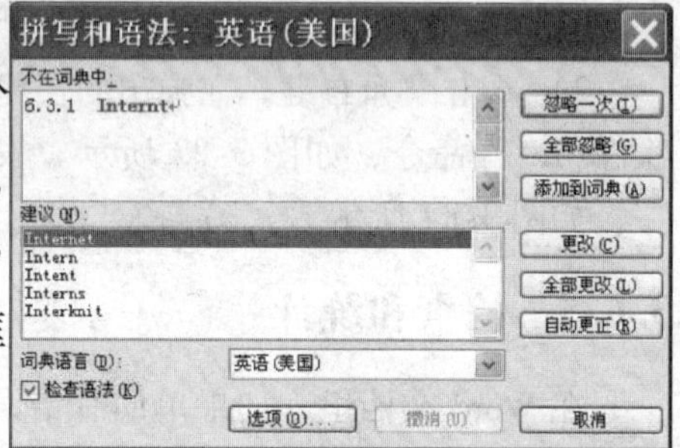

图 3-85　“拼写和语法”对话框

3. 字数统计

对文档进行字数统计，操作方法是：单击“工具(T)”→“字数统计(W)”命令，弹出“字数统计”对话框，在对话框中有许多信息，如图 3-87 所示。

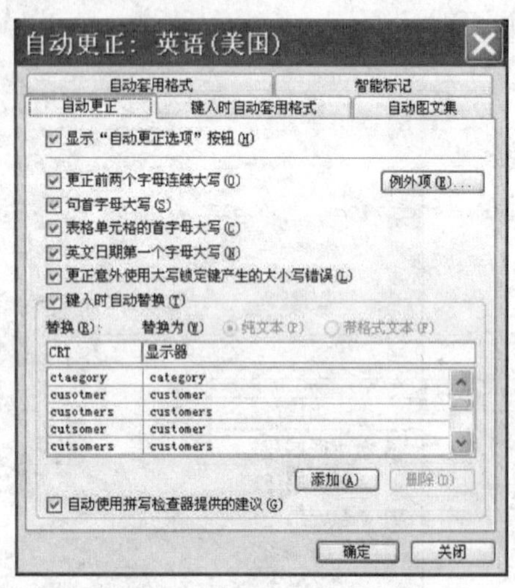

图 3-86　“自动更正”对话框

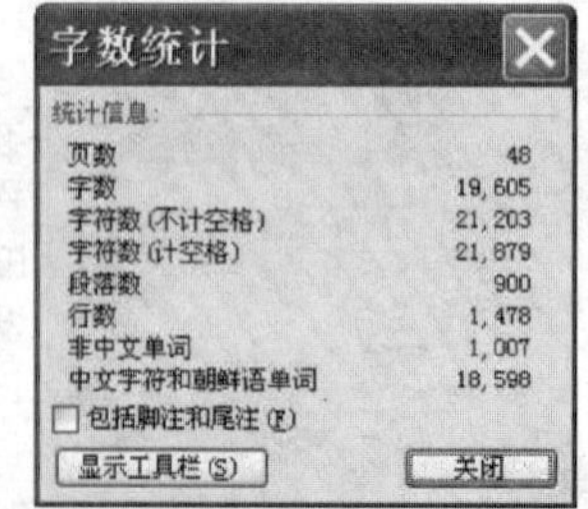

图 3-87　“字数统计”对话框

3.6.6　项目符号和编号

加入项目符号和编号能使文档条理分明、层次清晰，便于阅读和理解。加入项目符号和编号后，如果增加、移动或删除段落，Word 将会自动更正或调整编号，保持文本的系统性和完整性。

1. 项目符号

项目符号是指提纲式文档的前导符，如黑点、方块等。设置项目符号有两种方法。

方法一：用菜单实现。

1）将光标定位在要设置项目符号的段落中。

2）单击“格式(O)”→“项目符号和编号(N)”命令，弹出“项目符号和编号”对话框，选择“项目符号(B)”选项卡，如图 3-88 所示。根据需要选择相应的项目符号。

3）如果需要自己定义项目符号，可以单击“自定义(T)”按钮，弹出“自定义项目符号列表”对话框，根据需要进行相应的设置，如图 3-89 所示。

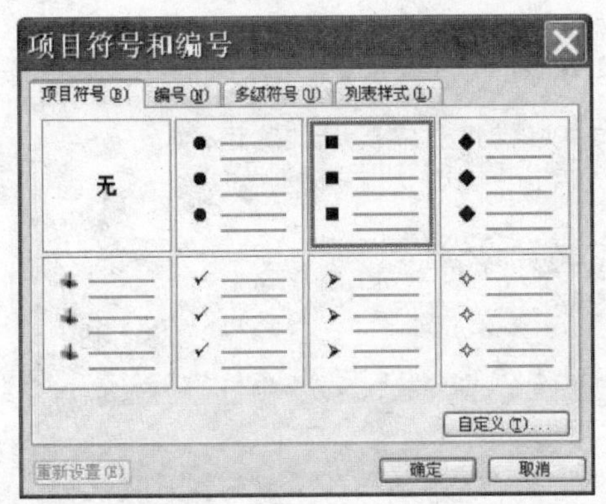

图 3-88　“项目符号”选项卡

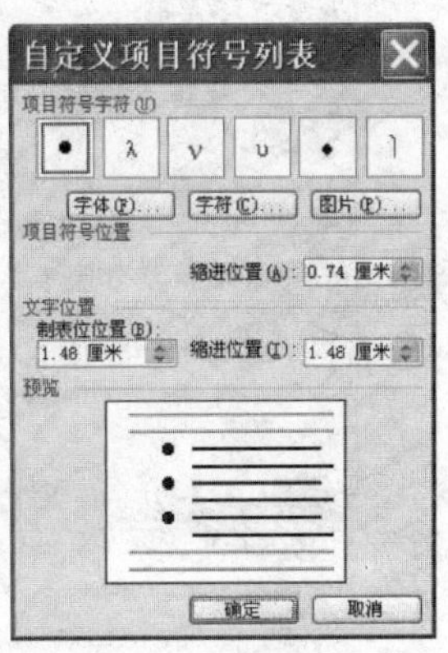

图 3-89　“自定义项目符号列表”对话框

4）单击“确定”按钮即可。

方法二：用工具栏上的按钮实现。

1）将光标定位在要设置项目符号的段落中。

2）单击“格式”工具栏上的“项目符号”按钮。

2. 编号

编号是指文本的系列序号。设置编号有两种方法。

方法一：用菜单实现。

1）将光标定位在要设置编号的段落中。

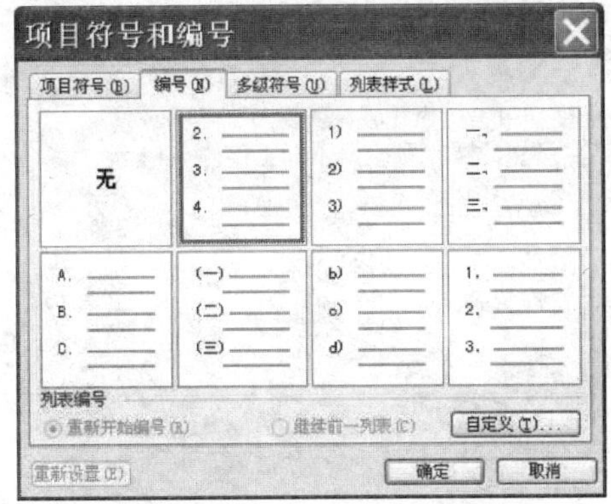

图 3-90　“编号”选项卡

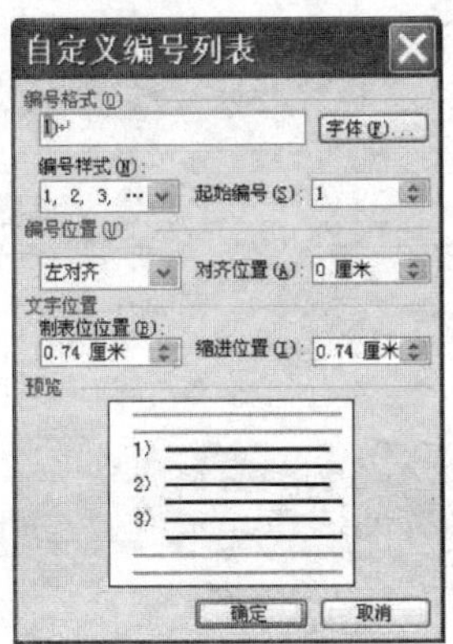

图 3-91　“自定义编号列表”对话框

2）单击“格式(P)”→“项目符号和编号(N)”命令，弹出“项目符号和编号”对话框，选择“编号(N)”选项卡，如图3-90所示。根据需要选择相应的编号。

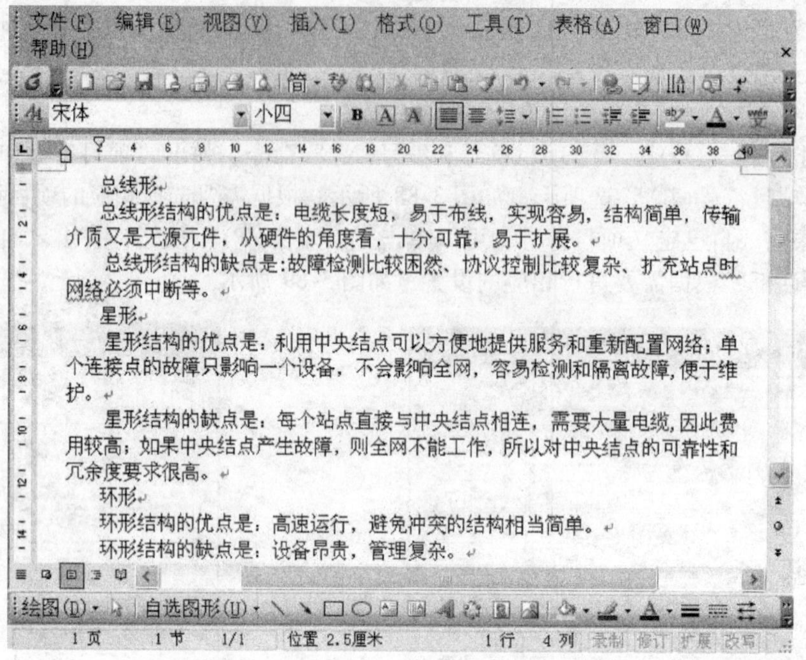

图3-92 原来的文档

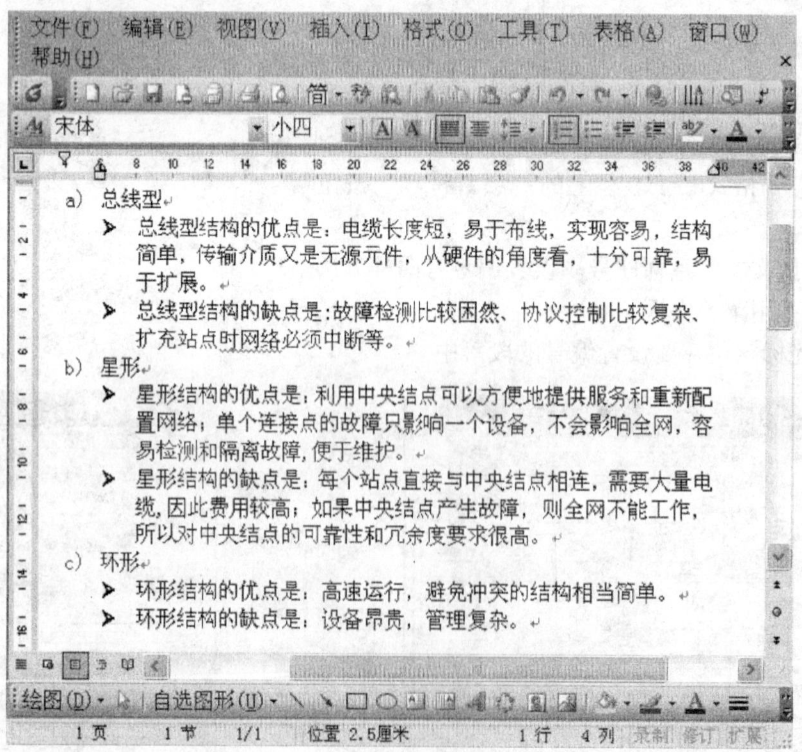

图3-93 设置项目符号和编号后的文档

3）如果需要自己定义编号，可以单击“自定义(T)”按钮，弹出“自定义编号列表”对话框，根据需要进行相应的设置，如图 3-91 所示。

4）单击“确定”按钮即可。

方法二：用工具栏上的按钮实现。

1）将光标定位在要设置编号的段落中。

2）单击“格式”工具栏上的“编号”按钮 ☰。

图 3-92 所示是原来的文档，图 3-93 所示是设置项目符号和编号后的文档。

3.7　样式与模板

3.7.1　样式

1. 样式的概念

样式是系统或用户定义并保存的一系列排版格式。当定义一个样式后，只要把这个样式应用到其他段落或字符，就可以使这些段落或字符具有相同的格式。Word 不仅预定义了标准样式，还允许用户对标准样式进行修改，或自己定制字体、段落和边距等。使用样式可以保证文档中段落和字符格式的规范，即文档格式严格保持一致。

2. 创建样式

创建样式的操作步骤如下：

1）单击“格式(O)”→“样式和格式(S)”命令，弹出“样式和格式”窗格，如图 3-94所示。

2）单击“样式和格式”窗格中的“新样式”按钮，弹出“新建样式”对话框，如图 3-95 所示。

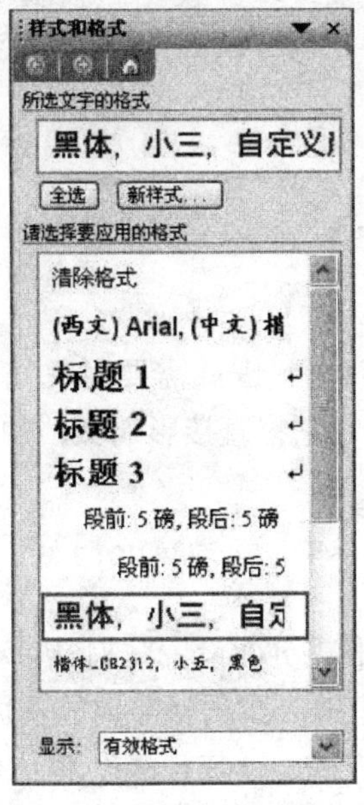

图 3-94　“样式和格式”窗格

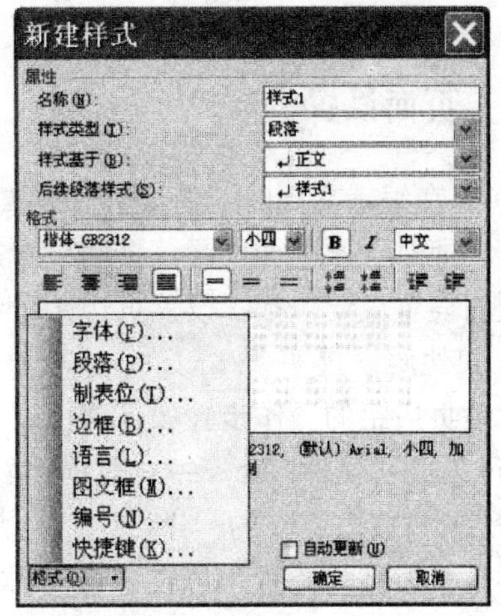

图 3-95　“新建样式”对话框

3）在“新建样式”对话框中进行“名称”、“样式类型”、“样式基于”和“后续段落样式”等设置。

4）单击“格式”按钮，弹出如图3-95所示的菜单，从中选择相应的选项为样式定义格式。定义完毕，单击“确定”按钮返回到“新建样式”对话框。

5）重复步骤4)，为样式定义其他的格式。

6）单击“确定”按钮。

3.7.2 模板

模板是一种特殊的Word文档(文件扩展名为dot)，主要为生成类似的最终文档提供样板。Word的默认模板是“空白文档”，当新建立一个文档时，若没有选择其他类型的模板文件，Word就会将空白文档作为新文档的模板文件。

Word针对不同的使用情况，预先提供了丰富的模板文件，在大部分情况下，不需要对所要处理的文档进行格式化，直接套用Word提供的模板即可得到满意效果。例如发E-mail可直接使用“电子邮件”模板。如果需要新的文档格式，也可以通过创建一个新的模板或修改一个旧模板来实现。

样式和模板是密不可分的。样式是模板的一个重要组成部分。用户可以将创建的样式保存在模板中，从而使所有使用该模板创建的文档都可以应用该样式。这样既可以提高效率，又可以统一文档的风格。

利用模板新建文档的方法是：单击“文件(F)”→“新建(N)”命令，弹出“新建文档”窗格，单击“本机上的模板”选项，在弹出的“模板”对话框中选择所需的模板，单击“确定”按钮即可，如图3-96所示。

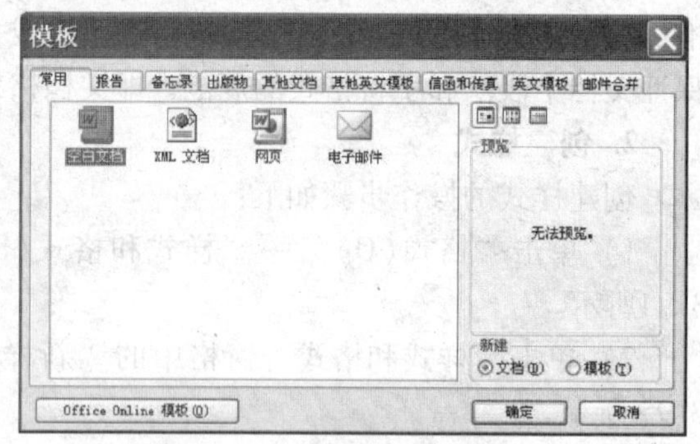

图3-96 “模板”对话框

3.8 页面设置和打印

3.8.1 页面设置

Word在编辑文档时，通常会在文档中插入表格、图片等，因此需要对文档版面进行位置安排，即对页面进行设置。页面设置用以美化页面外观，它将直接影响文档的最后打印效果。页面设置主要包括：设置页边距、纸张大小等。

1. 页边距设置

设置页边距的操作步骤如下：

1）单击“文件(F)”→“页面设置(U)”命令，弹出“页面设置”对话框。

2）在“页边距”的“上”、“下”、“左”、“右”框中输入或选择需要的页边距的尺寸。如果要定义装订线位置，可在“装订线位置”选择装订方式，“装订线”框内输入所需尺寸。并进行如页面“方向”（纵向还是横向)、“页码范围”等其他项的设置。

3）单击“确定”按钮即可，如图3-97所示。

2. 纸张设置

纸张设置可设置纸张的大小、来源等。操作步骤如下：

1）单击“文件(F)”→“页面设置(U)”命令，在弹出的“页面设置”对话框中，选择“纸张”选项卡。

2）在“纸张大小”框中选择纸张的大小。用户也可以自定义纸张的大小，在“宽度”和“高度”框中输入所需的纸张的尺寸，并可以对“纸张来源”等其他项进行设置。

3）单击“确定”按钮即可，如图3-98所示。

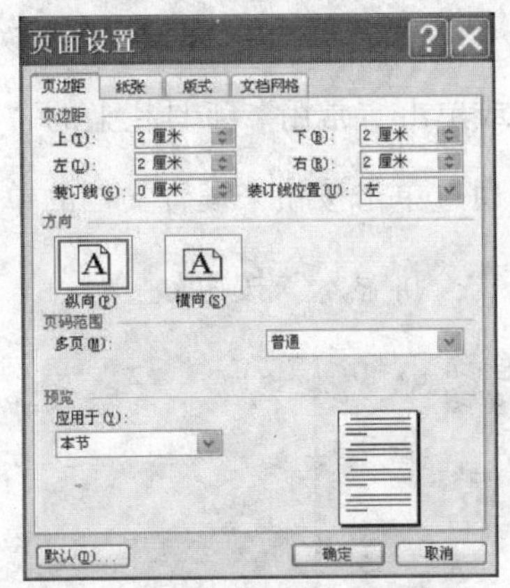

图 3-97 “页边距”选项卡

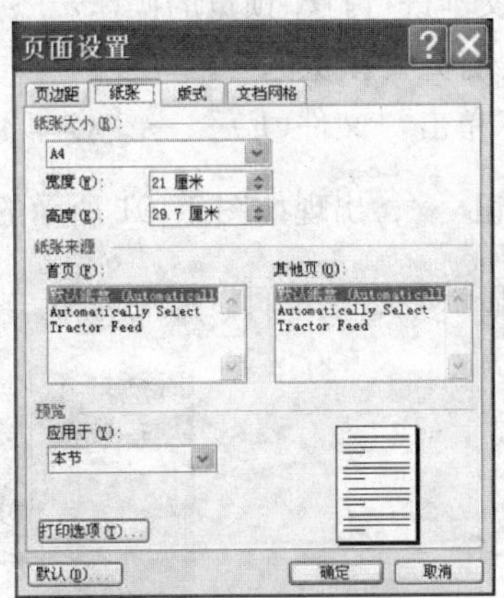

图 3-98 “纸张”选项卡

3. 页眉和页脚设置

页眉和页脚通常用于显示文档的附加信息，例如作者名称、单位名称及各章节等。其中，页眉被打印在页面的顶部，页脚在页面的底部。添加页眉和页脚的步骤如下：

1）单击“视图(V)”→“页眉和页脚(H)”命令，在文档编辑区出现一个虚线框，可在其中进行页眉和页脚文本的输入、编辑，同时显示“页眉和页脚”工具栏，如图 3-99 所示。

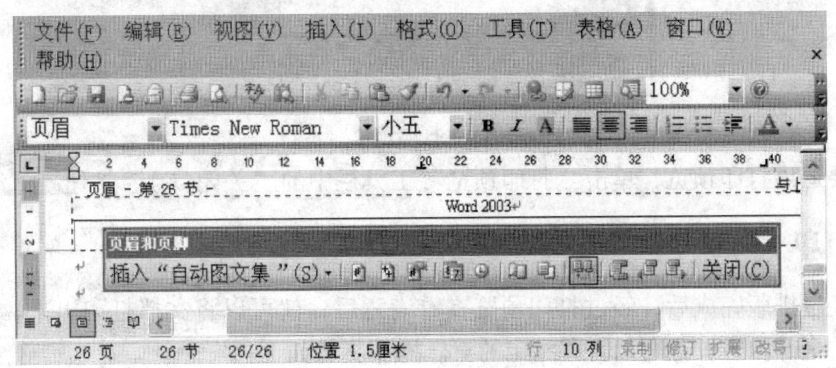

图 3-99 “页眉和页脚”的设置

2）如果要插入日期、时间等，可单击“页眉和页脚”工具栏中相应的按钮，如“插入日期”按钮、“插入时间”按钮等。如需要在页眉和页脚之间相互切换，可单击“页眉和页脚”工具栏中的“在页眉和页脚间切换”按钮。

3）单击“页眉和页脚”工具栏中的“关闭”按钮，即返回到文本编辑状态。

3.8.2 打印预览

Word 提供了在打印之前让用户浏览打印效果的打印预览功能，图 3-100 所示是“打印预览”工具栏。

图 3-100 “打印预览”工具栏

对文本进行打印预览的操作步骤如下：

1）打开要预览的文档。

2）单击“文件(F)”→“打印预览(V)”命令，或单击“常用”工具栏上的“打印预览”按钮，出现如图 3-101 所示的打印预览窗口。通过单击按钮来设置文档的单页、多页等的显示，如“单页”按钮、“多页”按钮、“全屏显示”按钮等。

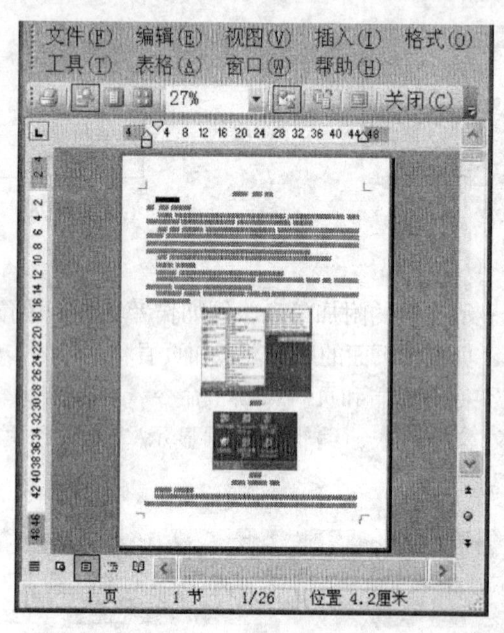

图 3-101 “打印预览”窗口

如果要退出打印预览，单击“打印预览”工具栏中的“关闭(C)”按钮关闭(C)即可。

3.8.3 打印

文档经过排版完成后，经过打印预览查看满意后，就可以将文档打印出来。Word 可以打印文档的全部内容，也可以打印指定的页。操作步骤如下：

1）单击“文件(F)”→“打印(P)”命令，弹出“打印”对话框，如图 3-102 所示。

2）根据需要进行相应的设置。例如在“页面范围”栏内选择“全部”、“当前页”或“页码范围”；在“份数”栏内输入需要打印的份数；在“打印”框内选择“范围中所有页”、“奇数页”或“偶数页”。

3）单击“确定”按钮即可。

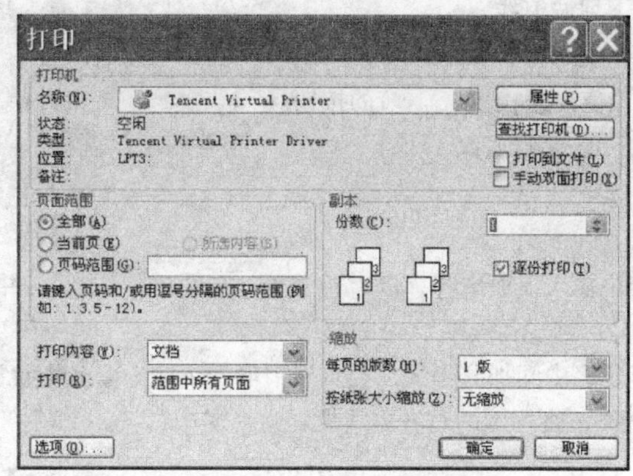

图 3-102　“打印”对话框

习　题

1. 填空题

（1）在 Word 中，默认的文件扩展名是为________。

（2）一般情况下，Word 窗口上显示两个工具栏，他们是________工具栏和________工具栏。

（3）Word 有两种编辑状态，分别是________状态和________状态，可按________键进行切换。

（4）利用 Word 提供的________功能，可以方便地将全部或部分文本分成几栏放置在文档页面中。

（5）利用________刷可以对文档进行快速的格式化。

2. 选择题

（1）Word 是 Microsoft 公司提供的一个(　　)。

A. 操作系统　　B. 表格处理软件　　C. 文字处理软件　　D. 数据库管理系统

（2）Word 文档文件的默认扩展名是(　　)。

A. txt　　B. exe　　C. doc　　D. html

（3）第一次保存 Word 文件，将出现(　　)对话框。

A. 保存　　B. 全部保存　　C. 另存为　　D. 保存为

（4）段落的对齐方式，不包括(　　)。

A. 分散对齐　　B. 居中　　C. 垂直居中　　D. 两端对齐

（5）(　　)视图下可以显示出页眉和页脚。

A. 普通　　B. 页面　　C. 大纲　　D. Web 版式

（6）如果在 Word 大文字中插入图片，则图片只能放在文字的(　　)。

A. 左边　　B. 中间　　C. 下面　　D. 前 3 种都可以

（7）要将插入点快速移动到文档结尾位置应该按(　　)键。

A.【Ctrl】+【End】　　B.【Ctrl】+【PgDn】　　C.【Ctrl】+【↓】　　D.【End】

（8）在 Word 中，以下对表格操作的叙述，正确的是(　　)。

A. 在表格的单元格中，除了可以输入文字、数字，还可以插入图片

B. 表格的每一行中各单元格的宽度可以不同

C. 表格的每一行中各单元格的高度可以不同

D. 表格的表头单元格可以绘制斜线

（9）在 Word 中默认情况下，输入了错误的英语单词时，会(　　)。

A. 系统铃响，提示出错

B. 在单词下有绿色下划波浪线

C. 在单词下有红色下划波浪线

D. 自动更正

(10)“格式”工具栏上没有用来设置(　　)的按钮。

A. 字符边框　　B. 字符底纹　　C. 字符缩放　　D. 字符间距

3. 上机操作题

(1)

1）新建一文档，在文档中输入下面内容，以“徐志摩.doc”作为文件名并保存，同时设置文档的自动保存时间间隔为6分钟。

2）设置文档为分两栏显示，中间加分隔线，在页眉中输入“徐志摩名作欣赏”，居中。

3）添加标题：“再别康桥”，将标题的对齐方式设置为“居中”。

轻轻的我走了，
　正如我轻轻的来；
我轻轻的招手，
　作别西天的云彩。

那河畔的金柳，
　是夕阳中的新娘；
波光里的艳影，
　在我的心头荡漾。

软泥上的青荇，
　油油的在水底招摇；
在康河的柔波里，
　我甘心做一条水草！

那树荫下的一潭，
　不是清泉，是天上虹
揉碎在浮藻间，
　沉淀着彩虹似的梦。
寻梦？撑一支长篙，
　向青草更青处漫溯，
满载一船星辉，
　在星辉斑斓里放歌。
但我不能放歌，
　悄悄是别离的笙箫；
夏虫也为我沉默，
　沉默是今晚的康桥！
悄悄的我走了，
　正如我悄悄的来；
我挥一挥衣袖，
　不带走一片云彩。

(2) 新建一文档，文件名为“朱自清.doc”。

1）将正文各段设置为两端对齐方式。在正文的第一行中设置首字下沉，要求位置为下沉，字体为黑体，下沉行数为2。将页的左边距设为3厘米，右边距设为3.5厘米。

2）将标题的对齐方式设置为“居中”。分别将第一段、第二段、第三段的第一句设为“黑体”。

荷 塘 月 色

朱自清

这几天心里颇不宁静。今晚在院子里坐着乘凉，忽然想起日日走过的荷塘，在这满月的光里，总该另有一番样子吧。月亮渐渐地升高了，墙外马路上孩子们的欢笑，已经听不见了；妻在屋里拍着闰儿，迷迷糊糊地哼着眠歌。我悄悄地披了大衫，带上门出去。

沿着荷塘，是一条曲折的小煤屑路。这是一条幽僻的路；白天也少人走，夜晚更加寂寞。荷塘四面，长着许多树，蓊蓊郁郁的。路的一旁，是些杨柳，和一些不知道名字的树。没有月光的晚上，这路上阴森森的，有些怕人。今晚却很好，虽然月光也还是淡淡的。

路上只我一个人，背着手踱着。这一片天地好像是我的；我也像超出了平常的自己，到了另一个世界里。我爱热闹，也爱冷静；爱群居，也爱独处。像今晚上，一个人在这苍茫的月下，什么都可以想，什么都可以不想，便觉是个自由的人。白天里一定要做的事，一定要说的话，现在都可不理。这是独处的妙处；我且受用这无边的荷香月色好了。

曲曲折折的荷塘上面，弥望的是田田的叶子。叶子出水很高，像亭亭的舞女的裙。层层的叶子中间，零星地点缀着些白花，有袅娜地开着，有羞涩的打着朵儿的；正如一粒粒的明珠，又如碧天里的星星，又如刚出浴的美人。微风过处，送来缕缕清香，仿佛远处高楼上渺茫的歌声似的。这时候叶子与花也有一些的颤动，像闪电般，霎时传过荷塘的那边去了。叶子本是肩并肩密密的挨着，这便宛然有了一道凝碧的波痕。叶子底下是脉脉的流水，遮住了，不能见一些颜色；而叶子却更见风致了。

月光如流水一般，静静地泻在这一片叶子和花上。薄薄的青雾浮起在荷塘里。叶子和花仿佛在牛乳中洗过一样；又像笼着轻纱的梦。虽然是满月，天上却有一层淡淡的云，所以不能朗照；但我以为这恰是到了好处——酣眠固不可少，小睡也别有风味的。月光是隔了树照过来的，高处丛生的灌木，落下参差的斑驳的黑影，却又像是画在荷叶上。塘中的月色并不均匀，但光与影有着和谐的旋律，如梵婀玲上奏着的名曲。

荷塘的四面，远远近近，高高低低的都是树，而杨柳最多。这些树将一片荷塘重重围住；只在小路一旁，漏着几段空隙，像是特为月光留下的。树色一例是阴阴的，乍看像一团烟雾；但杨柳的丰姿，便在烟雾里也辨得出。树梢上隐隐约约的是一带远山，只有些大意罢了。树缝里也漏着一两点路灯光，没精打彩的，是渴睡人的眼。这时候最热闹的，要数树上的蝉声与水里的蛙声；但热闹的是它们的，我什么也没有。

忽然想起采莲的事情来了。采莲是江南的旧俗，似乎很早就有，而六朝时为盛，从诗歌里可以约略知道。采莲的是少年的女子，她们是荡着小船，唱着艳歌去的。采莲人不用说很多，还有看采莲的人。那是一个热闹的季节，也是一个风流的季节。梁元帝《采莲赋》里说得好：

于是妖童媛女，荡舟心话：[益鸟]首徐回，兼传羽杯；棹将移而藻挂，船欲动而萍开。尔其纤腰束素，迁延顾步；夏始春余，叶嫩花初，恐沾裳而浅笑，畏倾船而敛裾。

可见当时嬉游的光景了。这真是有趣的事，可惜我们现在早已无福消受了。于是又记起《西洲曲》里的句子：

采莲南塘秋，莲花过人头；低头弄莲子，莲子清如水。

今晚若有采莲人，这儿的莲花也算得“过人头”了；只不见一些流水的影子，是不行的。这令我到底惦着江南了。——这样想着，猛一抬头，不觉已是自己的门前；轻轻地推门进去，什么声息也没有，妻已睡熟好久了。

（3）使用“拆分单元格”对话框将表格二修改成表格一的样式。

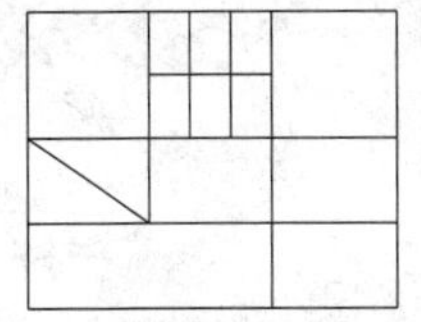

表格一

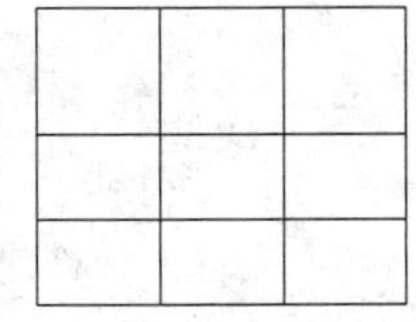

表格二

（4）按下列样式创建表格，文件名为“课程表.doc”。

高二五班　课程表

课时 / 星期 / 程 / 间	上午					下午		晚上
	1节 7:30~8:10	2节 8:20~9:00	3节 9:10~9:50	4节 10:30~11:10	5节 11:20~12:00	6节 15:00~15:40	7节 15:50~16:30	8、9节 19:00~21:40
星期一	语文	物理	研究	英语	体育	化学	数学	自习
星期二	物理	英语	研究	化学	生物	美术	数学	自习
星期三	数学	语文	语文	物理	生物	英语	研究	自习
星期四	数学	英语	语文	体育	化学	物理	生物	自习
星期五	数学	英语	语文	化学	劳技	研究	生物	自习
星期六	英语	物理	语文	数学	研究	研究	班会	自习

第 4 章　Excel 2003

学习目标

1）了解 Excel 2003 的基本功能，掌握 Excel 2003 的启动、退出方法。

2）理解窗口的组成元素、工作簿、工作表、单元格区域的概念。

3）掌握工作表中数据的输入、修改、删除等操作。

4）掌握单元格、单元格区域和整个工作表的常用编辑操作。

5）掌握工作表中数值运算、常用函数的使用。

6）了解数据清单概念，掌握工作表的排序、筛选、分类汇总操作。

7）了解创建工作表图表及其编辑、修改操作。

4.1　Excel 2003 概述

Excel 2003 是 Microsoft 公司推出的电子表格软件，是 Office 2003 办公系列软件的重要组成部分。它以友好的界面、强大的数据计算功能，广泛应用于财务、行政、金融、统计等众多领域。Excel 2003 除了保持 Excel 以前版本的风格和使用方法之外，还增加和完善了许多新的功能，在很大程度上满足了不同层次用户的需要。

4.1.1　功能简介

1. 制作电子表格

一个 Excel 文档由若干个表(页,Sheet)组成，而每一张表(页)由若干个单元格组成。单元格是 Excel 中数据处理的基本组成单位。用户可以方便地在单元格中进行各类数据和公式的输入和修改，还可以方便地对单元格的格式进行设置。

2. 由表作图

利用图表向导功能，可方便地由设计好的数据做出各种类型的统计图，并可进一步修改图的格式，图会随着数据的变化而变化。

3. 数据管理

可将一个数据表看作一个数据库，不用编程或输入命令，通过工具按钮或菜单选项，就可方便地实现数据的排序、筛选和分类汇总等操作。

4. 数据分析

利用其提供的函数和宏，可进行从简单到复杂的数据分析。如财务函数、统计函数、单变量求解、模拟运算、规划求解、数据透视、方差分析、回归和统计中的各种检验等。

5. 与其他程序交换数据

可和 xBase、Lotus 等表格和数据处理软件进行数据交换，并可从网上下载数据。

6. 插入各种对象

可插入图片、剪贴画、艺术字、声音等对象，使得电子表格更加有声有色，丰富多彩。

综上所述，Excel 集成了 Word、Lotus、xBase、SPSS 等软件的一些优点，是一个功能强大用于数据处理的办公软件。

4.1.2 安装、启动和退出

1. 安装

Office 2003 标准版和专业版都包括 Excel 2003，所以只要按照默认或最小方式安装了 Office 2003，Excel 2003 就安装好了。

2. 启动

进入 Excel 2003 的方法有多种不同的方法。

方法一：单击“开始”→“所有程序(P)”→“Microsoft office”→“Microsoft Office Excel 2003”命令，如图 4-1 所示。启动了 Excel，进入到“Microsoft Excel”窗口，如图 4-2 所示。

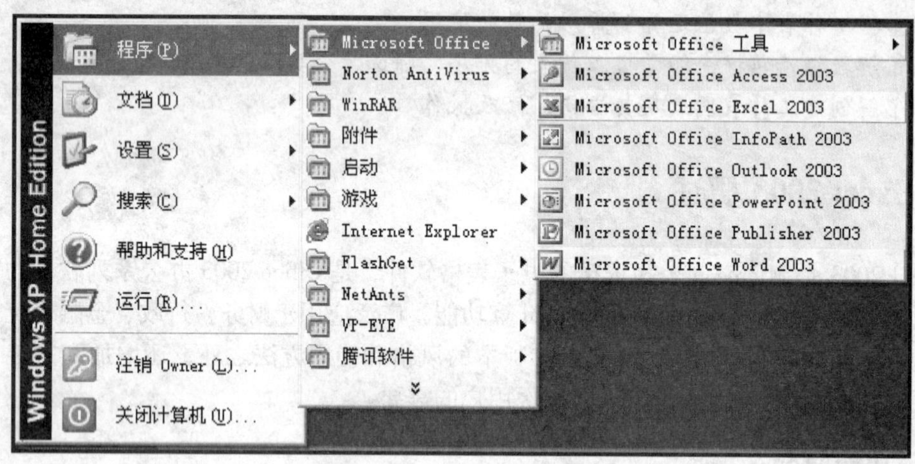

图 4-1 “开始”菜单

方法二：

1）在 Windows 桌面或磁盘驱动器窗口空白处新建 Microsoft Excel 工作表图标。右键单击，弹出快捷菜单，指向“新建(W)”，出现下级子菜单，如图 4-3 所示。

2）单击“Microsoft Excel 工作表”，出现如图 4-4 所示“新建 Microsoft Excel 工作表”图标，双击此图标即可。

方法三：双击桌面上的“Microsoft Office Excel 2003”快捷方式图标，如图 4-5 所示。

方法四：在文件夹中找到所需的 Excel 文件，如图 4-6 所示。双击文件，就可以启动 Excel 2003 进入到 Excel 工作界面，同时打开此文档。

3. 退出

退出 Excel 和退出 Word 的方法基本上一样。

4.1.3 Excel 的工作界面

启动中文版 Excel 之后，将弹出 Excel 的工作窗口，如图 4-7 所示。该窗口分为左右两部分：左侧为工作区，文字输入和编辑工作都在此区域中进行；右侧为任务窗格，任务窗格是 Excel 2003 的新增功能。

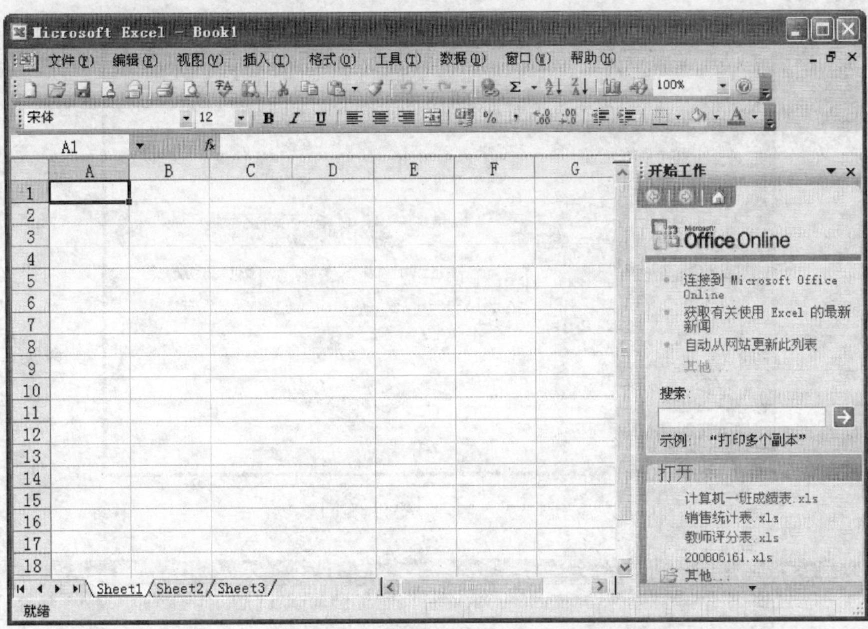

图 4-2　“Microsoft Excel” 窗口

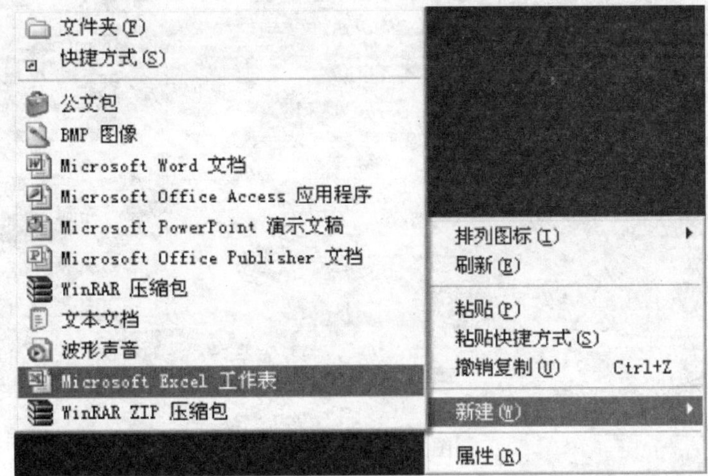

图 4-3　快捷菜单

图 4-4　新建工作表

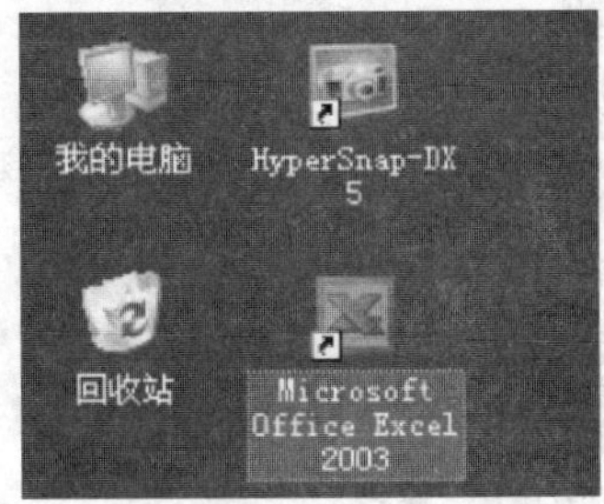

图 4-5　Excel 快捷方式

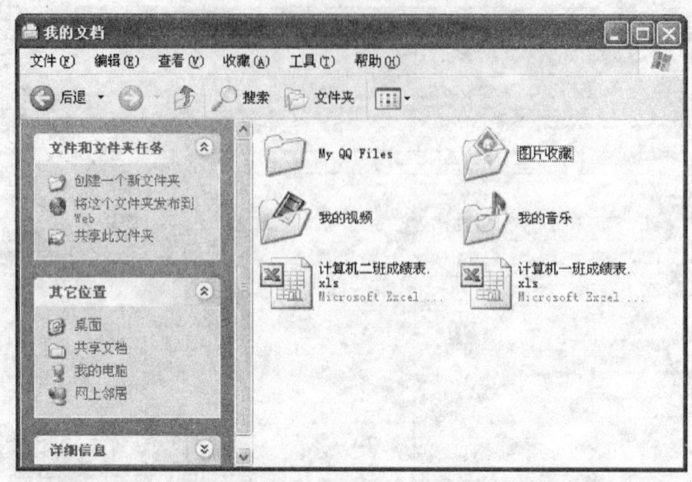

图 4-6 打开 Excel 文档

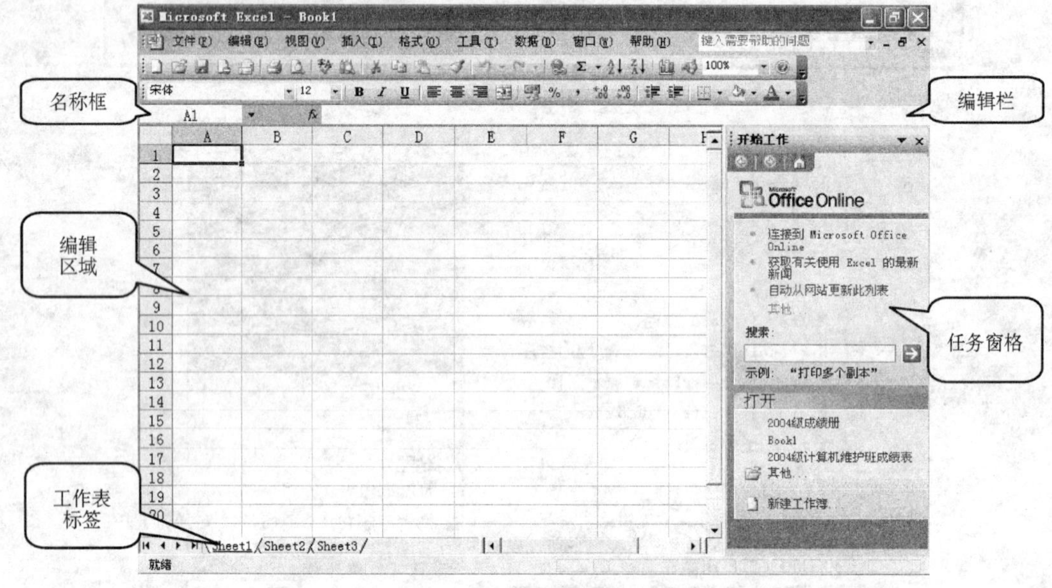

图 4-7 Excel 窗口

用户可以看到 Excel 的基本界面和 Windows 系统下的其他应用程序的界面大体上是一样的，只是 Excel 是一种电子表格处理软件，它有一些不同于 Word 其他应用软件的地方。主要介绍以下几项：

1. 名称框

名称框中显示的是当前正在操作单元格的名称，也可以选定某区域后在名称框内自定义该区域的名称。

2. 编辑栏

编辑栏用于在单元格中输入公式。

3. 编辑区域

编辑区域也称工作表窗口，用户可以在编辑区内进行表格的编辑、格式化等操作。

4. 工作表标签和控制按钮

单击某个工作表标签可将其激活为活动工作表，而双击则可更改工作表名。工作表标签左侧有 4 个控制按钮，它们用于工作表的管理。分别单击它们，可将第一个工作表、上一个工作表、下一个工作表或最后一个工作表设置成活动工作表，如图 4-8 所示。

Sheet1 Sheet2 Sheet3

图 4-8　工作表标签和控制按钮

5. 任务窗格

使用任务窗格可以方便地找到所需内容。任务窗格是一种有效且可伸缩的多功能面板，当选择某一命令时，它将自动打开。

4.1.4　Excel 中的基本概念

Excel 是一个功能非常强大的电子表格处理软件，包含许多的概念。其中工作簿、工作表和单元格是 Excel 最基本的概念。

1. 工作簿(Book)

工作簿是 Excel 系统下用于处理表格和数据的文件。可以把它比喻成账簿，一个账簿是由很多内容不同的账页组成的，工作簿就相当于账簿，以 xls 的扩展名保存；每一个工作表就相当于一页账簿。一个工作簿可以由多个工作表组成(最多为 255 个)。

2. 工作表(Sheet)

工作表是处理表格和数据的具体页面，由 65536 个行和 256 个列组成一个表。其中行是自上而下从 1、2、3 直到 65536 按阿拉伯数字进行编号，列是从左到右按英文字母 A、B、C 进行编号的。

当前工作的工作表只有一个，称为活动工作表。工作表的名称显示在工作表标签中。在默认情况下，每个工作簿由 3 个工作表组成，其名称分别为“Sheet1”、“Sheet2”和“Sheet3”，如图 4-8 所示。其中“Sheet1”工作表标签为白色，表示它为活动工作表。在实际工作中，用户可以添加更多的工作表。

3. 单元格

工作表由众多的行和列形成的单元格组成。单击某个单元格，该单元格的边框变黑加粗，表示该单元格被选中成为活动单元格。单元格的地址即该单元格所在的列和行，单元格的地址通常在名称框中显示出来，如图 4-9 所示。单元格的内容可以是数字、字符、日期等。

4. 单元格地址

对于每个单元格都有固定地址，例如 E3，就代表第 E 列第 3 行的单元格。

5. 单元格区域

单元格区域是指一组被选中的单元格。它们既可以是相邻的，也可以是彼此分离的。对一个单元格区域的操作就是对该区域中的所有单元格进行相同的操作，如图4-10所示。

6. 活动单元格

活动单元格是指正在使用的单元格，其外有一个黑色的方框，输入的数据会被保存在该单元格中，如图 4-9 所示。

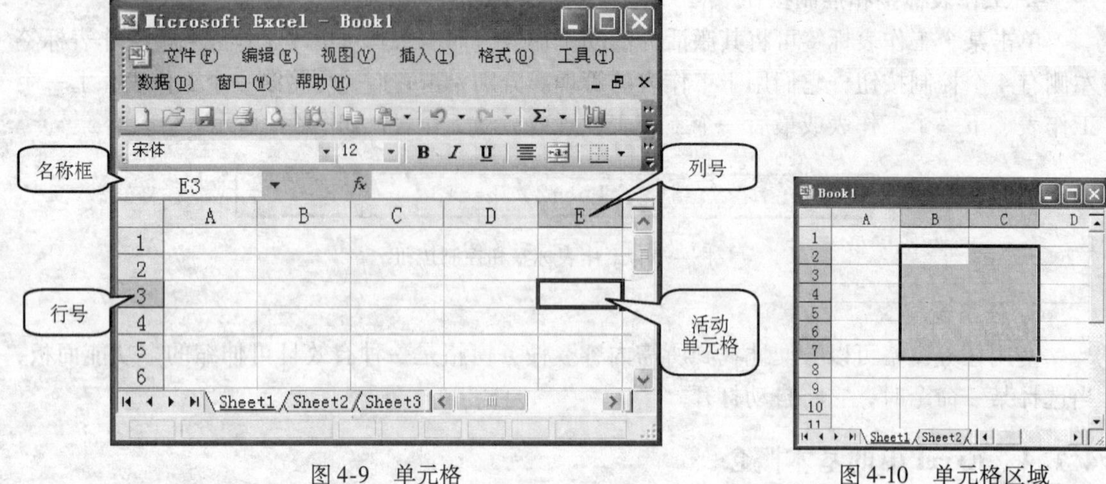

图 4-9 单元格　　图 4-10 单元格区域

4.2 工作表中单元格的基本操作

建立好一个工作表后，就要对其内容进行编辑，由于 Excel 要处理的数据全部存放在单元格中，所以编辑工作表实际上就是对单元格中的内容进行编辑。下面将对单元格的操作进行详细介绍。

4.2.1 选定活动单元格

Excel 是以工作表的方式进行数据运算和数据分析的，而工作表的基本单位是单元格。因此，在向工作表中输入数据之前，应该先选定当前单元格区域使其成为活动工作区域。

1. 选定单元格

当某一单元格周围有一个黑线框，则表明此单元格为活动单元格。如果想使某个单元格成为活动单元格，即选定某个单元格有如下几种方法：

方法一：单击该单元格即可。

方法二：在名称框中输入要定位的单元格的名称，然后按【Enter】键。例如在名称框中输入“A5”，则 A5 单元格周围出现黑线框。

方法三：使用 Excel 的“定位”功能。“定位”功能的具体操作如下：

1）单击“编辑(E)”→“定位(G)”命令，或者按【F5】键出现如图 4-11 所示的“定位”对话框。

2）在“引用位置”文本框中输入活动单元格所在的单元地址。

3）单击“确定”按钮，就会使相应的单元格成为活动单元格。

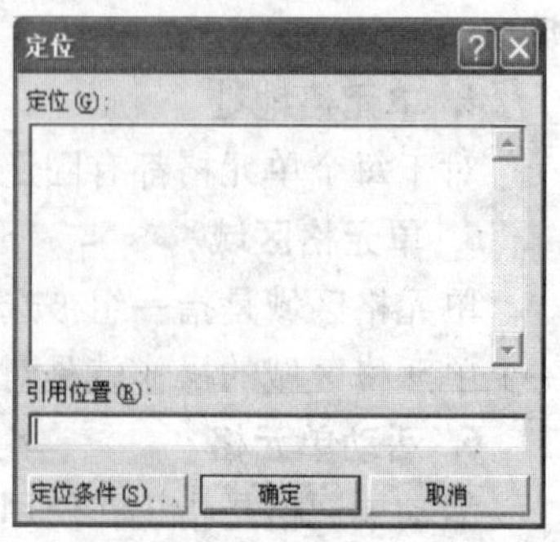

图 4-11 “定位”对话框

2. 选定单元格区域

若需要将某一区域作为活动区域。可以用鼠标或键盘来选定一个单元格区域或多个不连续的工作区域。

（1）选定整行单元格　例如选定第 8 行，单击该行的行号，即可选定整行单元格，如图 4-12 所示。

（2）选定整列单元格　单击该列的列号，即可选定整列单元格，如图 4-13 所示。

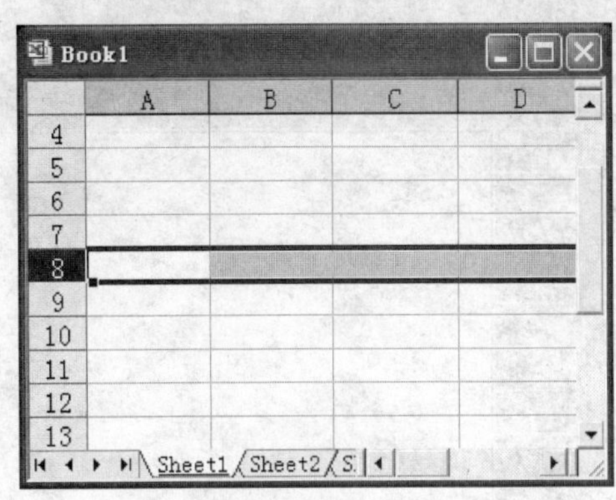

图 4-12　选定整行

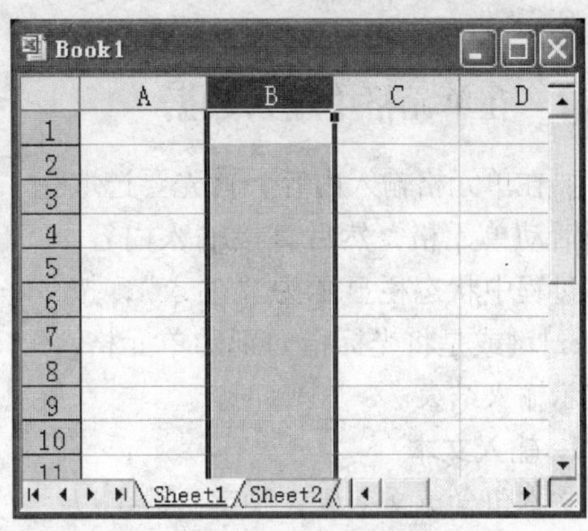

图 4-13　选定整列

（3）选定连续的单元格区域　选定连续的单元格区域的操作方法如下：

1）单击所选区域左上角的单元格。

2）按住鼠标左键从所选单元格左上角拖至右下角。在拖动过程中，所选单元格区域的行数和列数将在名称框内显示。

3）松开鼠标。此时第一个选定的单元格为活动单元格呈白色，其他选定区域为浅蓝色。这是 Excel 的新功能，目的是让用户能够看到所选定的区域，如图 4-14 所示。

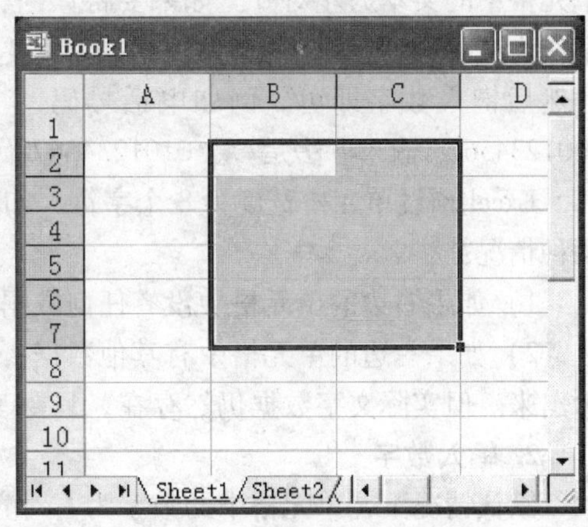

图 4-14　选定连续单元格区域

（4）选定不连续的单元格区域　先按住【Ctrl】键不放，再单击选定各个单元格，如图 4-15 所示。

（5）选定当前工作表的全部单元格　单击工作表左上角的行号与列号交叉的“全选”

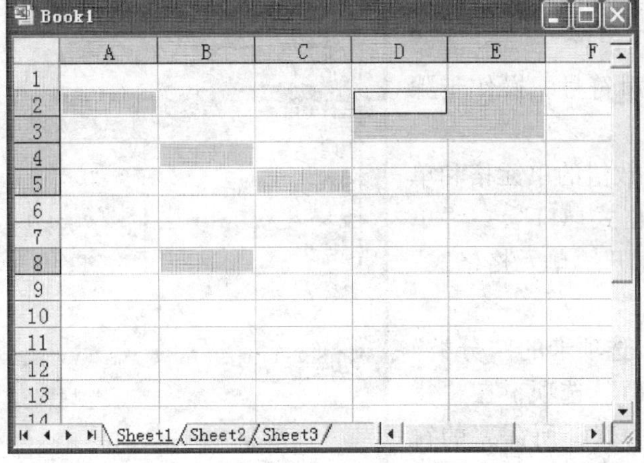

图 4-15　选定不连续单元格区域

按钮，或者按【Ctrl】+【A】组合键，即可选定当前工作表的全部单元格，如图4-16所示。

4.2.2 在单元格中输入数据

要在单元格输入内容，首先要选取其为活动单元格，然后直接输入内容，输入过程中状态栏显示为“输入”，按【Enter】键或是将光标指向别的单元格，都表示输入结束。

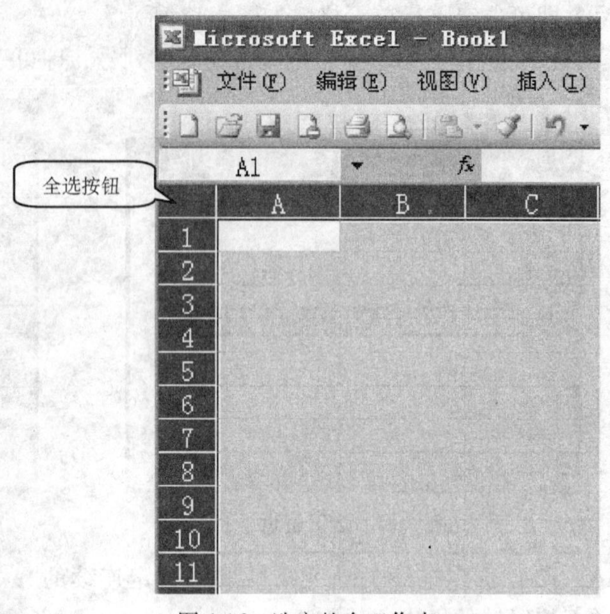

图4-16 选定整个工作表

1. 输入文本

文本包含英文字母、汉字、数字以及其他特殊字符的组合。默认情况下，单元格中的文本为左对齐。如果要将数字作为文字显示，只要先加上一个单撇号然后键入数字即可。例如电话号码01012345678输入方法是“’01012345678”。

Excel预设单元格宽度为8个字符，如果输入文字超过当前单元格的列宽时，会有下列两种情况：

1）如果右边的单元格中没有任何数据，则所输入的文字可以跨列显示。

2）如果右边的单元格中有其他数据，则所输入超过列宽部分的文字，会被截断而不显示出来。但实际文字数据仍然存在，只要改变列宽后，即可恢复正常显示。

2. 输入数字

默认情况下，单元格中的数字为右对齐。

如果要输入一个分数，在数字前面加一个0以及空格。例如要在单元格中显示“5/8”，则输入“0 5/8”，否则Excel会将其理解为“5月8日”日期型格式。负数的输入，例如“-23”可输入“(23)”或直接输入“-23”。如果要输入货币形式，不用一一输入，可以预先设置，Excel能够自动添加相应的货币符号。操作步骤如下：

1）选定要输入数值的单元格和单元格区域，单击“格式(O)”→“单元格(E)”命令，打开“单元格格式”对话框。

2）在“数字”选项卡的“分类”列表框中选择“货币”选项，在“货币符号”下拉列表中选择所需要的符号，然后在“小数位数”数值框中输入2，如图4-17所示。

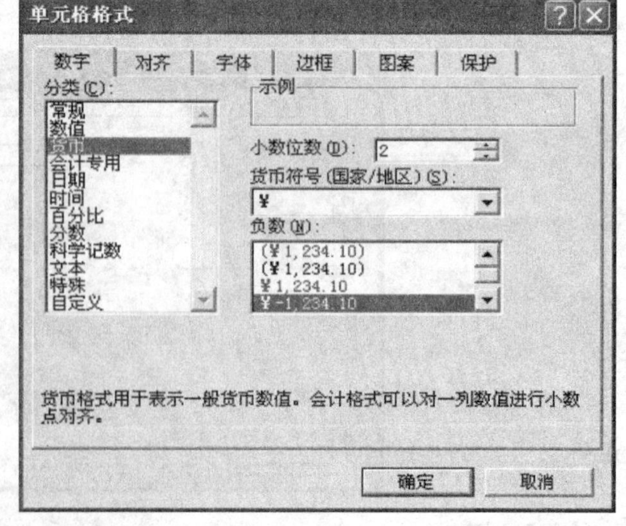

图4-17 设置货币格式

3）单击“确定”按钮。此时只需在当前单元格区域中输入数值即可。

3. 输入日期和时间

Excel 可以用不同格式显示日期和时间型的数据。如果键入的数字格式与系统内部的日期和时间格式相符，Excel 会视其为日期。在默认情况下，单元格中的日期和时间对齐方式为右对齐。日期和时间的显示格式可以设定。方法是选中单元格，单击鼠标右键，在快捷菜单中单击“设置单元格格式”命令，在弹出的“单元格格式”对话框的“数字”选项卡中选择“日期”(“时间”)项即可设置。当前日期用【Ctrl】+【;】组合键，当前时间用【Ctrl】+【Shift】+【;】组合键。日期和时间都是数值，因此它们可以进行各种运算，例如，如果要计算两个日期之间的差值，可以用一个日期表示(如 =“2005-6-23”-“2005-5-17”)。

4.2.3　单元格中数据的快捷输入方法

1. 在单元格中直接输入相同的内容

在输入数据时，如果有一批单元格需要输入相同的内容，可以用以下方法进行输入。

方法一：先选取这些单元格，然后在编辑栏中输入要输入的内容后，按下【Ctrl】+【Enter】组合键即可，如图 4-18 所示。

方法二：若相同内容的单元格在同一行或同一列，在第一个单元格输入内容，然后将鼠标指向这一单元格的右下角，当鼠标指针变为✚形状时，按下鼠标左键，在同一行或同一列拖动，完成对第一单元格内容的复制，如图 4-19 所示。

图 4-18　输入相同的内容

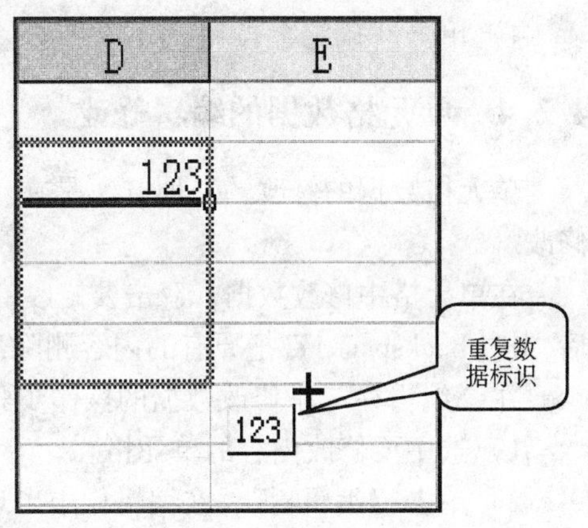

图 4-19　在同一列(行)输入相同内容

2. 自动填充序列

如果某一行或某一列的数据为有规律的(例如 1,2,3……或 1,3,5……)或者是一组固定的序列数据(例如星期一,星期二,星期三……或一月,二月,三月……)时，用户可以用鼠标拖动来填充序列，或者用“序列”对话框来填充序列。

方法一：使用鼠标拖动填充序列。步骤如下：

1）选定要填充的第一个单元格，并输入序列中的初始值。如果序列的步长不是 1，请再选定区域的下一个单元格，并输入序列中的第二个数值，两个值之间的差将决定数据序列的步长。例如选定单元格 A1、A2 以确定初始值和步长值。

2）鼠标移动到选定单元格区域的填充柄上，在包含序列上拖动，如图 4-20 所示。

3）松开鼠标左键时，Excel 将在这个区域完成填充工作，如图 4-21 所示。

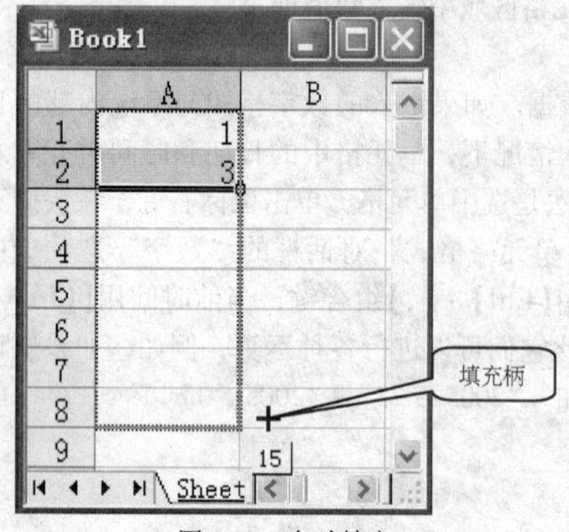

图 4-20 自动填充

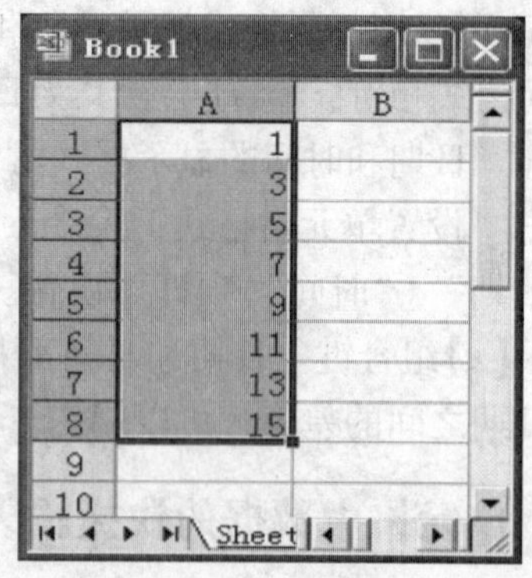

图 4-21 填充结果

方法二：使用“序列”对话框填充序列。步骤如下：

1）选定要填充区域的第一个单元格，并输入初始值。

2）单击“编辑(E)”→“填充(I)”命令，在出现的级联菜单中单击“序列”命令，如图 4-22 所示。

3）在“序列产生在”区中选择“行”或“列”。在“类型”区中选择序列类型。填入“步长值”和“终止值”。

4）单击“确定”按钮。

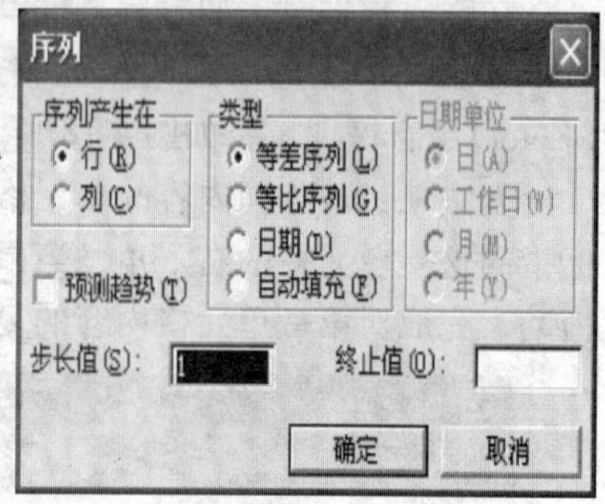

图 4-22 “序列”对话框

4.2.4 单元格数据的编辑修改

单元格数据的修改，一种方法是在单元格中直接修改，另一种方法是在“编辑栏”中修改。

在单元格中修改数据，双击要修改的单元格，直接输入新的数据即可；或者选中单元格后，按【Backspace】键把原有的内容删除后再输入新的内容。

在“编辑栏”中修改数据的操作步骤如下：

1）选中要修改内容的单元格。

2）单击“编辑栏”，在编辑栏中出现闪烁的光标。

3）用鼠标定位插入点的方法或用【←】、【→】键移动光标到需要删除的字符后，按【Backspace】键删除光标前面的字符，然后输入新的字符即可。

4.2.5 复制、移动和删除单元格中的数据

1. 复制单元格数据

方法一：先选中要复制数据的单元格区域，将鼠标移动到选定单元格区域的边缘，当鼠标指针变成十字形时，拖动鼠标到目的单元格区域，松开鼠标，数据便被快速复制到所需要的位置。

方法二：选中要复制的单元格。单击工具栏上的“复制”按钮，这时选中区域出现一个虚线框，然后选中要粘贴数据的目的单元格，单击工具栏上的“粘贴”按钮。

方法三：使用鼠标右键快捷菜单的方法可以更快地进行操作。操作步骤如下：

1）选中要复制的单元格，右键单击，从弹出的快捷菜单中选择“复制”。

2）选中要粘贴数据的目的单元格。右键单击，从弹出的快捷菜单中选择“粘贴”命令。

2. 移动单元格区域数据

移动单元格区域数据与复制数据的操作类似，只是把选择“复制”的操作变为“剪切”就可以了。

3. 删除单元格区域数据

方法一：选中要删除的单元格区域，按【Delete】键即可。

方法二：选中要删除的单元格区域，单击“编辑(E)”→“清除(A)”命令，弹出级联子菜单，然后根据需要进行操作，如图 4-23 所示。

方法三：选中要删除的单元格区域，右键单击，在弹出的快捷菜单中，单击“清除内容”命令即可。

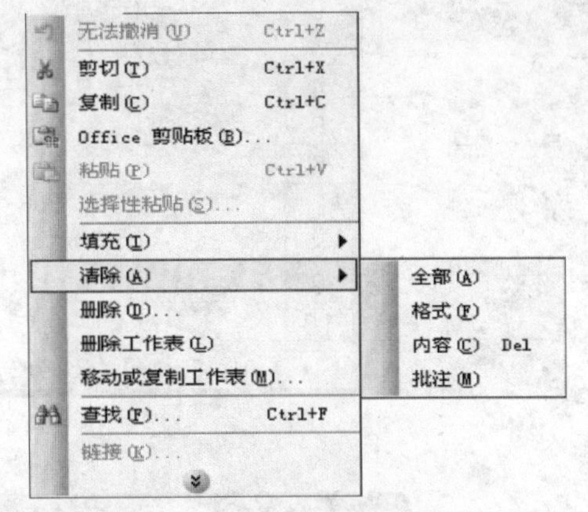

图 4-23　“清除”级联子菜单

4.2.6　转置复制和有选择地复制单元格数据

转置复制(移动)是将一行数据复制成一列，或将一列数据复制成一行；有选择地复制(移动)单元格数据是指用户只想对单元格中的公式、数字、格式进行选择性复制(移动)。操作步骤如下：

1）选中要复制的单元格区域，单击“常用”工具栏中的“复制”(“剪切”)按钮，然后选中要粘贴数据的区域。

2）单击“编辑(E)”→“选择性粘贴(S)”命令，弹出如图 4-24 所示的“选择性粘贴”对话框。

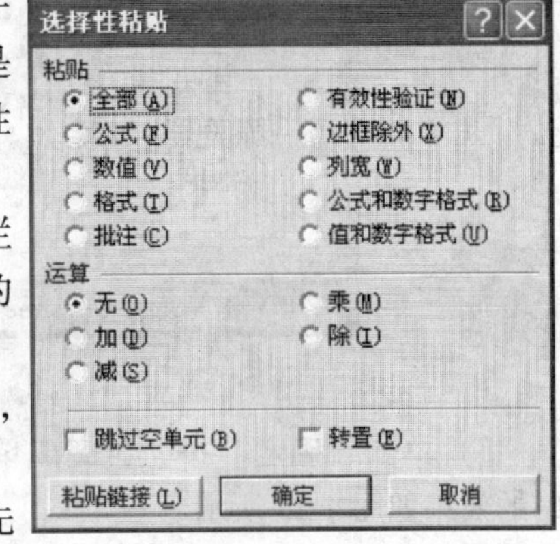

图 4-24　“选择性粘贴”对话框

例如要将 B 列中的一月至三月转置成一行，那么先选中一月到三月所在的列，单击“复制”以后，再选中要粘贴到的行的单元格 C1，在如图 4-24 所示的对话框中，选中“转置”复选框，然后单击“确定”按钮，则原先由列显示的一月至三月就变成由行显示，如图 4-25 所示。

4.2.7　行、列、单元格的编辑

1. 插入单元格

插入单元格的操作步骤如下：

1）选中要插入新单元格的位置(把 E2 单元格作为插入点)，如图 4-26 所示。单击“插入(I)”→“单元格(E)”命令，弹出“插入”对话框，如图 4-27 所示。

2）选择“活动单元格右移(I)”单选框，将 E2 单元格中原有的内容“微机原理”移到右边。

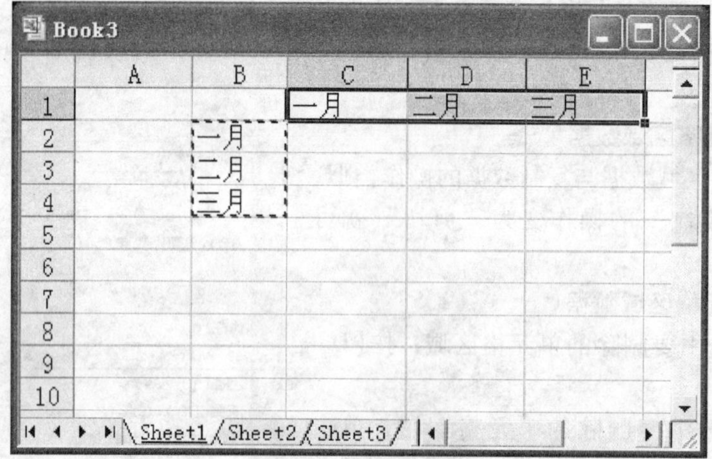

图 4-25 转置复制

计算机一班成绩表.xls

	A	B	C	D	E	F
1			计算机一班成绩表			
2	姓名	性别	操作系统	数据结构	微机原理	组装与维修
3	王民	男	80	78	86	
4	贺江	男				
5	赵娟娟	女				
6	林美丽	女				
7	刘刚	男				
8	陈美美	女				
9	李向阳	男				
10						
11						

图 4-26 插入单元格

3）单击“确定”按钮，完成单元格的插入。插入单元格后的效果如图 4-28 所示。

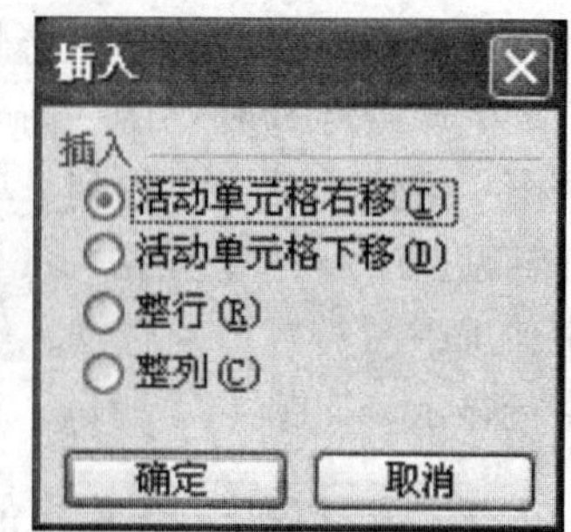

图 4-27 “插入”对话框

2. 删除单元格

删除单元格与删除单元格中的数据完全不同，删除单元格是将单元格本身及数据一同删除，并由相邻的单元格来补充空缺的位置。操作步骤如下：

1）选中要删除的单元格。

2）单击“编辑(E)”→“删除(D)”命令；或者右键单击，在弹出的菜单中单击“删除”命令，弹出如图 4-29 所示的“删除”对话框。

3）在“删除”对话框中，如果选择“右侧单元格左移(L)”，按“确定”按钮后，则右侧的单元格便左移来补充被删除的单元格；如果选择“下方单元格上移(U)”，则下面的单元格上移来补充被删除单元格的位置。

3. 插入和删除一行或一列单元格

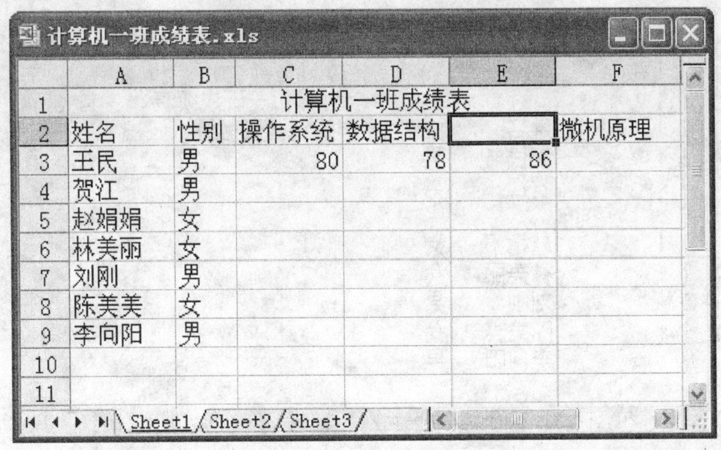

图 4-28　插入单元格操作

有时候用户需要插入或删除一行或一列单元格。例如在如图 4-30所示的成绩表中，需要增加一名同学的成绩，这就需要插入一行；或者要在“姓名”左侧增加“学号”，就需要插入一列。下面分别介绍完成插入一行或一列的操作。

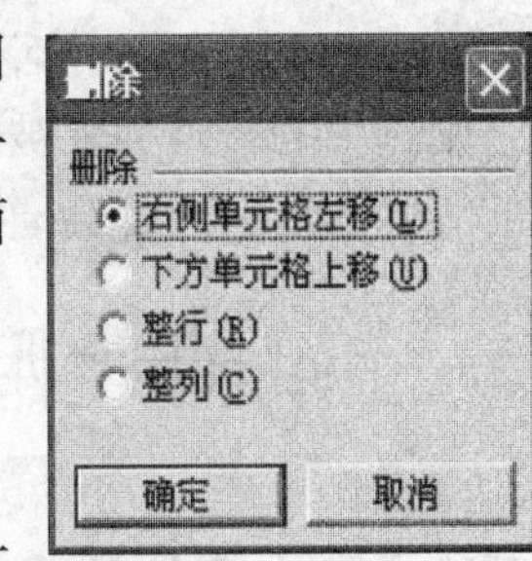

图 4-29　“删除”对话框

（1）插入一行

1）选中插入行的位置中的任意一个单元格。

2）单击“插入(I)”→“行(R)”命令。此时，选中的这一行便下移一行，该行下面的所有行都依次下移一行，而插入行的位置变成一行空白单元格，如图 4-30 所示。

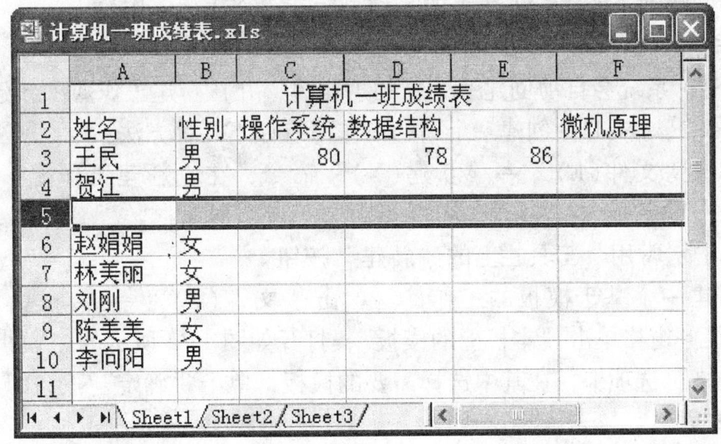

图 4-30　插入一行的效果

（2）插入一列

1）选中插入列的位置中的任意一个单元格。

2）单击“插入(I)”→“列(C)”菜单。这时，被选中的列向右移动一列，而原先的位置成为一列空白的单元格，如图 4-31 所示。

（3）删除一行或一列

1）选中要删除的行或列中的任意一个单元格。

2）单击“编辑(E)”→“删除(D)”命令，弹出“删除”对话框，如图 4-29 所示。

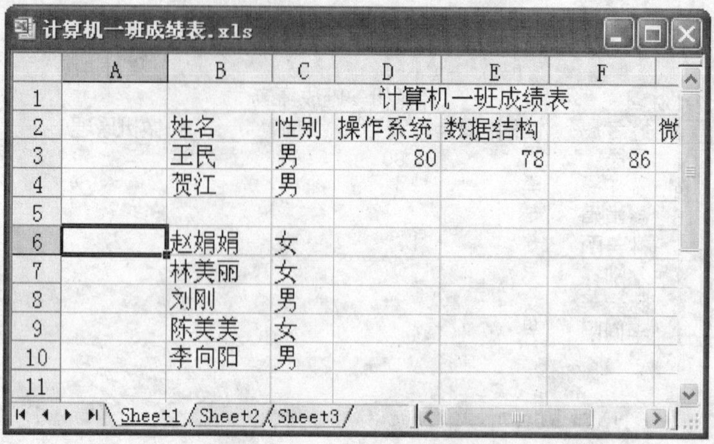

计算机一班成绩表.xls

	A	B	C	D	E	F	
1				计算机一班成绩表			
2		姓名	性别	操作系统	数据结构		微
3		王民	男	80	78	86	
4		贺江	男				
5							
6		赵娟娟	女				
7		林美丽	女				
8		刘刚	男				
9		陈美美	女				
10		李向阳	男				
11							

Sheet1 / Sheet2 / Sheet3

图 4-31 插入一列的效果

3）在“删除”对话框中选择“整行(R)”或“整列(C)”项，然后单击“确定”按钮，则选中的行或列就被删除，这时，被删除的行下方的所有行会依次上移一行或被删除的列的右侧的所有列都会向左依次移动一列。

4.3 工作簿与工作表的基本操作

4.3.1 工作簿的基本操作

工作簿是运算和存储数据的文件，每个工作簿可由多个工作表组成，当前工作簿的工作表只有一个，称为活动工作表。工作表的名称显示在工作表标签中。

1. 新建工作簿

启动 Excel 时，系统会自动创建一个新的工作簿，并在新建工作簿中新建 3 个空白的工作表 Sheet1、Sheet2、Sheet3。创建一个新的工作簿有如下几种方法：

方法一：单击“文件(F)”→“新建(N)”命令，在“新建工作簿”任务窗格单击“空白工作簿”。

方法二：单击“常用”工具栏上的“新建”按钮。

方法三：创建一个基于模板的工作簿。单击“文件(F)”→“新建(N)”命令，在“新建工作簿”任务窗格单击“本机上的模板”，打开如图 4-32 所示的“模板”对话框，选择“电子方案表格”选项卡，在其中选择需要的模板，单击“确定”按钮即可。

2. 保存工作簿

如果是首次保存工作簿，当用户执行“保存”操作时，将弹出一个“另存为”对话框。若已经保存过的工作簿，单击“保存”按钮则完成后台保存。操作方法和 Word 是一样的。

3. 打开工作簿

打开已建好的工作簿文档和在 Word 中的操作是一样的。

4.3.2 工作表的基本操作

默认情况下，Excel 工作簿有“Sheet1”、“Sheet2”和“Sheet3”共 3 个工作表，工作表的名称显示在工作表标签上，通过单击相应的工作表标签，可以在工作表间进行切换。

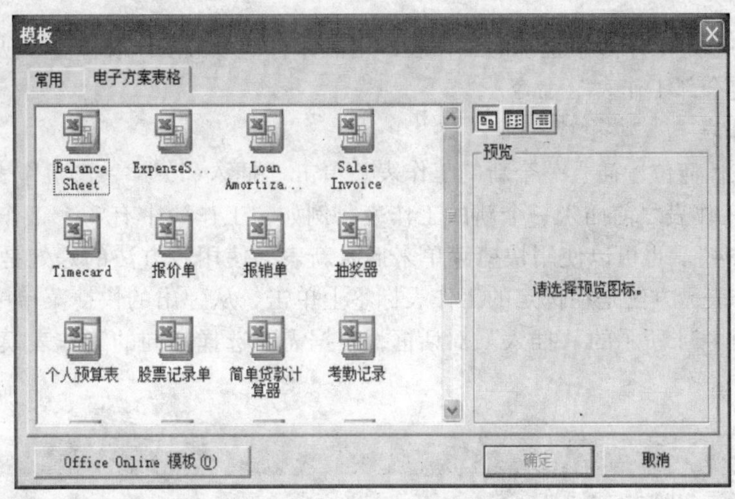

图 4-32　“模板”对话框

1. 改变默认工作数目

如果用户觉得每次打开新工作簿时只包含 3 个工作表似乎太少了。Excel 允许指定新工作簿中工作表的数目，最多可达 255 个。改变默认工作表数目的具体操作步骤如下：

1）单击“工具(T)”→“选项(O)”命令，出现“选项”对话框。

2）选择“常规”选项卡，如图 4-33 所示。单击“新工作簿内的工作表数”数值框，输入想要的工作表数目。

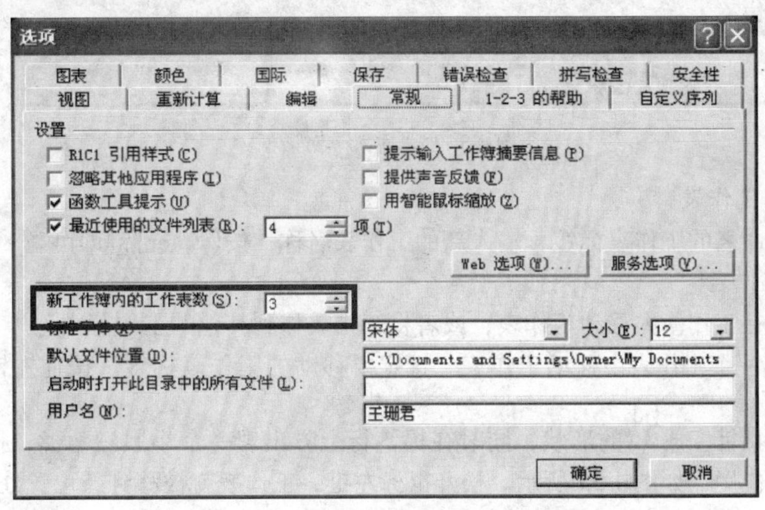

图 4-33　“常规”选项卡

3）单击“确定”按钮。

2. 选定多个工作表

选定多个工作表，可以使用下面的方法：

方法一：要选定一组连续的工作表，先选定第一个工作表，然后按住【Shift】键，再单击要选定的最后一个工作表标签。

方法二：要选定不连续的工作表，先选定第一个工作表，按住【Ctrl】键，再单击要选定的每个工作表标签。

方法三：要选定工作簿中全部的工作表，用鼠标右键单击工作表标签，从弹出的快捷菜单中单击“选定全部工作表”命令。

3. 插入工作表

用户可以在任何位置插入一个新的工作表。单击“插入(I)”→“工作表(W)”命令，Excel 会在当前工作表之前插入一个新的工作表。例如，工作簿中有 3 个工作表，新工作表被命名为“Sheet4”。也可以使用快捷菜单来插入新表，使用该方法的好处是能够插入基于不同模板的工作表，方法是在选定的工作表标签上单击，从弹出的快捷菜单中单击“插入”命令，出现如图 4-34 所示的“插入”对话框，根据需要选择不同的工作表模板，单击“确定”按钮即可。

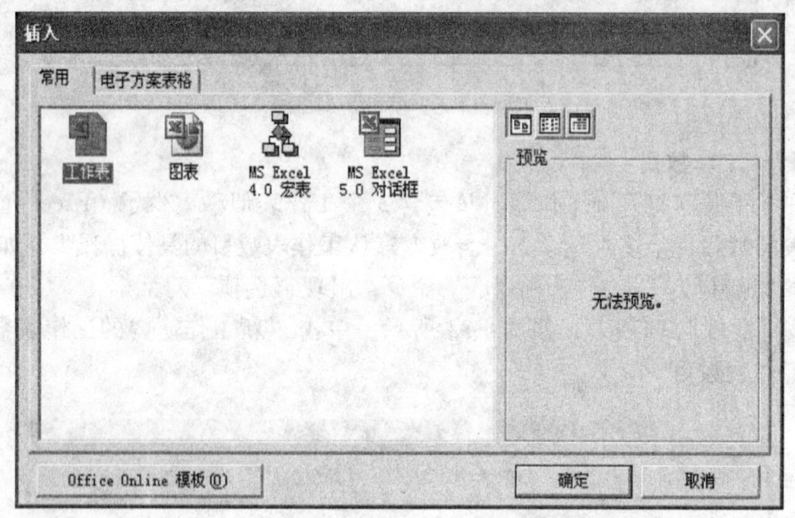

图 4-34 “插入”对话框

4. 重命名工作表

双击要重命名的工作表标签，输入新的工作表名称，按【Enter】键即可。

5. 移动工作表

用户可以在工作簿内移动工作表，或者将工作表移到其他的工作簿中。

(1) 在同一个工作表中移动工作表　选定要移动的工作表标签，按住左键并沿着标签行拖动，鼠标指针变成的形状，同时在标签行上方出现一个小黑三角形，指示当前工作表所要插入的位置，如图 4-35 所示。松开鼠标左键，工作表就被移到新位置处。

(2) 在不同的工作簿中移动工作表的步骤如下：

1) 打开源和目的工作簿，切换到源工作簿并选定要移动的工作表标签。

2) 单击“编辑(E)”→“移动或复制工作表(M)”命令，出现如图 4-36 所示的“移动或复制工作表”对话框。

3) 在“工作簿”列表框中，选择目标工作簿。在“下列选定工作表之前”列表框中，选择要放置工作表的位置。

4) 单击“确定”按钮即可。

6. 复制工作表

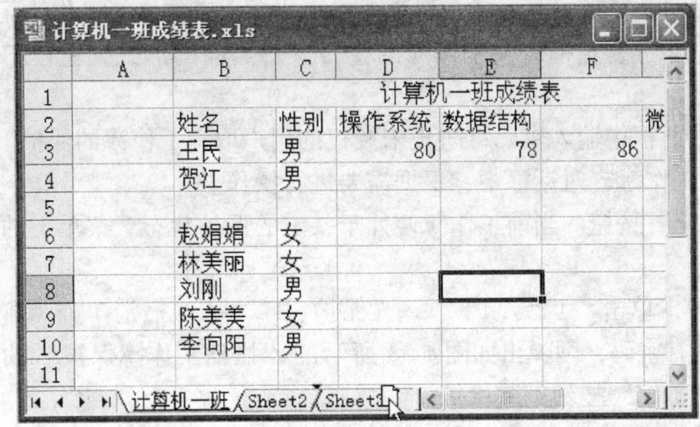

图 4-35　移动工作表

用户还可以在工作簿内复制工作表，或者将工作表复制到其他的工作簿中。

方法一：选定工作表标签。按住左键沿着标签行拖动，同时按住【Ctrl】键。此时鼠标指针变成 的形状，在标签行上方出现一个小黑三角形，此三角形指示复制工作表所要插入的位置。松开鼠标和【Ctrl】键后，工作表就会被复制到相应位置。

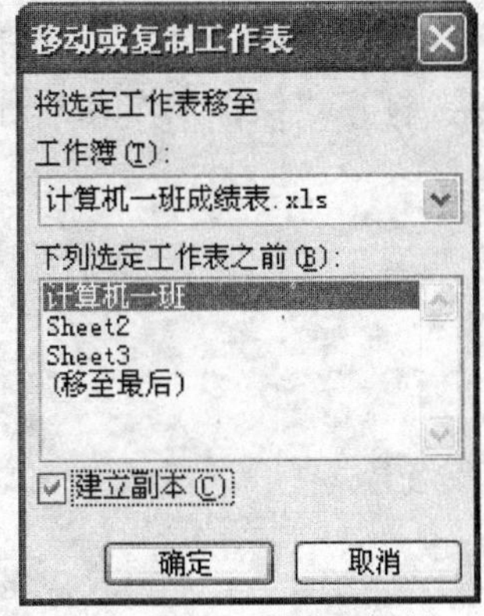

图 4-36　“移动或复制工作表”对话框

方法二：

1）打开源和目的工作簿，切换到源工作簿并选定要复制的工作表标签。

2）单击“编辑(E)”→“移动或复制工作表(M)”命令，如图 4-36 所示。

3）在“移动或复制工作表”对话框的“工作簿”列表框中，选择目标工作簿。在“下列选定工作表之前”列表框中，选择要放置工作表的位置。选定“建立副本”复选框。

4）单击“确定”按钮即可。

7. 删除工作表

删除工作表的方法是：选定要删除的工作表，单击“编辑(E)”→“删除工作表(L)”命令。

4.3.3　保护工作簿和工作表

工作表建立好以后，为了防止重要的数据被改动或复制，用户可以利用 Excel 提供的保护功能，对所创建的工作表或工作簿采取保护措施。

1. 保护工作簿

工作簿的保护包括保护工作簿结构和窗口两种形式。操作步骤如下：

1）单击“工具(T)”→“保护(P)”→“保护工作簿(W)”命令，弹出“保护工作簿”对话框，如图 4-37 所示。

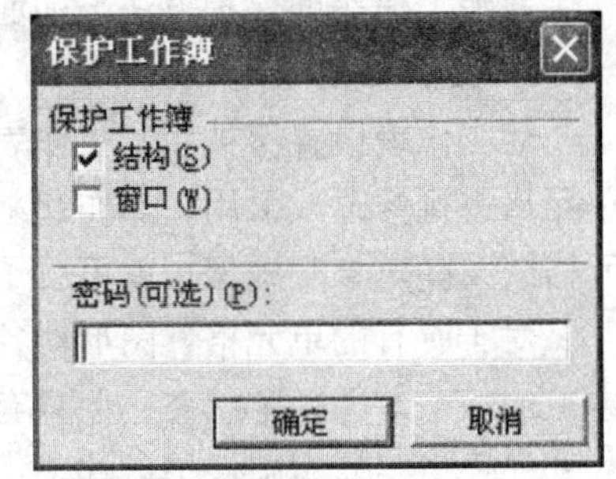

图 4-37　“保护工作簿”对话框

该对话框各选项功能如下：

- “结构”：选中此复选框可使工作簿的结构保持现有

的格式。删除、移动、复制、重命名、隐藏工作表或插入工作表等操作均无效。

- “窗口”：选中此复选框可使工作簿的窗口保持当前的形式。窗口不能被移动、调整大小、隐藏或关闭。
- “密码”：在此框中输入密码可防止未授权的用户取消工作簿的保护。

2）在“保护工作簿”对话框中，根据需要进行操作。

3）单击“确定”按钮。当前工作簿便处于一定的保护状态，菜单上的许多命令将变成灰色不可执行。

若要取消保护，单击“工具(T)”→“保护(P)”→“撤消工作簿保护(W)”命令，如果设置保护时加有密码，则弹出如图 4-38 所示的“撤消工作簿保护”的对话框。输入正确的密码，单击“确定”按钮解除保护。

2. 保护工作表

保护工作表和保护工作簿的操作类似。其操作步骤如下：

1）选定要保护的工作表。单击“工具(T)”→“保护(P)”→“保护工作表(P)”命令，打开“保护工作表”对话框，如图 4-39 所示。

图 4-38 “撤消工作簿保护”对话框

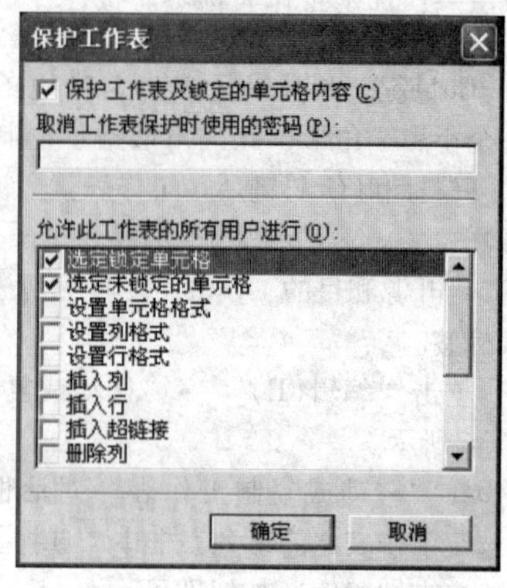

图 4-39 “保护工作表”对话框

2）在“取消工作表保护时使用的密码(P)”中输入密码可防止未授权的用户取消工作表的保护。在“允许此工作表的所有用户进行(O)”列表框中选择所要保护的各选项。

3）单击“确定”按钮即可。

取消工作表的保护方法与前面介绍的取消工作簿的保护的操作相同。

3. 保护单元格

对工作表设置保护后，工作表的所有单元格都不能修改。如果用户自己想对该工作表的单元格进行修改或引用，操作起来会非常麻烦。在实际应用中，用户只对工作表中的部分单元格或某些对象实施保护就可以了。

对于所有的单元格、图形对象以及窗口等，Excel 所设置的默认格式都是处于保护和可看见的状态，即锁定状态，但只有对工作表设置了保护以后才生效。

如果想要使实施保护后的工作表中部分单元格可以随意改动，只要在对工作表设置保护之前把这部分单元格的锁定状态取消即可。操作步骤如下：

1）选定不需要保护的单元格或区域。

2）单击“格式(O)”→“单元格(E)”命令，在弹出的“单元格格式”对话框中选择“保护”选项卡，取消“锁定”复选框，就取消了指定单元格或区域的锁定状态。

3）单击“确定”按钮。

4. 隐藏公式

当单元格或区域中包含公式时，Excel 对公式的默认格式是公式在编辑栏上显示。如果既不想让单元格或区域被修改，又不想让该单元格或区域中的公式显示在编辑栏中。操作步骤如下：

1）选定包含公式的单元格或区域。

2）单击“格式(O)”→“单元格(E)”命令，在弹出的“单元格格式”对话框中选择“保护”选项卡，选中“隐藏(I)”复选框，单击“确定”按钮。

3）最后把所在的工作表设置为保护状态即可。这样该单元格或区域中的公式即保护和隐藏起来，但公式的计算结果仍在单元格显示。

4.4　Excel 中公式和函数的应用

Excel 最大的特点就是在表格中应用公式和函数进行复杂的数据运算与管理。熟练应用公式和函数，可以使工作效率得到极大的提高。

4.4.1　公式中的运算符

Excel 包含 4 种类型的运算符，即算术运算符、比较运算符、文本运算符和引用运算符。

1. 算术运算符

主要用于完成对数值型数据进行的加、减、乘(*)、除(/)、乘方(^)、百分比(%)等运算。

2. 比较运算符

比较运算符可用来完成两个运算对象的比较，并使公式返回的结果为逻辑值 True(真)或 False(假)。比较运算符包括：>、<、>=、<=、不等于(<>)、等于(=)。

3. 文本运算符

主要用来加入或连接一个或更多文本字符串，以便产生一串文本。要连接几个文本内容，必须使用文本运算符“&”。例如“计算机”&“科学与技术系”表达式的结果是“计算机科学与技术系”。

4. 引用运算符

使用引用运算符可以将单元格区域合并计算。引用运算符包括：

1）冒号(:)：区域运算符，产生对包括在两个引用之间的所用单元格的引用。例如 A3：A8 表示引用单元格从 A3 到 A8 中的数据。

2）逗号(,)：联合运算符，将多个引用合并为一个引用。例如 SUM(A3,B4,C5)表示计算 A3+B4+C5。

3）空格(　　)：交叉运算符，表示几个单元格区域所共有的那些单元格。例如，B6：D8　C6：C8表示两个单元格区域共有的单元格区域 C6：C8。

5. 公式的运算规则

在 Excel 中使用公式时要在表达式的开头加一个等号“=”，Excel 是用“=”来识别公式的。例如将“=4+8*3”输入单元格，Excel 就知道是要进行计算，按【Enter】键后计算结果就会显示在单元格中。

在 Excel 中不仅可以输入常数进行计算，也可以引用单元格地址进行计算，例如输入“=A3+D5*4”，就是将 A3 单元格中的数值与 D5 单元格的数值乘以 4 相加。

4.4.2 公式的编辑

1. 输入公式

了解了以上的基础知识后，就可以输入公式进行简单计算了，输入公式的操作类似于输入文本，用户既可以在编辑栏中输入公式，也可以在单元格中直接输入公式。

在单元格中输入公式的步骤是：

1）单击要输入公式的单元格。

2）在单元格中输入等号和公式。

3）按【Enter】键。

在编辑栏中输入公式的操作步骤如下：

1）单击要输入公式的单元格。

2）单击编辑栏，在编辑栏中输入等号，接着输入公式的内容及运算符。

3）按【Enter】键。

2. 编辑公式

当发现某个公式有错误时，用户可对其进行编辑，其具体步骤如下：

1）单击包含要修改公式的单元格。

2）对公式中有错误的地方进行修改。

3）编辑完成后，按【Enter】键即可。

3. 移动和复制公式

有时候，用户会发现某一个表格的数据计算公式是一样的，这样可以通过移动和复制公式来进行快速计算。

如图 4-40 所示，表格中 E3 为 B3、C3、D3 几个单元格数值之和，要把 E3 的公式应用到 E4、E5…几个单元格中，可以使用填充柄进行。方法是选定包含公式的单元格，拖动填充柄，使之覆盖需要填充的区域。

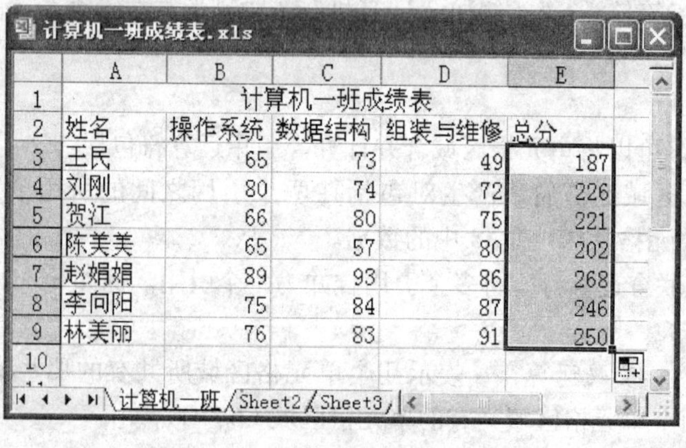

计算机一班成绩表.xls

	A	B	C	D	E
1	计算机一班成绩表				
2	姓名	操作系统	数据结构	组装与维修	总分
3	王民	65	73	49	187
4	刘刚	80	74	72	226
5	贺江	66	80	75	221
6	陈美美	65	57	80	202
7	赵娟娟	89	93	86	268
8	李向阳	75	84	87	246
9	林美丽	76	83	91	250
10					

计算机一班 / Sheet2 / Sheet3

图 4-40 公式复制

4.4.3　单元格引用

单元格引用是在公式和函数中使用引用来表示单元格中的数据。例如前面的例子中，在单元格 E3 中得到 B3、C3、D3 几个单元格数值的和，是用公式“=B3+C3+D3”来实现的。当 B3、C3 或 D3 中的数值改变时，E3 的值会发生相应的改变，这就用到了单元格的引用。在 Excel 中，根据应用的需要采用“相对引用”、“绝对引用”和“混合引用”三种方法。

1. 相对引用

相对引用是指公式中的单元格地址会随着公式所在位置的改变而改变。例如将单元格 E3 中的公式“=B3+C3+D3”复制到 E5 时会变为“=B5+C5+D5”。

2. 绝对引用

绝对引用是指公式中的单元格地址不会随着单元格的地址改变而改变。创建绝对引用时，只需在引用的行与列前插入“$”符号即可。绝对引用列采用$A1、$B2 的形式，行采用 A$1、B$2 的形式。例如将单元格 E3 的公式“=$B$3+$C$3+$D$3”复制到单元格 E5 时会变为“=$B$3+$C$3+$D$3”。

3. 混合引用

混合引用是指在一个单元格引用中，既有绝对引用，同时也有相对引用。当含有混合引用的公式的单元格因插入、复制等原因引起行、列引用的变化，公式中相对引用部分随公式位置的变化而变化，而绝对引用部分不发生改变。例如将单元格 E3 的公式改为=$B3+$C3+$D3，然后将公式复制到单元格 E5 时，其结果会变为=$B5+$C5+$D5。

4.4.4　Excel 中函数的输入

1. 直接输入函数

与输入公式一样，在单元格中也可以键入任何函数。如果能够记住函数的参数，直接从键盘输入函数是最快的方法。操作步骤如下：

1）双击要输入函数的单元格。

2）输入等号“=”；输入函数名（如求平均值）AVERAGE 和左括号；选定要引用的单元格或区域，此时所引用的单元格或区域的名称会出现在左括号后面；输入右括号。

3）按【Enter】键，即可在单元格式中显示公式的结果，如图 4-41 所示。

计算机一班成绩表.xls

	A	B	C	D	E	F	G
1			计算机一班成绩表				
2	姓名	操作系统	数据结构	组装与维修	总分	平均分	
3	王民	65	73	49	187	=AVERAGE(B3:D3)	
4	刘刚	80	74	72	226	AVERAGE(**number1**, [nu	
5	贺江	66	80	75	221		
6	陈美美	65	57	80	202		
7	赵娟娟	89	93	86	268		
8	李向阳	75	84	87	246		
9	林美丽	76	83	91	250		
10							
11							

计算机一班 / Sheet2 / Sheet3

图 4-41　直接输入函数

2. 使用“函数”下拉列表输入函数

使用“函数”下拉列表输入函数的操作步骤如下：

1）选定要输入的函数的单元格。

2）在编辑栏中输入等号“=”；单击编辑栏左侧的“插入函数”按钮，弹出“插入函数”对话框，如图4-42所示。在该对话框中，可以搜索用户所需要的函数，或者在“或选择类别(C)”下拉列表框中选择所需的类别，再在“选择函数”列表框中选择需要的函数。

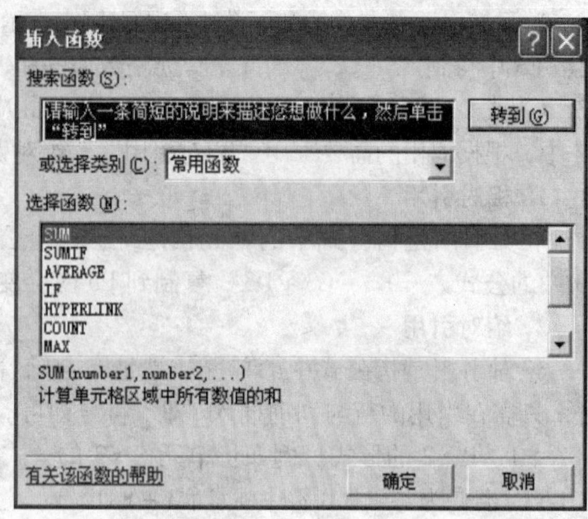

图4-42 “插入函数”对话框

3）单击“确定”按钮，打开“函数参数”对话框。在参数框中直接输入数值、引用单元格或单元格区域的名称或单击此对话框中的按钮，在工作表中选定引用的单元格或单元格区域，如图4-43所示。

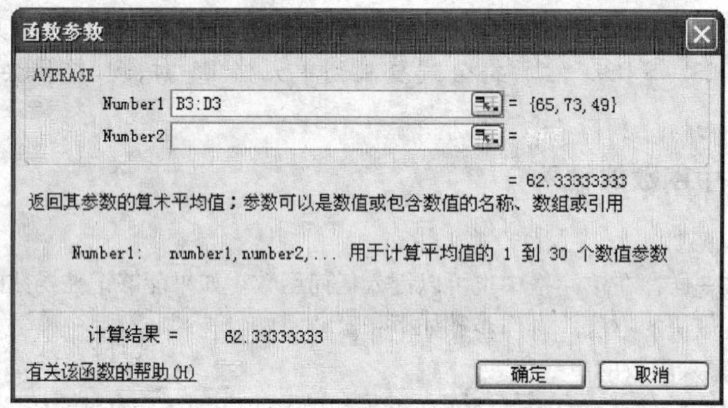

图4-43 “函数参数”对话框

4）单击“确定”按钮即可。

4.4.5 常用函数操作介绍

求和函数SUM( )是最常用的函数之一，在Excel中提供了快捷的自动求和的函数功能。在实际工作中，除了对一行或一列求和外，有时候还需要根据某些条件求和。如只求成绩大于60分的同学的某门课程成绩总和。下面分别介绍。

1. 自动求和

自动求和的步骤如下：

1）选定求和结果所在的单元格。

2）单击“常用”工具栏中的“自动求和”按钮Σ ▾，系统会自动出现求和函数以及求和的数据区域，如图4-44所示。

计算机一班成绩表.xls

	A	B	C	D	E
1	计算机一班成绩表				
2	姓名	操作系统	数据结构	组装与维修	总分
3	王民	65	73	49	187
4	贺江	66	89	75	230
5	赵娟娟	89	93	86	268
6	林美丽	76	83	91	250
7	刘刚	80	74	72	226
8	陈美美	65	57	80	202
9	李向阳	75	84	87	246
10		=SUM(B3:B9)			
11		SUM(number1, [number2], ...)			
12					
13					

计算机一班 / Sheet2 / Sheet

图 4-44　自动求和

3）按【Enter】键即可。

2. 条件求和

条件求和是根据指定的条件对满足条件的单元格进行求和计算。条件求和函数的格式是 SUMIF(Range,Criteria,Sum_range)。Range 是用于求和的单元格区域；Criteria 是求和的条件，形式可以是数字、表达式或文本；Sum_ range 是需要求和的实际单元格。

例如，对如图 4-45 所示表中的数据结构成绩大于 80 分的同学进行求和。操作步骤如下：

计算机一班成绩表.xls

	A	B	C	D	E
1	计算机一班成绩表				
2	姓名	操作系统	数据结构	组装与维修	总分
3	王民	65	73	49	187
4	贺江	66	89	75	230
5	赵娟娟	89	93	86	268
6	林美丽	76	83	91	250
7	刘刚	80	74	72	226
8	陈美美	65	57	80	202
9	李向阳	75	84	87	246
10		516			
11					
12					
13					

计算机一班 / Sheet2 / Sheet

图 4-45　成绩表

1）选择求和结果的单元格 C10。

2）单击“插入函数”按钮，打开“插入函数”对话框。选择“SUMIF”函数，单击“确定”按钮，弹出 SUMIF 函数对话框。在 Range 文本框中输入求和区域，或者单击按钮选定求和区域。在 Criteria 文本框中输入“ >80”，如图 4-46 所示。

3）单击“确定”按钮即可。

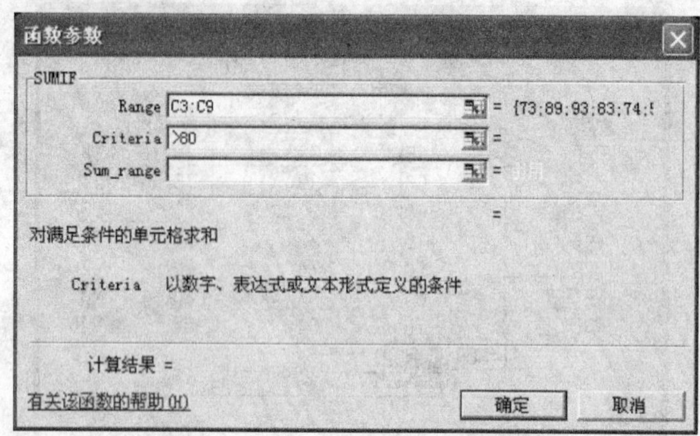

图 4-46 “函数参数”对话框

4.5 数据管理

Excel 不仅可以制作普通表格，而且可以输入数据清单，并对数据清单进行排序、筛选、分类汇总，还可以对数据清单分析数据，创建数据透视表和数据透视图等。

4.5.1 数据清单

在 Excel 中，数据的管理模式与数据库文件相似，但有所区别。Excel 的数据管理模式称为数据清单。当用户对数据清单进行某项操作时，Excel 会将它当作数据库来对工作表的数据进行处理。

1. 创建数据清单

在工作表中创建数据清单时应注意以下几点：

1）每个工作表仅使用一个数据清单。

2）工作表数据清单与其他数据间至少留出一个空行或一个空列。

3）不要将关键数据放到数据清单的左右两侧，以免这些数据在筛选数据清单时被隐藏起来。

4）在数据清单的第一行中创建列标志，Excel 使用这些标志查找和组织数据。

5）在设计数据清单时，应使同一列中的各行有近似的数据项。

6）在单元格的开始处不要插入多余的空格，以免影响排序和查找。

在工作表中创建数据清单的操作可以直接在工作表中输入数据来建立，也可以用菜单创建数据清单。用菜单创建数据清单的操作步骤如下：

1）在工作表中选定要定义名称的单元格区域(包括清单列名称在内)，如图 4-47 所示。

2）单击“插入(I)”→“名称(N)”→“定义(D)”命令，出现“定义名称”对话框，如图 4-48 所示。在“在当前工作簿中的名称”文本框中会自动显示清单名称，如“计算机一班成绩表”。

3）单击“确定”按钮即可。

2. 数据清单的编辑

用户可以直接在工作表中添加数据，但是如果数据清单比较大，最好在记录单中添加数

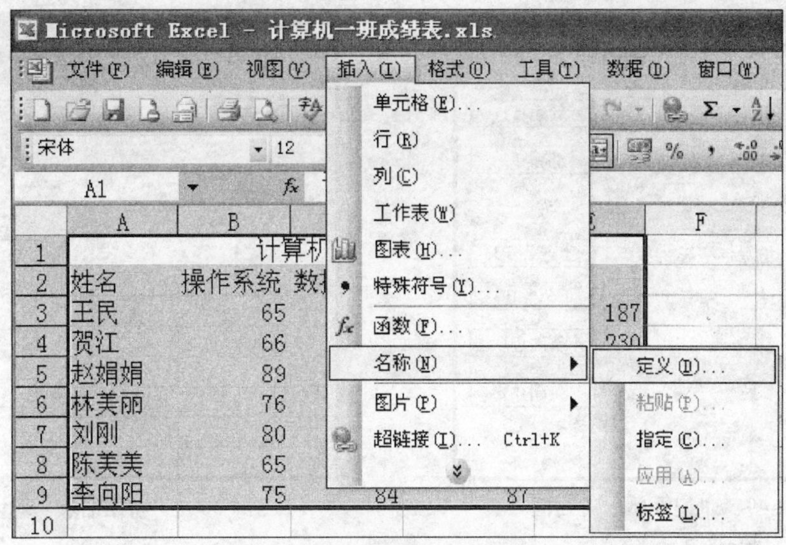

图 4-47 选定区域

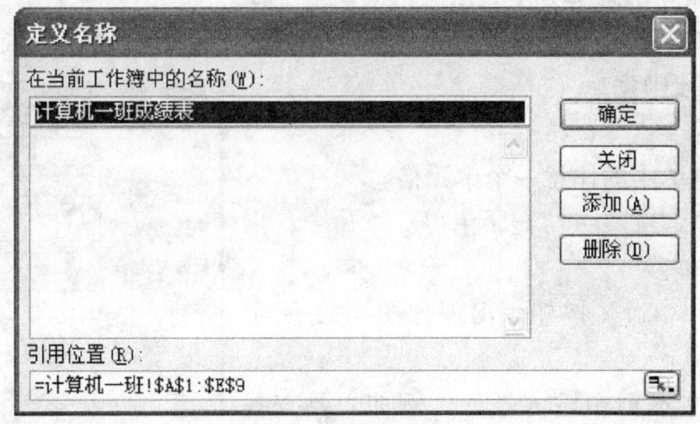

图 4-48 “定义名称”对话框

据，操作步骤如下：

1）单击数据清单中的任意一个单元格。

2）单击“数据(D)”→“记录单(O)”命令，出现如图 4-49 所示的“记录单”对话框。

3）单击“新建”按钮，弹出如图4-50所示对话框，Excel 显示一个空记录，在此记录单中输入新记录的值。如果要添加多行记录，则在输入完一项后按【Enter】键或者单击“新建”按钮，继续输入。

4）单击“关闭(L)”按钮，即可在数据清单中的下方显示刚添加的记录。

3. 使用记录单修改或删除数据

操作步骤如下：

1）单击数据清单中的任意一个单元格。

2）单击“数据(D)”→“记录单(O)”命令，出现“记录单”对话框。

3）在“记录单”对话框中，利用以下按钮完成相应操作：

• 上一条(P)：显示数据清单中当前记录的前一条记录，当看到要修改的记录后，在相应的文本框中进行修改。

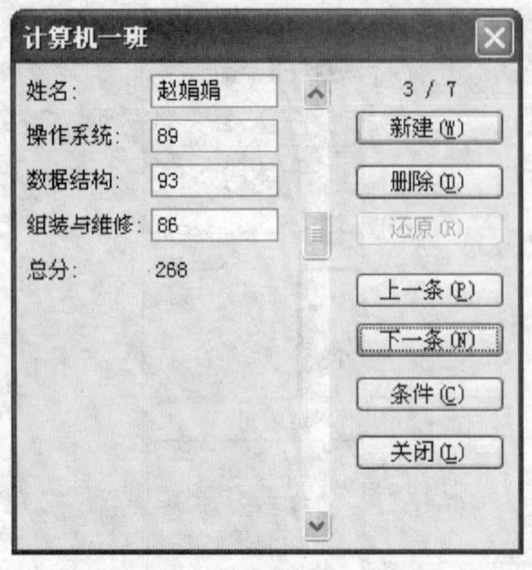

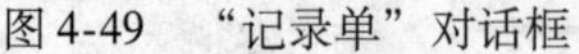
图 4-49 “记录单”对话框

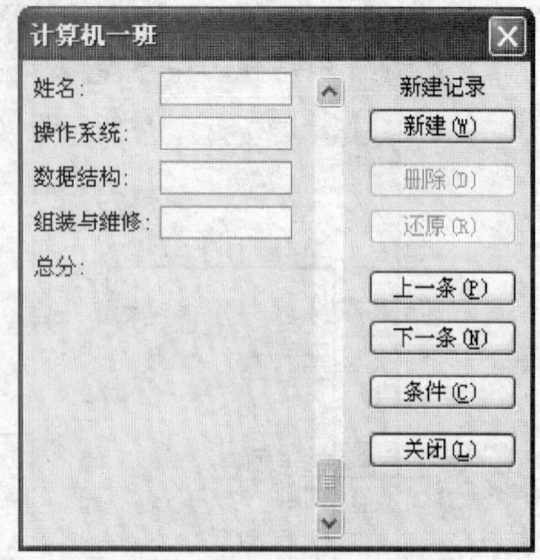

图 4-50 “新建记录”对话框

- 下一条(N)：显示数据清单中当前记录的下一条记录。
- 清除(C)：删除记录单元中显示的记录。
- 还原(R)：取消对当前记录的修改。

4. 用记录单查找数据

操作步骤如下：

1）单击数据清单中的任意一个单元格。

2）单击“数据(D)”→“记录单(O)”命令，出现“记录单”对话框。

3）单击“条件(C)”按钮，出现如图 4-51 所示的对话框。

4）在相应的文本框中输入条件，例如，要查找“数据结构”成绩大于“80”的记录，请在“数据结构”框后输入“>80”。

5）单击“上一条(P)”按钮或者“下一条(N)”按钮，即可在对话框中显示符合条件的记录。

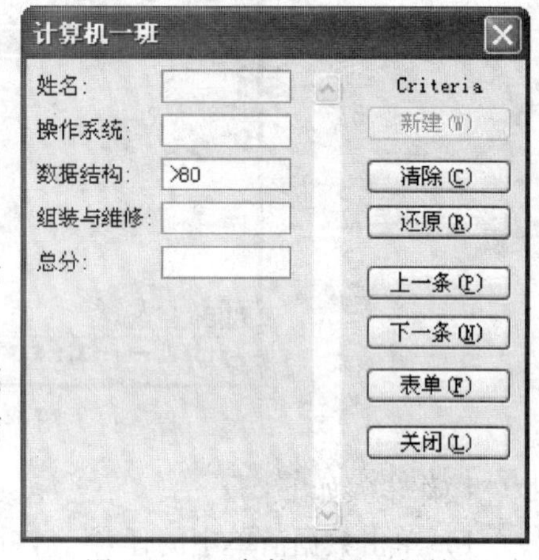

图 4-51 “条件记录”对话框

4.5.2 数据排序和筛选工作表中数据

1. 数据的排序

数据的排序是指将一组数据按一定的顺序，比如由小到大(升序)，或由大到小(降序)来排列工作表的行。排序不会改变每一行本身的内容。

(1) 根据单列进行排序 选中要排序的列标题，单击工具栏上的“升序排序”按钮(“降序排序”按钮)，该列数据的类型将按升序(降序)排列。

(2) 按多列进行排序 操作步骤如下：

1）选定要排序的数据区域。如果对整个数据清单排序，可以选择需要排序的数据清单中的任一单元格。

2）单击“数据(D)”→“排序(S)”菜单，弹出“排序”对话框。在对话框中，有 3

个关键字设定框：主要关键字、次要关键字和第三关键字。若仅使用一个或两个排序关键字，则其他关键字设定框内容为空。单击“升序(A)”或“降序(D)”选项，确定排序的方式，如图 4-52 所示。

3）单击“确定”按钮即可。

在排序对话框的底部有两个单选钮：“有标题行(R)”和“无标题行(W)”。前者表示排序后的数据清单保留字段名行，后者表示排序后的数据清单删除了原来的字段名行。如果对排序还有一些特别的要求，单击“选项(O)”按钮，弹出“排序选项”对话框，如图 4-53所示。可以根据需要进行设置。

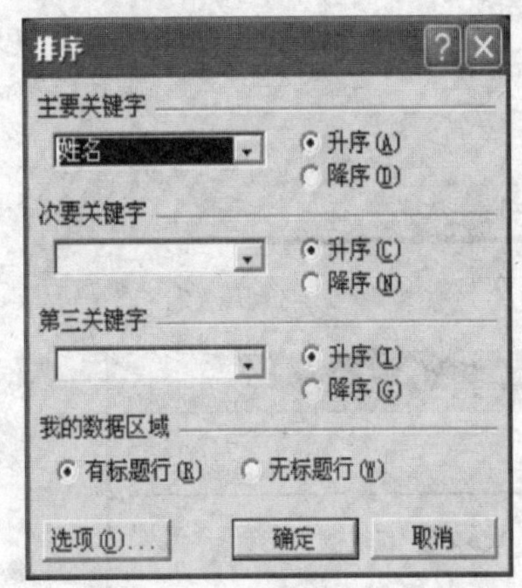

图 4-52 “排序”对话框

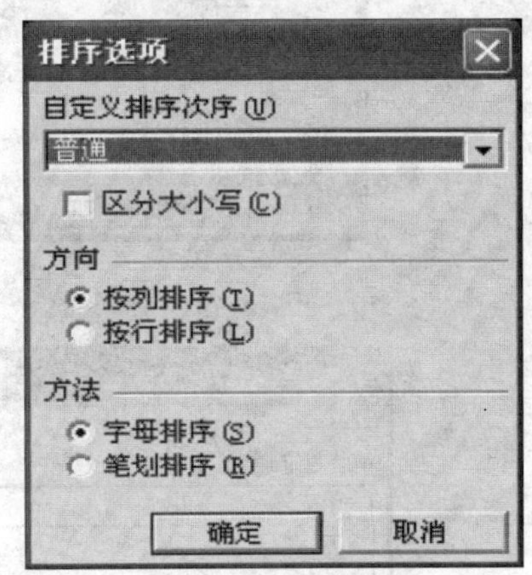

图 4-53 “排序选项”对话框

2. 数据筛选

Excel 的数据筛选功能是将符合条件的数据显示出来，不符合条件的数据隐藏起来。应用这一功能，用户能够在大量数据中很容易地查找到自己想要的数据。筛选数据清单可以快速寻找和使用数据清单中的数据记录，并且隐藏其他的行而只显示筛选结果。

Excel 提供了“自动筛选”和“高级筛选”功能，通常“自动筛选”功能能够满足大部分用户的需要。例如，我们要将如图 4-45 所示的成绩表中“组装与维修”成绩大于等于 80 分的学生筛选出来，操作步骤如下：

1）打开“计算机一班成绩表”，单击表格中任意一个单元格。

2）单击“数据(D)”→“筛选(F)”→“自动筛选(F)”命令。在表格中的每一项字段单元格的右侧出现一个下拉箭头，单击“组装与维修”单元格右侧的下拉箭头，如图4-54所示。

3）单击下拉列表框中的“自定义…”选项，出现“自定义自动筛选方式”对话框，如图 4-55 所示。在该对话框中设置筛选条件：在左边的下拉列表框中选择“大于或等于”，在右边的列表框中输入“80”。

4）单击“确定”按钮即可。筛选结果只显示组装与维修课程成绩在 80 分以上的学生成绩，而隐藏了其他数据，如图4-56所示。

3. 恢复显示全部数据

筛选完毕以后，如果要恢复原来的数据，单击“数据(D)”→“筛选(F)”→“全部显示(S)”命令，全部数据便又显示出来。

与排序不同，筛选并不重排数据清单，只是隐藏不必显示的行。用户可以对筛选的结果进行编辑、设置格式、制作图表和打印而不必重新排列或移动。

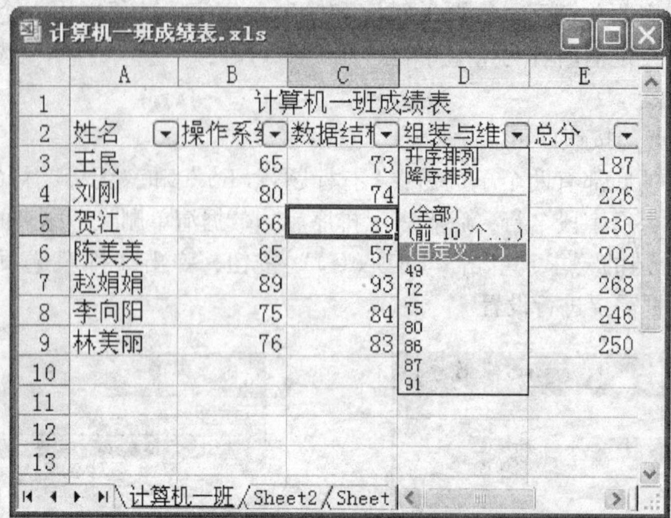

图 4-54 筛选数据

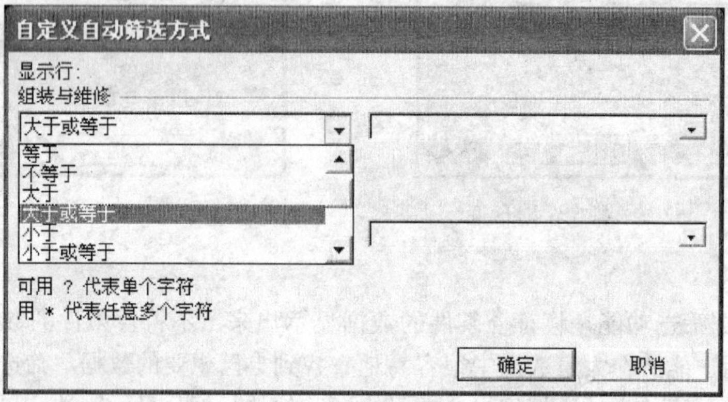

自定义自动筛选方式

显示行：

组装与维修

大于或等于

等于

不等于

大于

大于或等于

小于

小于或等于

可用 ? 代表单个字符

用 * 代表任意多个字符

确定 取消

图 4-55 “自定义自动筛选方式”对话框

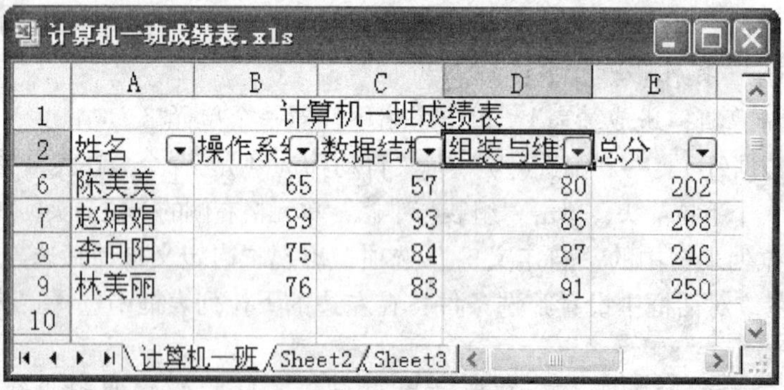

计算机一班成绩表.xls

	A	B	C	D	E
1	计算机一班成绩表				
2	姓名	操作系纟	数据结构	组装与维	总分
6	陈美美	65	57	80	202
7	赵娟娟	89	93	86	268
8	李向阳	75	84	87	246
9	林美丽	76	83	91	250
10					

计算机一班 Sheet2 Sheet3

图 4-56 筛选结果

4.5.3 数据的分类汇总

1. 创建分类汇总

分类汇总是指对数据库中的记录按类型分别进行分析和管理，是一种常用的数据处理方法。为保证分类汇总的正确性，在分类汇总前先要按照某列排序。例如对如图 4-57 所示的某校教师评分表，要求以“职称”为分类字段，统计出各个职称中的评分最大值。使用分类汇总就可以很容易地实现这一操作。操作步骤如下：

教师评分表.xls

	A	B	C	D	E	F	G	H
1	旅游系教师评分表							
2	姓名	性别	职称	出勤得分	评教得分	竞赛得分	其它	年终总分
3	叶杏	女	初级	78	96	85	78	337
4	李国华	男	初级	87	88	96	91	362
5	李燕	女	初级	61	77	86	84	308
6	石清	男	高级	88	85	89	87	349
7	赵建民	男	高级	93	93	91	88	365
8	李珍	女	中级	74	68	74	88	304
9	杨小凤	女	中级	97	78	57	85	317
10	张宝	男	中级	91	86	78	86	341
11	王芬	女	中级	76	85	88	84	333

Sheet1 / Sheet2 / Sheet3

图 4-57　教师评分表

1）选中评分表中职称列中的任意一个单元格，先进行升序排序。

2）单击“数据(D)”→“分类汇总(B)”命令，弹出“分类汇总”对话框。对“分类汇总”对话框进行设置：在“分类字段(A)”中选择“职称”，在“汇总方式(U)”中选择“最大值”，在“选定汇总项(D)”中选择“年终总分”，如图 4-58 所示。

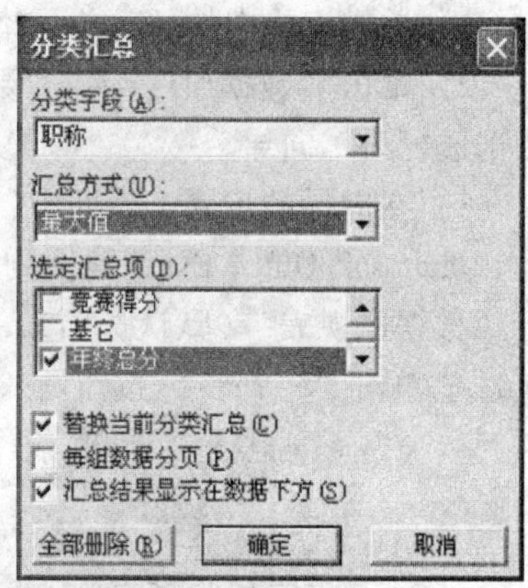

图 4-58　“分类汇总”对话框

3）单击“确定”按钮，分类汇总完毕，结果如图 4-59所示。

特别提示：

• 在分类汇总时，要分类汇总的数据库必须有字段名，

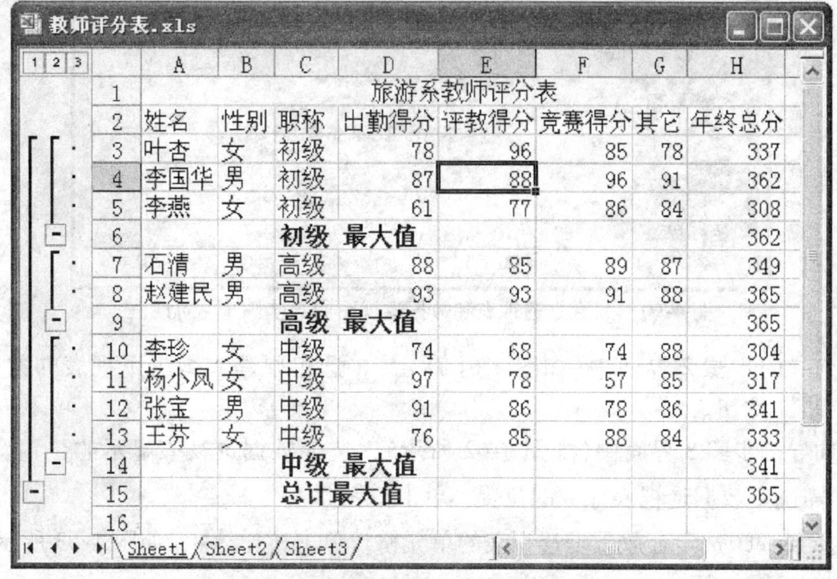

教师评分表.xls

	A	B	C	D	E	F	G	H
1	旅游系教师评分表							
2	姓名	性别	职称	出勤得分	评教得分	竞赛得分	其它	年终总分
3	叶杏	女	初级	78	96	85	78	337
4	李国华	男	初级	87	88	96	91	362
5	李燕	女	初级	61	77	86	84	308
6			**初级 最大值**					362
7	石清	男	高级	88	85	89	87	349
8	赵建民	男	高级	93	93	91	88	365
9			**高级 最大值**					365
10	李珍	女	中级	74	68	74	88	304
11	杨小凤	女	中级	97	78	57	85	317
12	张宝	男	中级	91	86	78	86	341
13	王芬	女	中级	76	85	88	84	333
14			**中级 最大值**					341
15			**总计最大值**					365
16								

Sheet1 / Sheet2 / Sheet3

图 4-59　分类汇总结果

即每一列的数据都要有列标题。

- 同类型的数据要连续，Excel 根据列标题及连续的数据类型来创建数据组并计算总和。
- 对分类字段要进行排序。

2. 清除分类汇总

清除分类汇总的方法是选中分类汇总数据表中的任意单元格，单击“数据(D)”→“分类汇总(B)”命令，在“分类汇总”对话框中单击“全部删除(R)”按钮，则数据表恢复到原始状态。

4.5.4 数据透视表及数据透视图

在实际工作中，常常要按多个字段进行数据的汇总，用分类汇总的方法进行处理就比较困难。为此，Excel 提供了一个强有力的工具——数据透视表(图)来解决这类问题。本书以具体的实例来介绍如何创建数据透视表(图)。

1. 创建数据透视表

操作步骤如下：

1）单击表格中的任一单元格，选中数据清单或选定数据源，如图 4-57 所示。

2）单击“数据(D)”→“数据透视表和数据透视图(P)”命令，启动“数据透视表和数据透视图”向导。

3）在向导的步骤 1 界面中(如图 4-60 所示)，选择“请指定待分析数据的数据源类型”为“Microsoft Office Excel 数据列表或数据库”（默认选项）；选择“所需创建的报表类型”为“数据透视表”（默认选项），若需要建立数据透视图，选择“数据透视图(及数据透视表)”，单击“下一步”按钮。

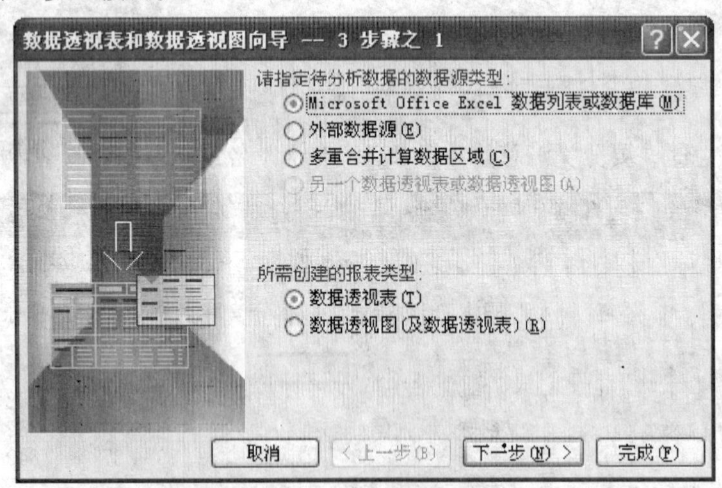

图 4-60 “数据透视表和数据透视图向导步骤 1”对话框

4）在向导的步骤 2 界面中(如图 4-61 所示)，选定要建立数据透视表的数据源区域，单击“下一步”按钮。

5）在向导的步骤 3 界面中(如图 4-62 所示)，选择数据透视表显示的位置。若选择现有工作表，需确定数据透视表存放的位置，单击按钮。

6）选择 Sheet3 选定存放数据透视表的单元格。单击按钮，如图 4-63 所示。

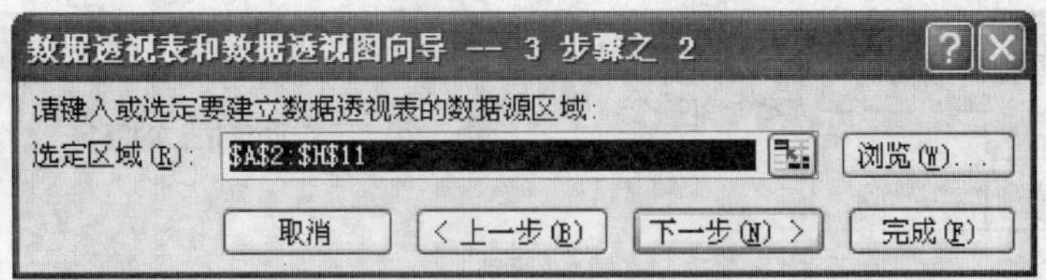

图 4-61　“数据透视表和数据透视图向导步骤 2”对话框

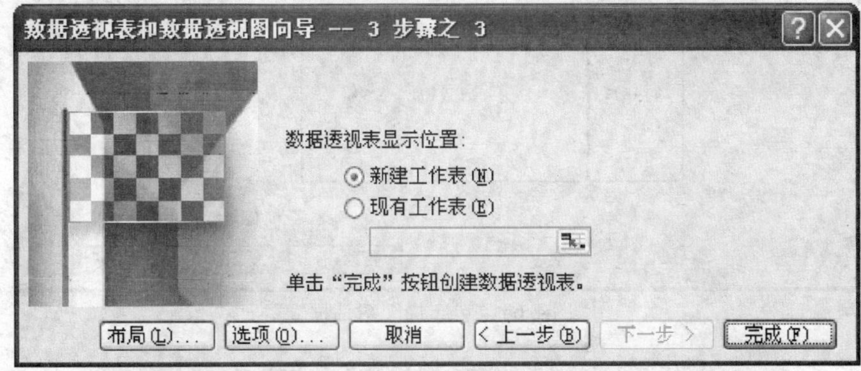

图 4-62　“数据透视表和数据透视图向导步骤 3”对话框

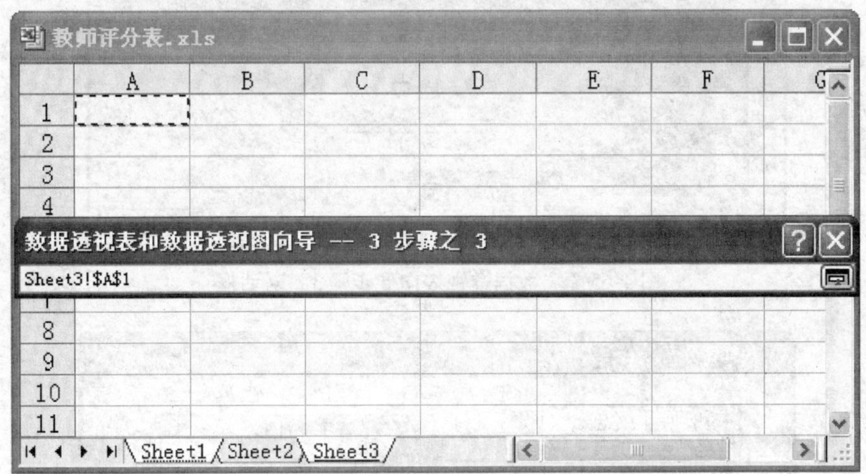

图 4-63　数据透视表选定位置

7）单击“布局”按钮，弹出“布局”对话框。在对话框右边以按钮形式列出了数据表的全部字段，分别将字段按钮拖入行、列位置，成为数据透视表的行、列标题；将汇总的字段拖入数据区；拖入页位置的字段将成为分页显示的依据，如图 4-64 所示。

8）布局设置完毕后，单击“确定”按钮，返回向导步骤 3 界面，如图 4-65 所示。

9）单击“完成”按钮，完成数据透视表的创建。数据透视结果如图 4-66、图 4-67 所示。

2. 修改数据透视表

创建数据透视表时，Excel 会自动打开“数据透视表”工具栏，如图 4-68 所示。也可以单击“视图(V)”→“工具栏(T)”→“数据透视表”命令打开该工具栏。

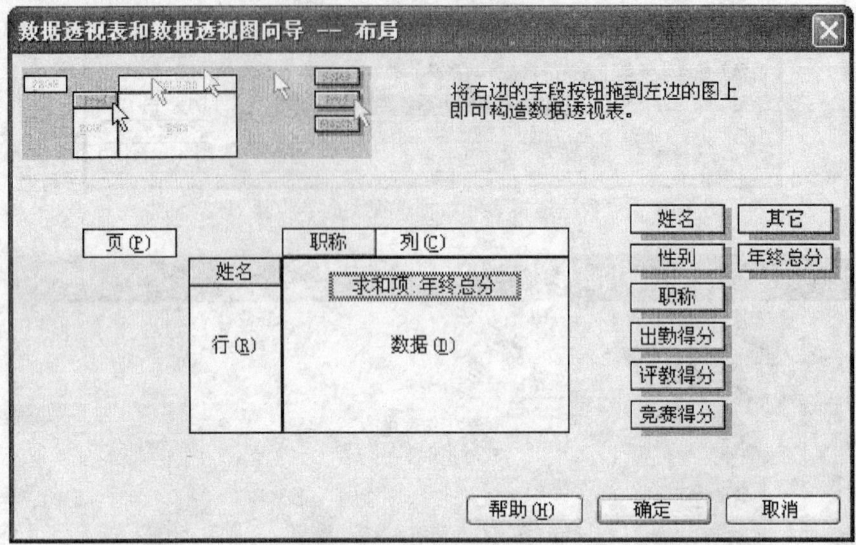

图 4-64 “布局”对话框

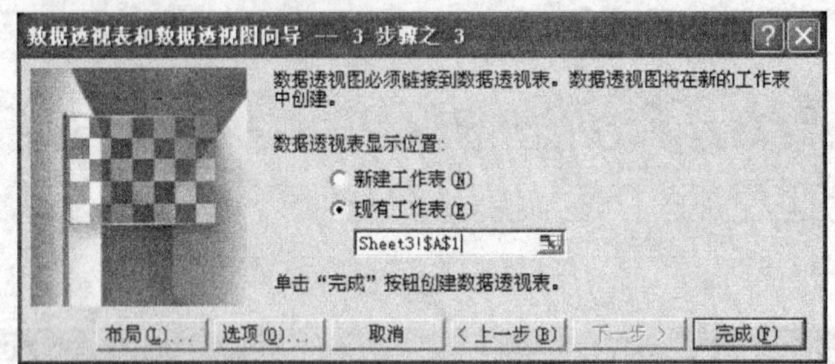

图 4-65 “数据透视表向导步骤 3”对话框

图 4-66 数据透视表

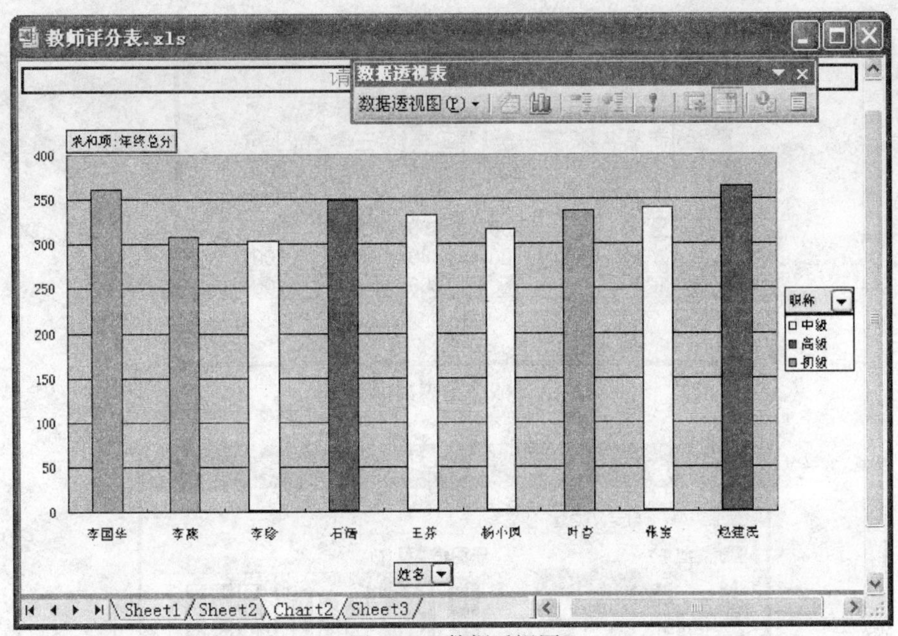

图 4-67 数据透视图

在“数据透视”工具栏上，打开“数据透视表”列表，选择“数据透视表向导”选项，可重新选择要创建的报表类型、待分配数据的数据源类型等，还可更新数据、定义计算公式、增减透视表中数据等。

图 4-68 “数据透视表”工具栏

3. 删除数据透视表

如果不想要数据透视表可以按照下面的步骤删除：

1）单击数据透视表。

2）在“数据透视表”工具栏上，单击“数据透视表(P)”→“选定(S)”→“整张表格(T)”命令。

3）单击“编辑(E)”→“清除(A)”→“全部(A)”命令，则数据表恢复到原始状态。

4.6 图表的应用

在实际工作中，仅有数据清单形式的数据是不够的，有时需要将数据清单中的数据形象化地表示出来。这时，就可以使用 Excel 提供的图表功能。图表以图形的方式表示数据，使数据表格图形化。

4.6.1 创建图表

操作步骤如下：

1）打开工作表，如图 4-69 所示，将该工作表数据作为图表的数据源。选定工作表中的数据区域，单击“插入(I)”→“图表(H)”命令，弹出“图表向导-4 步骤之 1-图表类型”对话框，如图 4-70 所示。

2）在对话框中的“图表类型”下拉列表中选择柱形图，在“子图表类型”中选中一种

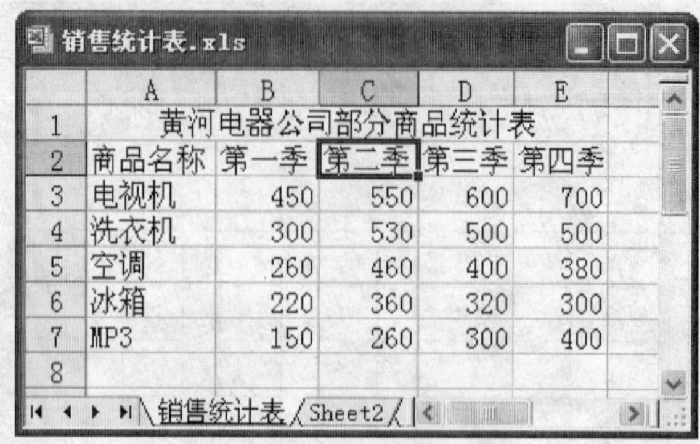

销售统计表.xls

	A	B	C	D	E
1	黄河电器公司部分商品统计表				
2	商品名称	第一季	第二季	第三季	第四季
3	电视机	450	550	600	700
4	洗衣机	300	530	500	500
5	空调	260	460	400	380
6	冰箱	220	360	320	300
7	MP3	150	260	300	400
8					

销售统计表 / Sheet2

图 4-69　图表数据源

图 4-70　“图表向导-4 步骤之 1-图表类型”对话框

类型，按照对话框提示单击“按下不放可查看示例”按钮可以查看示例。单击“下一步”，弹出“源数据”对话框，如图 4-71 所示。

3）单击“下一步”按钮，弹出“图表向导-4 步骤之 3-图表选项”对话框，如图 4-72 所示。对“标题”选项卡进行设置：如在“图表标题”框中输入“商品销售统计表”。单击“下一步”，弹出“图表向导-4 步骤之 4-图表位置”对话框，如图 4-73 所示。

4）在“图表位置”对话框中设置图表存放位置。默认情况是“作为其中的对象插入”，这样创建的图表和源数据放在同一个工作表中。

5）单击“完成”按钮。生成的图表显示在源数据上，如图 4-74 所示。

4.6.2　图表的基本结构

Excel 中有不同种类的图表类型，如柱形图、条形图、饼图、折线图、圆形环等，每一类还有数量不等的子类型。不同类型的图表具有不同的特点以及不同的使用环境。下面我们来认识图表的基本结构。如图 4-75 所示的柱形图表中，最基本的结构有：

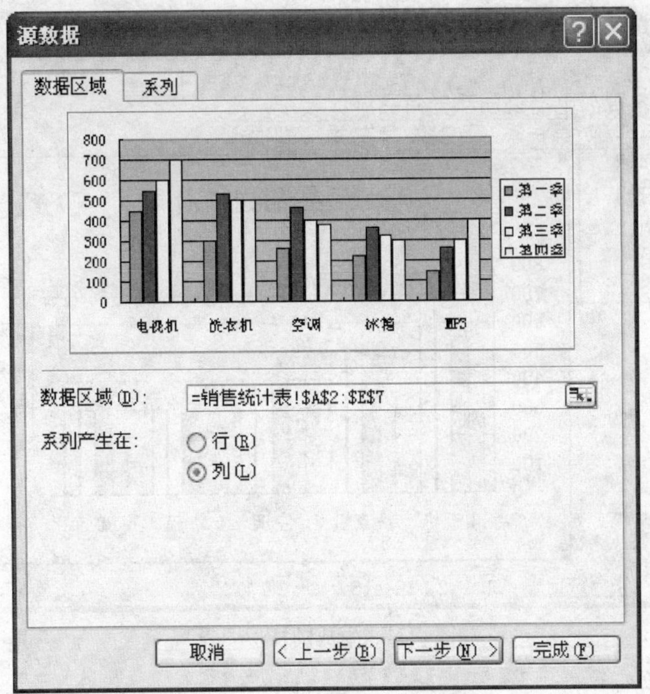

图 4-71　“源数据”对话框

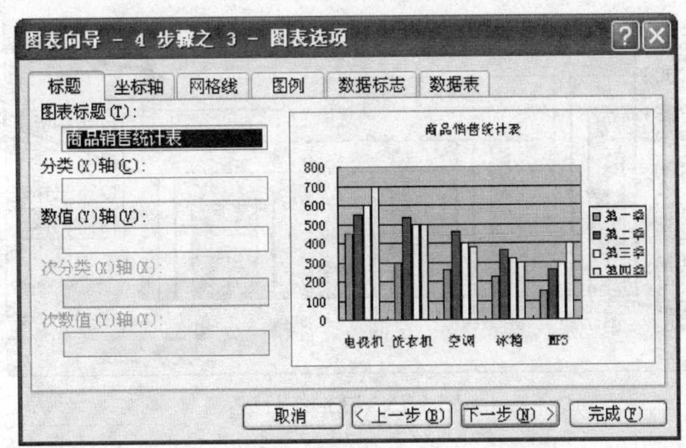

图 4-72　“图表向导-4 步骤之 3-图表选项”对话框

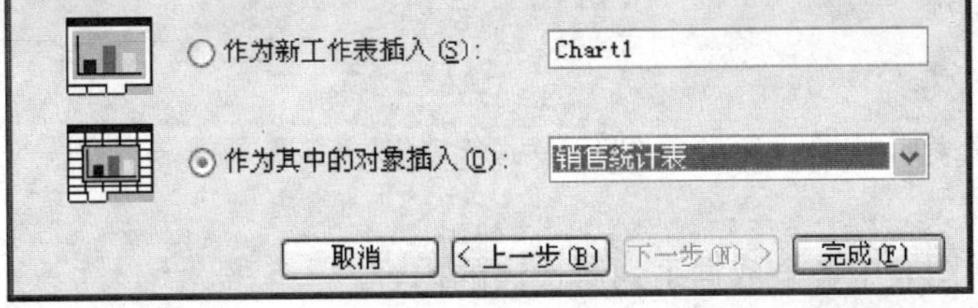

图表向导 - 4 步骤之 4 - 图表位置

将图表:

作为新工作表插入(S):　Chart1

作为其中的对象插入(O):　销售统计表

取消　< 上一步(B)　下一步(N) >　完成(F)

图 4-73　“图表向导-4 步骤之 4-图表位置”对话框

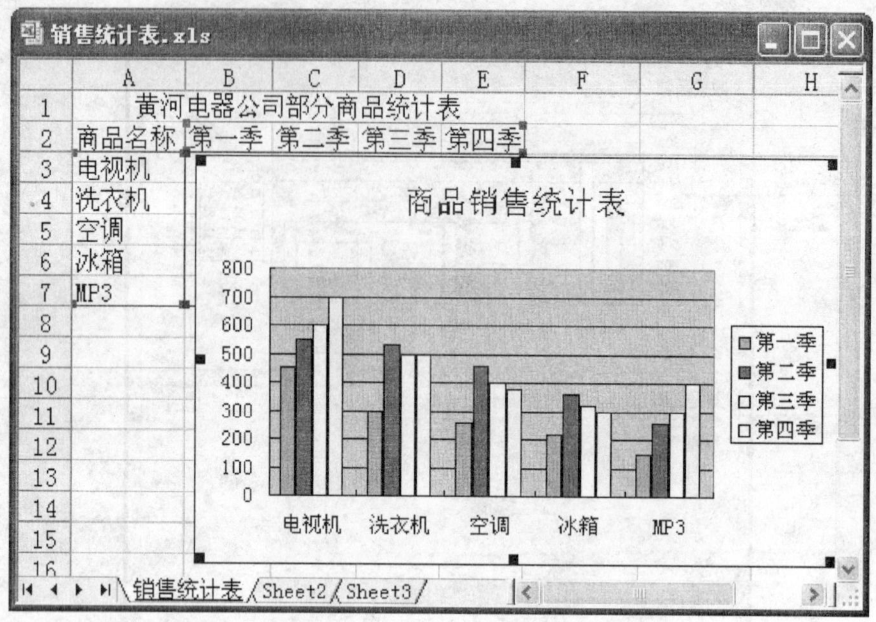

图 4-74 生成的柱形图表

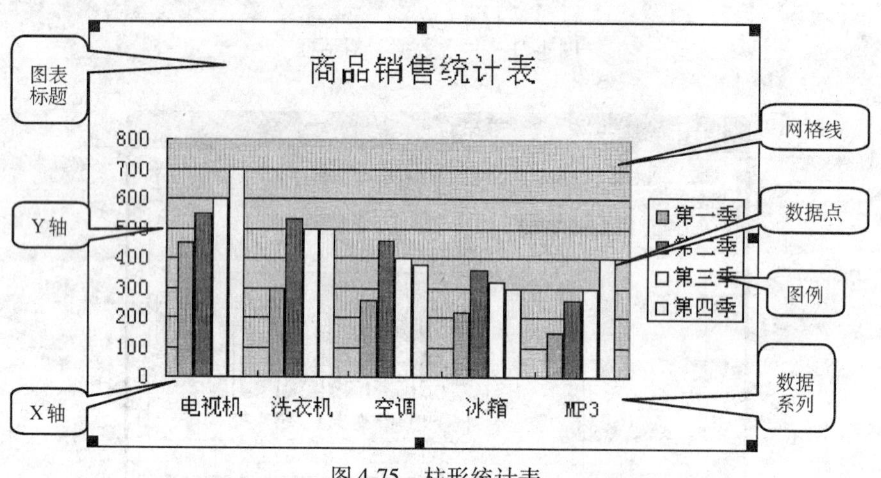

图 4-75 柱形统计表

1. 图表标题

图表标题用来说明图表的名称、标识和内容。

2. 坐标

坐标用来确定图表的位置，坐标由横坐标 X 轴和纵坐标 Y 轴组成，在三维图表中还有Z 轴。

3. 数据系列

数据系列用来表示数据，每一系列代表一组数据。

4. 图例

图例用来说明图表中各个数据系列所代表的内容。

5. 数据点

数据点用来表示数据的大小，不同图表的数据点表示数据的方式不同。柱形图以柱形的长度表示数据的大小；折线图以折线的坐标点表示数据大小；而饼图用面积的大小表示数据的大小。

6. 网格线

网格线是用来标记度量的线条，通常与 Y 轴上的刻度相连，帮助用户分清数据点的位置。如果需要表示 X 轴的度量，可以标识出 X 轴方向的网格线。

4.6.3　编辑图表

图表创建完成后，可以对其进行编辑。编辑图表包括更改图表类型、移动图表和调整图表的大小、修改图表中的标题、调整图表的颜色和图案等。

1. 更改图表类型

操作步骤如下：

1）选中需要更改类型的图表。

2）单击“图表(C)”→“图表类型(Y)”命令，在弹出的“图表类型”对话框中选择所需要的图表类型，单击“确定”按钮即可。

2. 移动图表和调整图表大小

（1）移动图表　鼠标指向要移动的图表，按下鼠标，当鼠标指针变成✥形状时，拖动鼠标，这时会看到表示图表区域的虚线框，当虚线框移动到合适的位置时松开鼠标，图表就移动到了新的位置。

（2）调整图表的大小　单击选中要调整的图表，这时图表区的边框出现叫做调整柄的 8 个小黑点，鼠标按住任意一个角的小黑点，鼠标指针变成倾斜的双箭头，在对角线的方向拖动鼠标，可以按比例调整图表的大小。

3. 修改图表标题

操作步骤如下：

1）选中工作表。

2）单击“图表(C)”→“图表选项(I)”命令。弹出“图表选项”对话框，在“标题”选项卡的“图表标题”中输入修改后的图表标题。如图 4-76 所示。

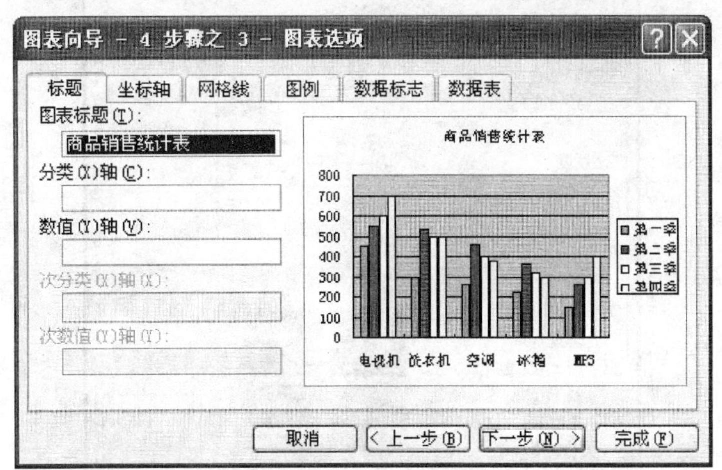

图 4-76　修改图表标题

3）单击“确定”按钮即可。

4. 调整图表的颜色和图案

Excel 允许对图表中的每一部分颜色、图案、线条等分别进行调整，操作步骤如下：

1）单击图例中任意一项左边的彩色方块，此方块变成如图 4-77 所示的标示。双击图例项标示，弹出“图例项标示格式”对话框，如图 4-78 所示。

2）在“图例项标示格式”对话框的“边框”区域中设置边框的“样式”、“颜色”和“粗细”，在“内部”

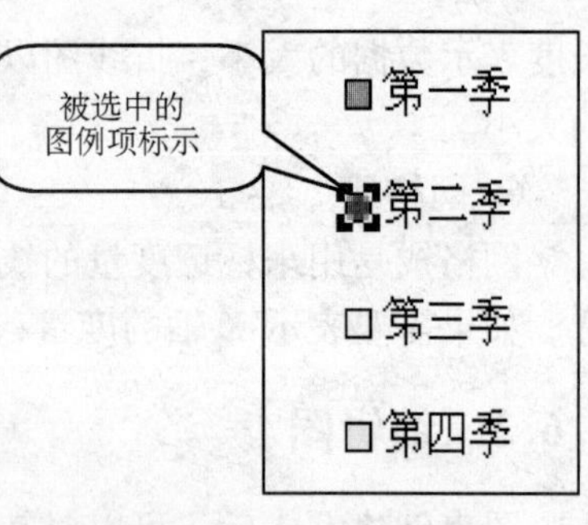

图 4-77 图例项标示

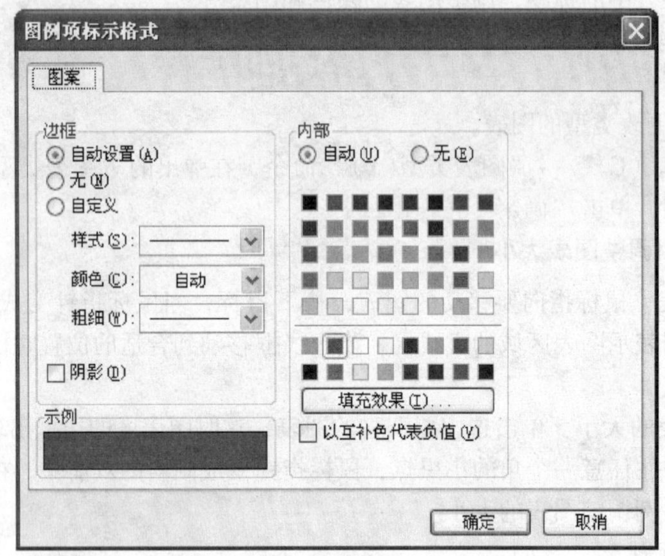

图 4-78 “图例项标示格式”对话框

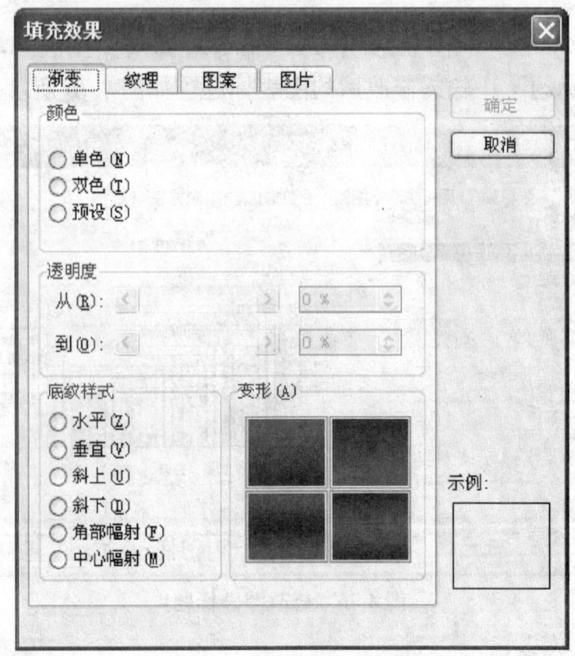

图 4-79 “填充效果”对话框

区域中设置各种颜色。单击“填充效果”，弹出“填充效果”对话框，如图 4-79 所示。

3）在“填充效果”对话框中可以选择“渐变”、“纹理”、“图案”和“图片”选项卡中的各种效果。选择每一种效果，都可以在“示例”窗口观看，满意后单击“确定”按钮返回到“图例项标示格式”对话框。

4）单击“确定”按钮即可。

利用上述方法，我们可以对图表的各个部分，如图表区域、图例项等进行设置，使图表的外观更加美观协调。

4.7　打印工作表

完成工作表创建、编辑和格式化后，就可以对工作表进行打印了。与 Word 类似，为了保证打印效果，在打印之前，应先进行页面设置和打印预览。

4.7.1　设置打印区域和分页

1. 设置打印区域

设置打印区域就是将所选定的工作表区域定义为打印区域。当用户只需要打印工作表部分内容时，可以对打印区域进行设置，操作步骤如下：

1）选定要打印的区域，单击“文件(F)”→“打印区域(T)”→“设置打印区域(S)”命令。

2）此时工作表中所选定的区域出现虚线框，单击“常用”工具栏上的“打印”按钮即可将此部分打印出来。

若想取消所设置的打印区域，单击“文件(F)”→“打印区域(T)”→“取消打印区域(C)”命令。

2. 分页

当工作表较大、记录较多时，Excel 会自动分页。但有时用户需要在自己满意的位置分页，就要设置分页符。

(1) 插入分页符　选定要插入分页符的位置，单击“插入(I)”→“分页符(B)”命令，在工作表中所选定的位置出现虚线，表示已在此处分页，如图 4-80 所示。

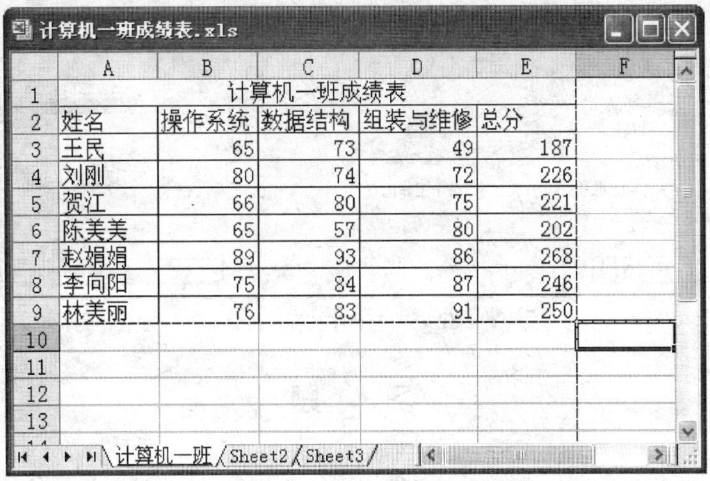

计算机一班成绩表.xls

	A	B	C	D	E	F
1	计算机一班成绩表					
2	姓名	操作系统	数据结构	组装与维修	总分	
3	王民	65	73	49	187	
4	刘刚	80	74	72	226	
5	贺江	66	80	75	221	
6	陈美美	65	57	80	202	
7	赵娟娟	89	93	86	268	
8	李向阳	75	84	87	246	
9	林美丽	76	83	91	250	
10						
11						
12						
13						

计算机一班 / Sheet2 / Sheet3

图 4-80　插入分页符

（2）删除分页符　选定分页符(虚线)的下一行，单击“插入(I)”→“删除分页符(B)”命令，即可将分页符从工作表中删除。

4.7.2　打印预览和打印输出

1. 打印预览

打印预览的操作步骤是：单击“文件(F)”→“打印预览(V)”命令，或单击“常用”工具栏上的“打印预览”按钮，在屏幕上出现“打印预览”窗口，如图4-81所示。按“关闭”按钮从“打印预览”窗口退出。

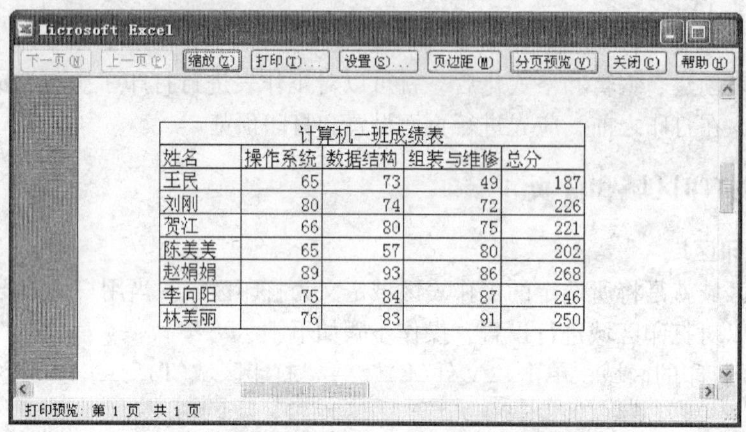

计算机一班成绩表				
姓名	操作系统	数据结构	组装与维修	总分
王民	65	73	49	187
刘刚	80	74	72	226
贺江	66	80	75	221
陈美美	65	57	80	202
赵娟娟	89	93	86	268
李向阳	75	84	87	246
林美丽	76	83	91	250

图4-81　“打印预览”窗口

2. 打印输出

如图4-82所示是“打印内容”对话框。操作方法与Word类似，不同之处是对话框中的“打印内容”区域内设有“选定区域”、“整个工作簿”和“选定工作表”三个单选按钮，操作时可按实际需要进行选择。

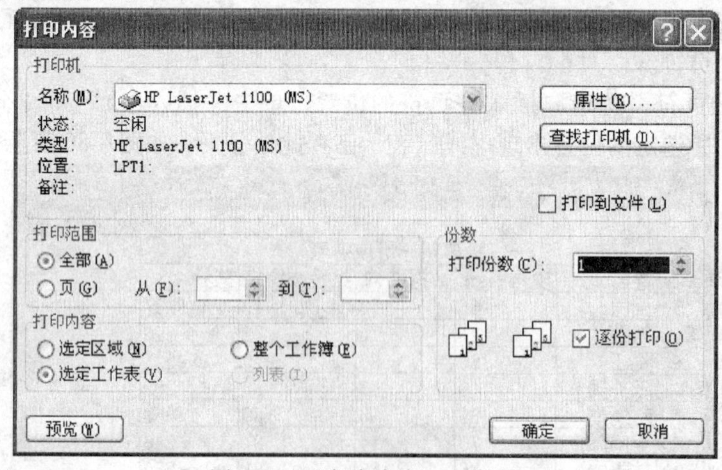

图4-82　“打印内容”对话框

习　题

1. 填空题

（1）Excel中最基本的存储单位是________，它可以存放数值、变量、字符、公式等。工作表中的行与列交叉形成的格子称为________。

（2）系统默认一个工作簿包含________个工作表，一个工作簿内最多可以有________个工作表。

（3）每个存储单元有一个地址，由________与________组成，例如 A2 表示________列第________行的单元格。

（4）公式被复制后，公式中参数的地址发生相应的变化，叫________。

（5）公式被复制后，参数的地址不发生变化，叫________。

（6）单元格内数据对齐的默认方式为：文字靠________对齐，数值靠________对齐。

（7）运算符包括________、________、________、________。

（8）分类汇总是将工作表中某一列是已________的数据进行________，并在表中插入一行来存放________。

2. 选择题

（1）在 Excel 中，把 A2、B3 等称作该单元格的(　　)。

A. 地址　　B. 编号　　C. 内容　　D. 大小

（2）Excel 文件的扩展名为(　　)。

A. . txt　　B. . doc　　C. . xls　　D. . bmp

（3）在 Excel 中，下列公式不正确的是(　　)。

A. =0.2 - B3　　B. =3 * 9　　C. 1/4 +7　　D. =5/(D1 + E3)

（4）下列关于 Excel 表格区域的选定方法不正确的是(　　)。

A. 按住【Shift】键不放，再用鼠标单击可以选定相邻单元格的区域

B. 按住【Ctrl】键不放，再用鼠标单击可以选定不相邻单元格的区域

C. 按住【Ctrl】+【A】组合键不可以选定整个表格

D. 单击某一行号可以选定整行

（5）下列关于 Excel 中区域及其选定的叙述不正确的是(　　)。

A. B4：D6 表示是 B4 ~ D6 之间所有的单元格

B. A2，B4：E6 表示是 A2 加上 B4 ~ E6 之间所有的单元格构成的区域

C. 可以用拖动鼠标的方法选定多个单元格

D. 不相邻的单元格不能组成一个区域

（6）下列关于 Excel 中数据的输入叙述不正确的是(　　)。

A. 用鼠标点住初始值所在单元格的右下角，鼠标指针变为＋形状时，拖拽至填充的最后一个单元格，可完成自动填充

B. 当输入初始值为文字数字的混合时，填充时文不变，最右边的数字递增

C. 在输入成等差、等比等有规律的数据时，可使用自动填充功能不需要一个个输入

D. 如果输入的文字超出单元格宽度，则超出部分无法显示

（7）在输入数字字符串时，为了与数值区别，应在数字的前面加上(　　)符号。

A. ″　　B. /　　C. :　　D. ′

（8）下列关于 Excel 的操作，正确的操作是(　　)。

A. 利用拖动填充柄可以填充数据和复制公式到任意的单元格或区域中

B. 重命名工作表时，先用鼠标单击要命名的工作表标签，再输入新的工作表名，按回车即可

C. 单击“窗口(W)”→“冻结窗格(F)”命令，可以使标题始终显示在窗口中

D. 在一列数据中，单击任意一个单元格，再单击“降序”按钮可以对数据从小到大排列

（9）下列不能对数据表排序的是(　　)。

A. 单击数据区中任意一个单元格，然后单击工具栏中“升序”(“降序”)按钮

B. 选定要排序的数据区域，然后单击工具栏中的“升序”(“降序”)按钮

C. 选定要排序的数据区域，然后单击“编辑”→“排序”命令

D. 选定要排序的数据区域，然后单击“数据”→“排序”命令

(10) SUM(3,4,5)的值是(　　)。

A. 12　　B. 60　　C. 4　　D. 6

(11) 在 B6 单元格存有公式 SUM(B2:B5)，将其复制到 D6 后，公式变为(　　)。

A. SUM(B2:B5)　　B. SUM(B2:D5)

C. SUM(D5:B2)　　D. SUM(D2:D5)

(12) 下列关于 Excel 中图表的叙述错误的是(　　)。

A. 图表由标题、数据系列、图例、坐标轴和网格线等组成

B. 任何图表都具有数据系列，而其他成分则不一定都有

C. 图表是以数据表格为基础，在创建图表之前必须先建立相应的数据表格

D. 修饰图表时不需要分别对这些图表的组成部分进行修饰

3. 上机操作题

(1) 单元格的基本操作

1) 建立如图 4-83 所示的工作表。

2) 单击 C4 单元格，输入“75”。

3) 单击 B4 单元格。在数据编辑框中将其修改为“李明”。

4) 在学号一列中输入序列 1 ~ 7(使用自动填充功能)。

5) 利用公式和函数的方法分别求出总分和平均分。

6) 在第一行上方插入一行，并输入文字“五年级(2)班成绩表”。

7) 把 A1：H1 单元格合并居中。

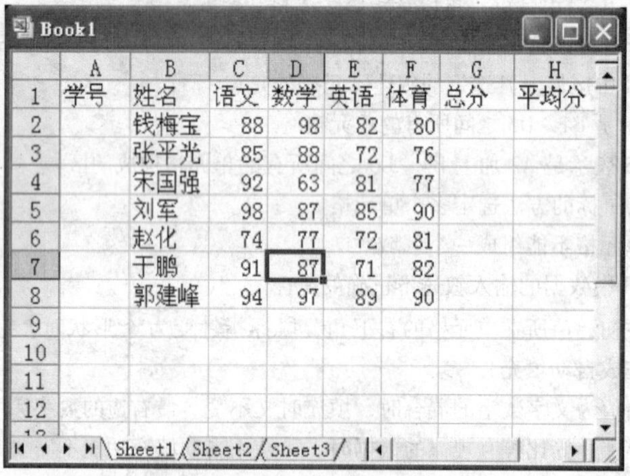

Book1

	A	B	C	D	E	F	G	H
1	学号	姓名	语文	数学	英语	体育	总分	平均分
2		钱梅宝	88	98	82	80		
3		张平光	85	88	72	76		
4		宋国强	92	63	81	77		
5		刘军	98	87	85	90		
6		赵化	74	77	72	81		
7		于鹏	91	87	71	82		
8		郭建峰	94	97	89	90		
9								
10								
11								
12								

Sheet1 / Sheet2 / Sheet3

图 4-83　成绩表

(2) 工作表操作

1) 将 1 题所建好的工作簿文件存放在 E 盘。

2) 将 Sheet1 工作表标签重命名为“五年级(2)班成绩表”。

3) 在 Sheet2 中设计一张课程表，命名为“课程表”。

(3) 数据管理的基本操作

1) 以“主要关键字”为“数学”，“次要关键字”为“语文”进行表格的排序。

2) 自动筛选：选出各门功课成绩均大于 80 分的同学。

3) 分类汇总：对如图 4-84 所示的表格数据，以“商品类别”为分类字段，将各月销售额分别进行“求和”分类汇总。

4) 建立数据透视表：使用如图 4-84 所示工作表中的数据，以“商品类别”为分页，以“商品名称”

为行字段，以“月份”为列字段，以“总计”为求和项，在 Sheet3 中 B3 单元格建立数据透视表。

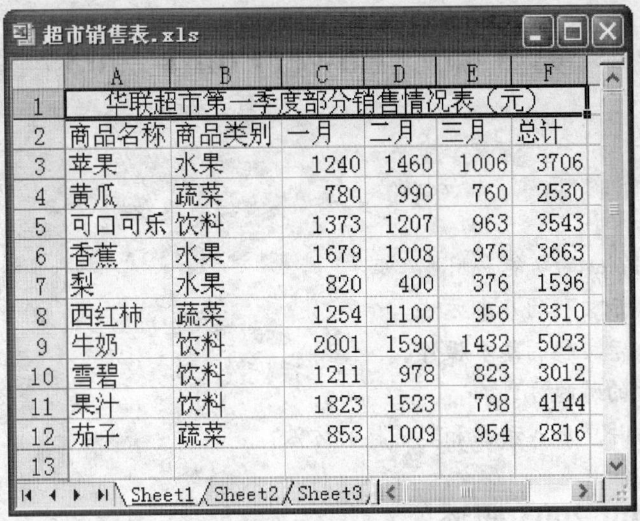

超市销售表.xls

	A	B	C	D	E	F
1	华联超市第一季度部分销售情况表（元）					
2	商品名称	商品类别	一月	二月	三月	总计
3	苹果	水果	1240	1460	1006	3706
4	黄瓜	蔬菜	780	990	760	2530
5	可口可乐	饮料	1373	1207	963	3543
6	香蕉	水果	1679	1008	976	3663
7	梨	水果	820	400	376	1596
8	西红柿	蔬菜	1254	1100	956	3310
9	牛奶	饮料	2001	1590	1432	5023
10	雪碧	饮料	1211	978	823	3012
11	果汁	饮料	1823	1523	798	4144
12	茄子	蔬菜	853	1009	954	2816
13						

Sheet1 / Sheet2 / Sheet3

图 4-84 销售情况表

第 5 章　PowerPoint 2003

学习目标

1）了解 PowerPoint 的功能和用途。
2）掌握制作演示文稿的基本方法。
3）掌握编辑演示文稿的基本操作。
4）了解幻灯片的放映方式。
5）了解在幻灯片中加入动画和超链接的方法。

5.1　PowerPoint 2003 概述

PowerPoint 2003 也是 Office 2003 的一个重要组件，用于幻灯片的制作和播放，其功能强大，使用方便，现已成为学术交流、产品展示、工作汇报、讲课和培训等许多场合必不可少的工具软件。

PowerPoint 制作的文稿是一种演示文稿，其组成是一套可以在计算机屏幕上演示的幻灯片。幻灯片中可以含有文字、图形、图像、声音、电影、超链接等各种多媒体信息，所以用户利用它可以将自己所要表达的信息变得生动形象、图文并茂，从而获得极佳的展示效果，深受广大用户的青睐。

PowerPoint 可以很方便地与 Word、Excel、Access 等其他 Office 组件的内容进行互相调用、链接，或利用复制、粘贴功能实现资源共享；也可以将这些组件结合在一起使用，以便使字处理、电子表格、演示文稿、数据库、时间表、出版物以及 Internet 通信等结合起来，从而创建出适用于不同场合、专业、生动、直观的电子文档。

5.1.1　PowerPoint 2003 基本功能

1. 屏幕演示

电子演示文稿可以在屏幕上进行自动播放，演示过程中伴有声音、音乐、动画及视频剪辑等，用户可以定时和控制幻灯片的放映方式。可以单独播放演示文稿，也可以通过网络在多台计算机上放映演示文稿，召开演示文稿会议。“幻灯片放映”工具栏使用户能够在演示中方便地使用墨迹注释工具、笔和荧光笔选项以及“幻灯片放映”菜单，而此工具栏却不会妨碍观众。

2. 打印文稿

用户可以把演示文稿在打印机上打印出来在演讲时散发，或制成投影片用投影仪演示。既可以用彩色、灰度或黑白模式打印整个演示文稿的幻灯片、大纲、备注和观众讲义，也可以打印特定的幻灯片、讲义、备注页或大纲页；可以设计和创建类似于备注页的讲义，选择许多打印版面选项：从每页 1 张幻灯片到每页 9 张幻灯片；还可以调整幻灯片以适合标准的 35mm 幻灯胶片，或自定义适配的方式和方向。

3. 制作网络文档

可以针对网络设计演示文稿，再将它存成各种与 Web 兼容的格式在网上传播，例如 html 文本。

4. 刻录 CD

PowerPoint 提供了“打包成 CD”功能，用于制作自动运行的演示文稿 CD，以便在运行 Windows 操作系统的计算机上观看。“打包成 CD”功能可以将演示文稿和所有的图形、音视频文件打包到文件夹中，再刻录到 CD 上面，而且可以创建自动播放的 CD。在打包演示文稿时，经过更新的 Microsoft Office PowerPoint Viewer 也包含在 CD 上，因此，没有安装 PowerPoint 的计算机不需要安装播放器。“打包成 CD”还允许用户选择将演示文稿打包到文件夹而非 CD 中，以便将演示文稿存档或发布到网络共享位置。

5. 升级的媒体播放

PowerPoint 与 Microsoft Windows Media Player 集成，以全屏播放视频、播放流式音频和视频，或从幻灯片内显示视频播放控件。安装了 Microsoft Windows Media Player 后，PowerPoint 中播放的改进为可支持其他媒体格式，包括 asx、wmx、m3u、wvx、wax 和 wma。如果未显示所需的媒体编解码器，PowerPoint 将通过使用 Windows Media Player 技术尝试下载它。

6. 智能标记

PowerPoint 可以增加常见智能标记支持。操作方法是：单击“工具(T)”→“自动更正选项(A)”命令，然后在弹出的对话框中单击“智能标记”选项卡，便可在演示文稿中为文字加上智能标记。PowerPoint 所包含的智能标记识别器列表中包括人名、日期等。

5.1.2　PowerPoint 2003 的工作界面

安装 Office 2003 后，单击“开始”→“所有程序(P)”→“Microsoft Office”→“Microsoft Office PowerPoint 2003”命令，即可启动如图 5-1 所示的“PowerPoint 2003”窗口。

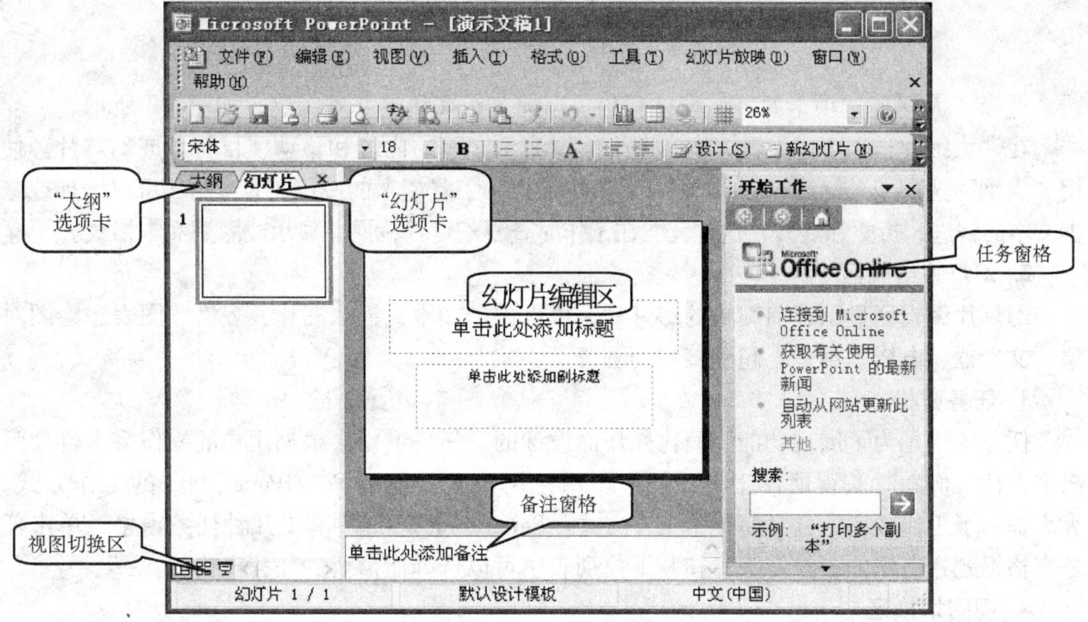

图 5-1　“PowerPoint 2003”窗口

和其他的微软产品一样，PowerPoint 也拥有典型的 Windows 应用程序的窗口，其工作界面除包括常规 Windows 窗口的标题栏、菜单栏、工具栏、状态栏等外，还有 PowerPoint 特有的幻灯片列表区(大纲编辑区)、幻灯片编辑区、任务窗格、备注窗格等部分。

下面对 PowerPoint 特有的窗口元素做简单介绍。

1. 幻灯片列表区(大纲编辑区)

在 PowerPoint 窗口的左侧有两张选项卡："大纲"和"幻灯片"。

选择"幻灯片"选项卡时，在该列表区中将列出当前演示文档的所有幻灯片的缩略图。单击某张幻灯片，在幻灯片编辑区中将放大显示，并可对其进行编辑处理，从而呈现出演示文稿的总体效果，如图 5-2 所示。

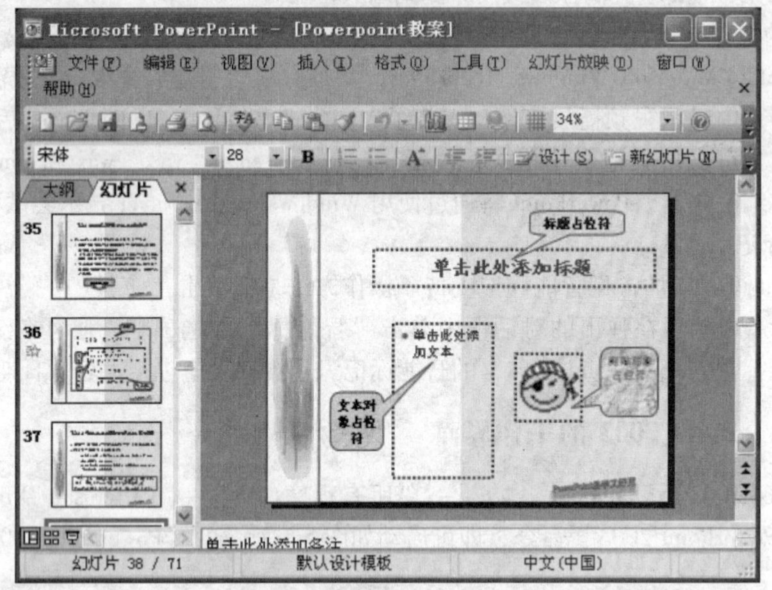

图 5-2 "幻灯片"选项卡窗口

选择"大纲"选项卡时，该窗格列出了当前演示文稿的文本大纲，如图 5-3 所示。

在"大纲"选项卡中编辑文本有助于编辑演示文稿的内容和移动项目符号或幻灯片。使用"大纲"选项卡进行编辑时，"常用"和"格式"工具栏上的按钮变为可用，可以增加或减少文本的缩进、折叠和展开，这样就能在工作时查看幻灯片标题并显示或隐藏文本格式。

2. 幻灯片编辑区

幻灯片编辑区显示当前编辑的幻灯片，可以添加文本，插入图片、表格、图表、绘图对象、文本框、电影、声音、超链接和动画等。

3. 任务窗格

任务窗格是为了展现功能、简化操作而设计的。任务窗格会根据用户的操作需求自动弹出来，使人们随时获得所需工具；任务窗格让用户有效控制 PowerPoint 2003 的工作方式，大大提高了工作效率，并且简化了工作方式。PowerPoint 2003 中有十几种任务窗格，单击任务窗格标题栏右侧的下拉箭头，在其下拉列表中可以选择所需要的任务窗格。

4. 视图切换区

PowerPoint 常用的有三种视图：普通视图、幻灯片浏览视图和幻灯片放映视图，它们之

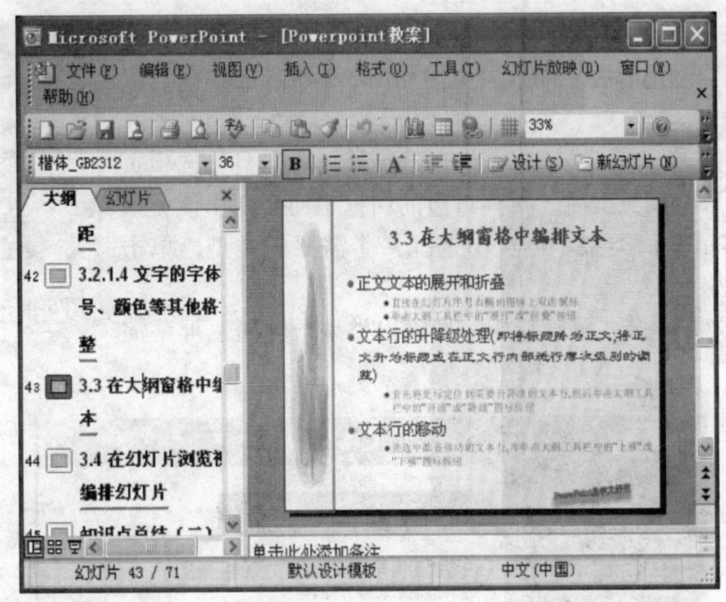

图 5-3　“大纲”选项卡窗口

间可以进行相互切换。

5. 备注窗格

备注窗格的作用是添加与每个幻灯片的内容相关的备注，并且在放映演示文稿时将它们当作打印形式的参考资料，或者创建希望让观众以打印形式或在网页上看到的备注。

5.2　制作演示文稿

演示文稿由一系列幻灯片组成，在 PowerPoint 里制作演示文稿就是编辑好一张张包含有文字、图表、图像以及动感多媒体组件元素的幻灯片后，将它们有序排列，并存放到一个新的以 ppt 为扩展名的 PowerPoint 文件中。

5.2.1　新建演示文稿

新建演示文稿是非常方便的，PowerPoint 根据用户的不同需要，提供了多种新文稿的创建方式，常用的有利用内容提示向导、利用设计模板、创建空白演示文稿等。利用内容提示向导，用户可以直接采用包含建议内容和设计的不同主题的演示文稿；利用设计模板用户则可以为演示文稿选择不同的设计风格，但不包含内容；如果用户想创建体现自己风格的演示文稿，则先创建一个空白的演示文稿，然后自己设计出别具特色的幻灯片版式。下面分别介绍这三种方法。

1. 使用内容提示向导新建演示文稿

“内容提示向导”可以引导用户从多种预设内容模板中进行选择，并根据用户的选择自动生成一系列幻灯片，还为演示文稿提供了建议、开始文字、格式以及组织结构等信息。

通过“内容提示向导”创建演示文稿的操作步骤如下：

1）单击“文件(F)”→“新建(N)”命令，弹出“新建演示文稿”窗格，如图 5-4

所示。

2）在“新建演示文稿”任务窗格中，单击“根据内容提示向导”命令，即可启动内容提示向导，弹出如图5-5所示的“内容提示向导”对话框。

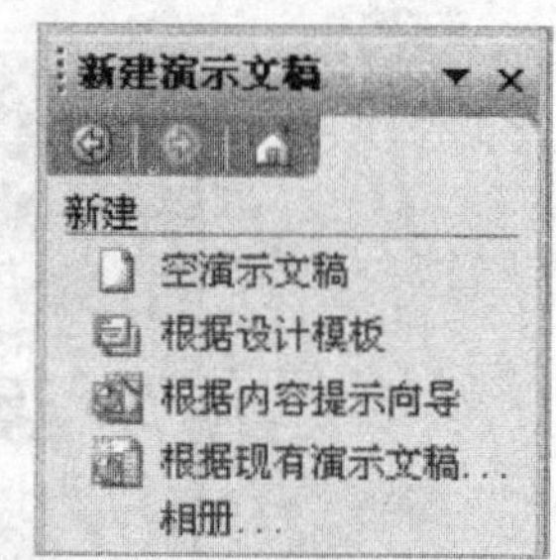

图5-4 “新建演示文稿”窗格

3）单击“下一步(N)”按钮，弹出“演示文稿类型”选项页面。用户选择一种文稿类型后，在其右边的白框中便会列出该类型所包含的具体演示文稿类型。再从中选择一个需要的类型，单击“下一步(N)”按钮。

4）在演示文稿样式页面，选择一种输出类型，例如“屏幕演示文稿”，单击“下一步(N)”按钮。

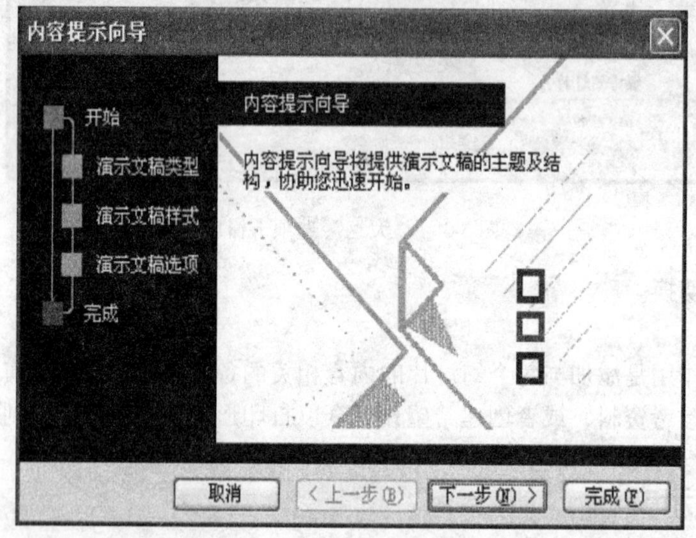

图5-5 “内容提示向导”对话框

5）在演示文稿选项中，用户可以填写演示文稿的一些信息，例如标题、页脚等。填完后，单击“下一步(N)”按钮。

6）单击“完成(F)”按钮即可。这时便根据用户所做的选择建立了一组基本的幻灯片，并将演示文稿显示在普通视图中。

2. 根据演示文稿模板创建演示文稿

在创建一个演示文稿时，若对文稿没有特别的构想，最好使用模板。模板可以让用户集中精力创建文稿的内容而不必操心其整体风格。根据演示文稿模板创建演示文稿的操作步骤如下：

单击“文件(F)”→“新建(N)”命令，在“新建演示文稿”任务窗格中单击“根据设计模板”命令，即可在下方显示出所有可应用的设计模板，浏览选中一种即可，如图5-6所示。

3. 创建新的空白演示文稿

对PowerPoint很熟悉或者有美术基础的用户，可以按以下步骤创建空白的演示文稿，再进行自己的设计和编辑。

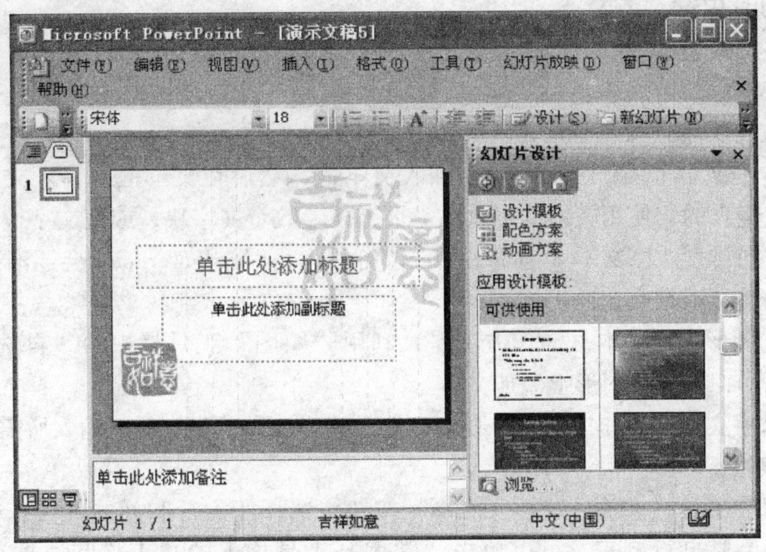

图 5-6　“设计模板”窗口

1）单击“文件(F)”→“新建(N)”命令，在“新建演示文稿”窗格中单击“空演示文稿”命令，就打开了“幻灯片版式”任务窗格。

2）在“幻灯片版式”窗格中，拖动滚动条，可以选择“文字版式”、“内容版式”、“文字和内容版式”、“其他版式”四大类共 30 多种版式。选择一种需要的版式，如图 5-7 所示，当前的幻灯片即变为所选择的版式。

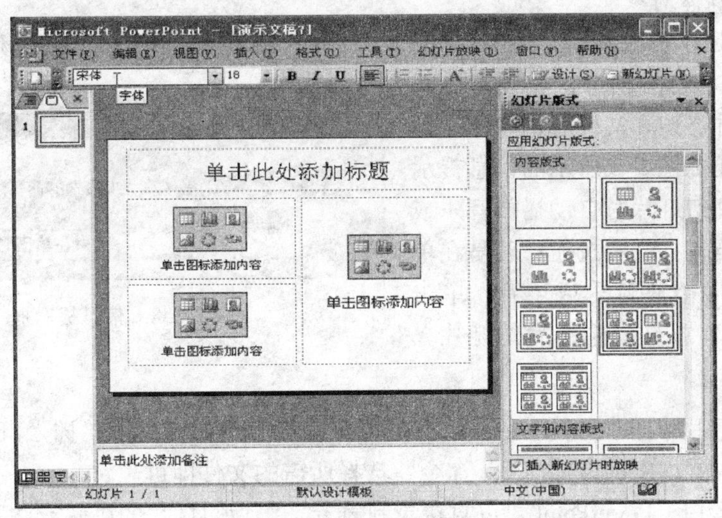

图 5-7　新建“空演示文稿”幻灯片窗口

3）如果要继续新建幻灯片，单击“格式”工具栏上的“新幻灯片”按钮。

5.2.2　演示文稿的输入与编辑

在新建的演示文稿中，用户通过不同版式中的占位符(带文字或其他图形标记提示的虚线方框)，可以方便地向幻灯片中添加文字、图片、表格、图表及多媒体对象。

1. 向幻灯片中输入文本

有四种类型的文本可以添加到幻灯片：占位符文本、自选图形中的文本、文本框中的文本和艺术字文本。

（1）占位符文本　操作方法是：单击占位符，然后输入文本。

（2）文本框文本　操作方法是：先插入文本框，然后在文本框中输入文字。文本框可以是水平的或竖直的，使用文本框可以在一页上放置数个文字块，或使文字按与文档中其他文字不同的方向排列。当文本大小超出了占位符的大小时，PowerPoint 会逐渐减小键入的字号和行间距以使文本大小合适。

（3）自选图形中的文本　操作方法是：利用“绘图”工具栏中的“自选图形”命令，绘制所需的图形，直接在图形上添加文本。

（4）艺术字文本　操作方法是：在幻灯片中选择一种艺术字后，输入所需文字。

2. 插入表格

在“常用”工具栏上单击“插入表格”按钮，选择所需行和列的数量，单击即可插入基本表格。如果要自行制表，可以单击“常用”工具栏上的“表格和边框”按钮，弹出“表格和边框”工具栏。单击“绘制表格”按钮，鼠标指针变成笔形时，单击并拖动鼠标创建表格中的行和列线。

3. 插入图片

单击“插入(I)”→“图片(P)”→“剪贴画(C)”命令，可选择剪贴画中的图片插入幻灯片中；也可单击“插入(I)”→“图片(P)”→“来自文件(F)”命令，选择合适的图片插入幻灯片中。

4. 插入多媒体对象

（1）向幻灯片中添加音乐或声音效果　单击“插入(I)”→“影片和声音(V)”→“文件中的声音(N)”命令，在弹出的对话框中选择文件类型和文件名，单击“确定”按钮，弹出如图 5-8 所示的信息提示框。若要在转到幻灯片时自动播放音乐或声音，单击“自动(A)”按钮；若是在单击声音图标之后播放音乐或声音，单击“在单击时(C)”按钮，选择后幻灯片上出现图标。

图 5-8　信息提示框

（2）向幻灯片中添加影片　添加影片的方法跟声音类似，单击“插入(I)”→“影片和声音(V)”→“文件中的影片(F)”命令，选择所需的文件即可。

（3）录制旁白　PowerPoint 可以直接录制声音，作为幻灯片的讲解或注释。操作方法如下：单击“插入(I)”→“影片和声音(V)”→“录制声音(R)”命令，在弹出的“录音”对话框中单击“录音”按钮进行录制声音，单击“停止”按钮完成录制。单击“确定”按钮后幻灯片上出现图标，其他的设置方法跟插入的声音文件是一样的。

用户还可以在幻灯片中直接插入和播放 CD 唱片，方法是：单击“插入”｜“影片和声音”｜“播放 CD 乐曲...”命令，在打开的“插入 CD 乐曲”对话框中，选择开始和结束的曲目或循环播放，单击“确定”按钮。这种方法是通过在 Windows 下播放 CD 向演示文稿中添加音乐，但是这种声音文件不会添加到幻灯片中。

5.2.3 打开和保存演示文稿

1. 打开演示文稿

操作步骤如下：

1）单击“文件(F)”→“打开(O)”命令，或者单击“常用”工具栏上的“打开”按钮，弹出“打开”对话框，如图 5-9 所示。

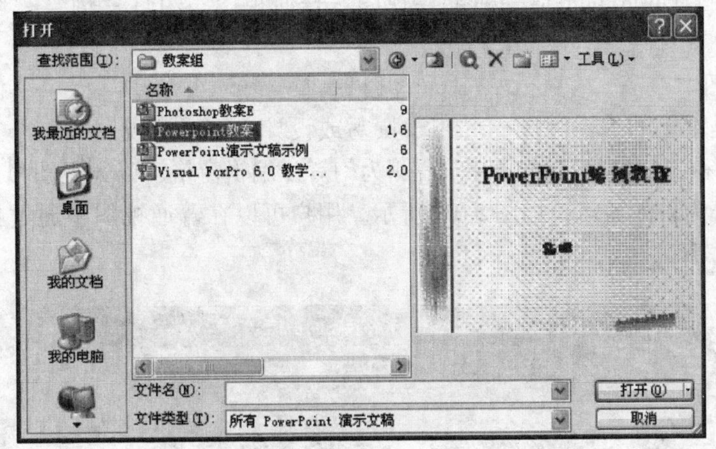

图 5-9 “打开”对话框

2）在“查找范围(I)”下拉列表框中，用鼠标单击右方的小三角形，可选择不同的驱动器和文件夹。

3）在“文件类型”下拉列表中选择文件类型，其默认为“所有 PowerPoint 演示文稿”；单击“名称”下的文件，即选中要打开的文件；单击“打开(O)”按钮，即可打开演示文稿。

2. 保存演示文稿

完成对新文稿的编辑后，单击“文件(F)”→“保存(S)”命令，或者单击“常用”工具栏上的“保存”按钮，弹出“另存为(A)”对话框，在此对话框里为文稿选择要保存到的位置，在“文件名”文本框里给文稿起好名字，默认的文件类型是“演示文稿”，单击“保存”按钮即可。

当打开一个已有的演示文稿进行编辑后，单击“保存”按钮直接存到原来的文件，不再弹出对话框；如果要保存这个文稿的副本，单击“文件(F)”→“另存为(A)”命令将原文稿重新起一个文件名保存。

如果要将文件保存为另一种格式，单击“保存类型(T)”下拉按钮，在弹出的列表中选择要保存的文件类型，然后单击“保存(S)”按钮即可。

演示文稿的文件扩展名为 ppt。如果将文稿保存为 PowerPoint 放映类型，则文件扩展名为 pps，这类文件从桌面打开时会自动播放，放映结束时 PowerPoint 会关闭并返回到桌面上。如果从 PowerPoint 中启动，放映结束时，演示文稿仍会保持打开状态，并可编辑。

5.3 编辑演示文稿

5.3.1 在不同视图下查看演示文稿

在不同的视图中，PowerPoint 显示文稿的方式是不同的，也可以对文稿进行不同的操作。无论是在哪一种视图中，对文稿的改动都会对用户编辑的文稿生效，所做的改动都会反映到其他视图中。PowerPoint 有三种主要视图：普通视图、幻灯片浏览视图和幻灯片放映视图。

1. 普通视图

普通视图是主要的编辑视图，可用于撰写或设计文稿。该视图有三个工作区：左侧有“大纲”选项卡和“幻灯片”选项卡；右侧为幻灯片编辑窗格，以大视图显示当前正在编辑的幻灯片；底部为备注窗格，如图 5-10 所示。用户可以在普通视图中通过拖动窗格边框调整各个窗格的大小。

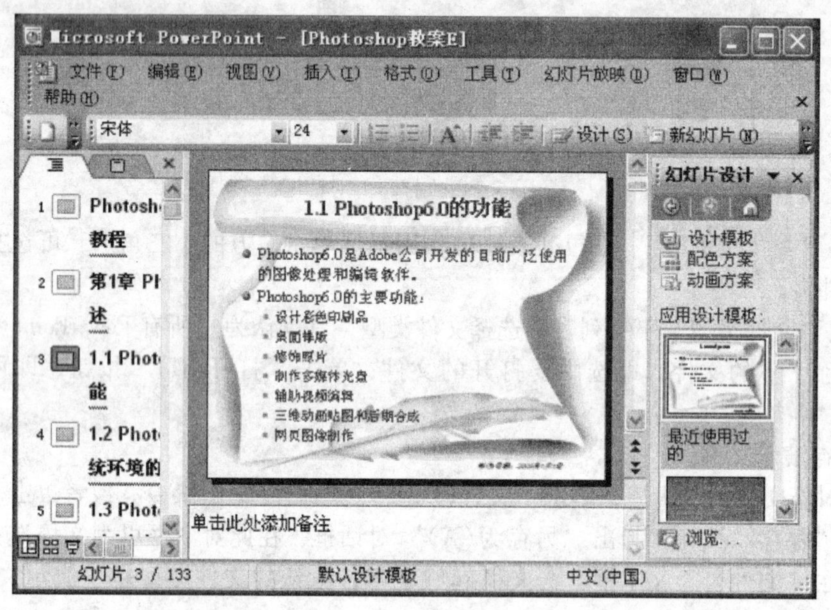

图 5-10 “普通视图”窗口

2. 幻灯片浏览视图

在幻灯片浏览视图中，可以在屏幕上同时看到演示文稿中的所有幻灯片的缩略图，它们呈横行纵列排布，如图 5-11 所示。这样，就可以很容易地在幻灯片之间添加、删除和移动幻灯片以及选择动画切换，还可以预览多张幻灯片上的动画，调整演示文稿的整体显示效果。

3. 幻灯片放映视图

幻灯片放映视图占据整个计算机屏幕，就像对演示文稿在进行真正的幻灯片放映，如图 5-12 所示。在这种全屏幕视图中，用户可以体验到图片、声音、影片、动画等的效果，还能观察到切换的效果。幻灯片放映视图像播放真实的幻灯片那样，按照预定的方式一幅一幅动态地显示演示文稿的幻灯片，直到演示文稿结束，才返回原来的视图。

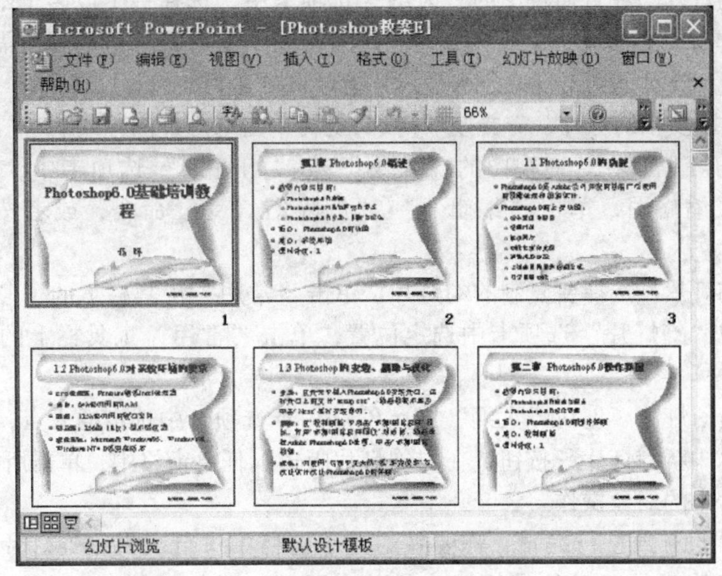

图 5-11 “浏览视图”窗口

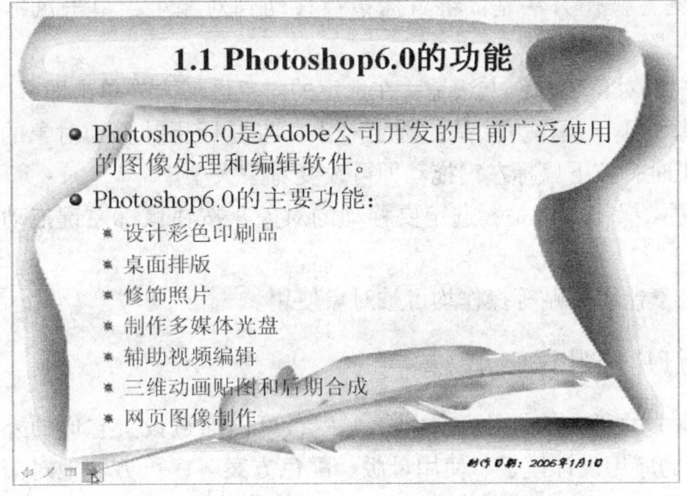

图 5-12 “放映视图”窗口

使用屏幕左下角的“视图切换”工具，可以方便地在普通视图、幻灯片浏览视图和幻灯片放映视图之间切换，也可以使用“视图”菜单切换视图。

在 PowerPoint 中还有备注页视图，备注页视图跟普通视图里的备注窗格的区别在于它可以添加图形，它可以使用“视图”菜单进行切换。

5.3.2 编辑幻灯片

编辑幻灯片包括对整张幻灯片的操作和对幻灯片中对象的操作。

1. 对整张幻灯片的操作

对整张幻灯片的操作包括：幻灯片的移动、删除、复制、添加新幻灯片等。在“大纲”选项卡和“幻灯片”选项卡中均可以完成这些操作。

（1）移动幻灯片　在普通视图的“大纲”选项卡中，选择一个或多个幻灯片图标，或在“幻灯片”选项卡上选择一个或多个幻灯片缩略图，然后将其拖动到所需位置，释放鼠标即可。拖动时，屏幕上会出现一条水平线，指示将要移到的位置。

注意：要选取多张幻灯片，需要按下【Ctrl】键再单击幻灯片图标或缩略图。

（2）删除幻灯片　在普通视图的“大纲”或“幻灯片”选项卡中，选取要删除的幻灯片的图标或缩略图，单击“编辑”→“删除幻灯片”命令，或者按下【Delete】键即可。

（3）复制幻灯片　选择要复制的幻灯片，单击“常用”工具栏上的“复制”按钮，然后在“大纲”或“幻灯片”选项卡中选定位置，单击“常用”工具栏上的“粘贴”按钮即可。

（4）插入新幻灯片　先在“大纲”或“幻灯片”选项卡中选定插入点，然后单击“格式”工具栏上的“新幻灯片”按钮，在“幻灯片版式”任务窗格中，单击所需的版式即可。

2. 对幻灯片中的对象操作

对幻灯片中的对象进行编辑，需要在幻灯片窗格中进行。每张幻灯片是由文本、图形、表格等对象构成的，对象是幻灯片的基本元素。对幻灯片中对象的基本操作有以下几种：

（1）选定对象　操作方法是：将鼠标指针移动到对象上，单击鼠标左键，对象即被选中。

（2）撤消选定的对象　操作方法是：在选定的对象区域之外单击即可。

（3）改变对象大小　操作方法是：选定对象，将鼠标指针移到对象的控制点上，当鼠标指针变为双箭头时，按下鼠标左键拖动即可改变对象大小。

（4）移动对象　操作方法是：选定要移动的对象，按住鼠标左键拖动到所需位置后释放鼠标即可。

此外，剪切、复制、粘贴等操作均可被对象使用。

5.3.3　设置幻灯片外观

要使演示文稿中的所有幻灯片整体风格一致，可以通过设置它们的外观来实现。利用 PowerPoint 所提供的应用设计模板、使用母版、配色方案等，可方便地对演示文稿的外观进行调整和设置。

1. 应用设计模板

PowerPoint 提供了各种设计模板，以便为演示文稿提供设计完善、专业的外观。应用设计模板的操作方法如下：

单击“格式”工具栏上的“设计”按钮，弹出“幻灯片设计”窗格。执行下列操作之一：

1）若要对所有幻灯片应用设计模板，选择所需模板单击。

2）若要将模板应用于单个幻灯片，在任务窗格中，指向所需模板并单击其右侧的下拉按钮，再从下拉菜单中选择“应用于选定幻灯片”选项。

3）若要将模板应用于多个选中的幻灯片，在“幻灯片”选项卡上选择幻灯片缩略图，在任务窗格中单击所需模板。

4）若要将新模板应用于当前使用其他模板的一组幻灯片，可以在“幻灯片”选项卡上选择一个幻灯片，在任务窗格中，指向模板并单击其右侧的下拉按钮，再从下拉菜单中选择“应用于母板”选项。

2. 使用母版

母版用于预设每张幻灯片的格式，包括标题，正文的位置、大小，背景图案等。对母版所做的任何改动都会应用于所有使用此母版的幻灯片上，例如用户想让单位名称或徽标等出现在每张幻灯片上，那么就将其添加到幻灯片母版上，单位名称或徽标等将会出现在每张幻灯片的相同位置上。使用模板的操作步骤如下：

1）单击“视图”→“母版”→“幻灯片母版”命令，切换到“幻灯片母版”视图，如图 5-13 所示。

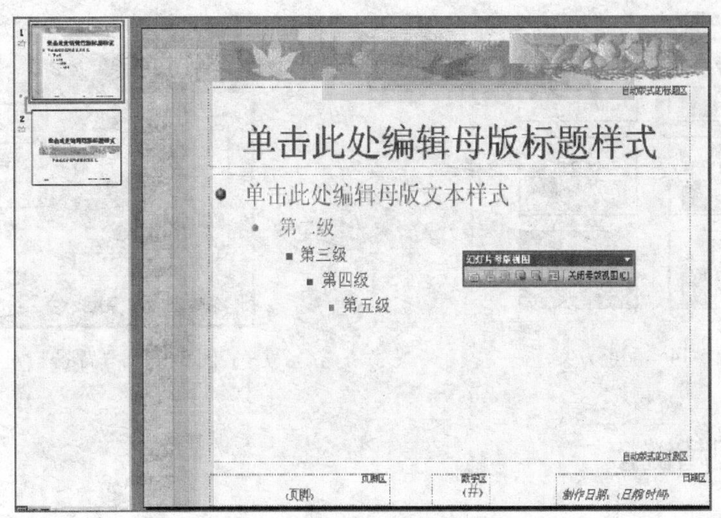

图 5-13 “幻灯片母版”视图

2）单击母版标题区，然后在“格式”工具栏中选择字体、字号、颜色以及效果等，还可以对母版进行美化。例如，单击“插入(I)”→“图片(P)”命令，可以在标题中插入图片，或者单击“绘图”工具栏上的“阴影”按钮，给标题添加阴影效果。

3）单击母版的文本及其他对象区，可以对此区域的文本进行和标题类似的设置，并可以对各级文本使用不同的“项目符号和编号”，设置项目符号不同的图形、格式等，以增加文本内容的条理性和层次性。

4）单击“视图(V)”→“页眉和页脚(H)”命令，弹出“页眉和页脚”对话框，可以设定母版的日期和时间、幻灯片编号和页脚内容。

5）完成幻灯片母版的所有设置后，切换到幻灯片浏览视图，这时所做设置的整体效果就会显示出来。

3. 使用配色方案

配色方案可以分别应用于背景、文本和线条、阴影、标题文本、填充、强调和超链接等。用户可以挑选一种配色方案用于个别幻灯片或所有幻灯片中。

使用配色方案的操作步骤如下：

1）单击“格式(O)”→“幻灯片设计(D)”命令，在任务窗格中单击“配色方案”，如图 5-14 所示。

2）在“幻灯片”选项卡中选中幻灯片，在任务窗格中单击要选择的配色方案。

4. 更改背景

在PowerPoint中可以单独设置某一张幻灯片的背景。操作方法是：单击“格式(O)”→“背景(K)”命令，弹出如图5-15所示的“背景”对话框。在“背景填充”选项区中单击下拉按钮，可以选择现有的颜色、其他颜色和填充效果，其方法与Word中图片颜色的填充方法相同，不再叙述。

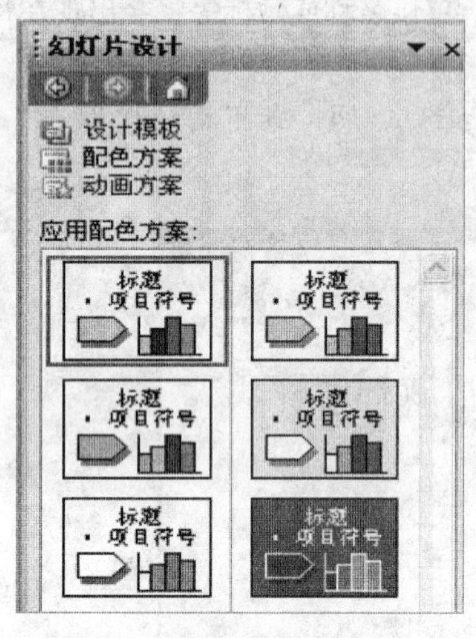

图5-14 配色方案

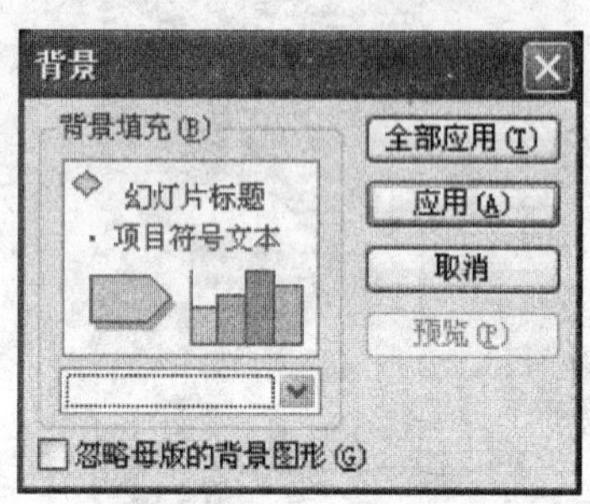

图5-15 “背景”对话框

5.4 动画和超链接

5.4.1 动画

用户可以为幻灯片上的文本、图形、声音、图像和其他对象设置特殊的视听和动画效果，这样可以起到突出主题、丰富版面的作用，同时又大大提高了演示文稿的趣味性。例如，让一段文本逐字从屏幕的左侧飞入屏幕，或在显示图片的同时播放优美的音乐等。为幻灯片中的文本或对象添加动画效果可以使用预设的动画方案或自定义动画两种方法。

1. 使用预设的动画方案

操作步骤如下：

1）打开要添加动画的演示文稿。如果只对部分幻灯片使用动画方案，则先选中所需的幻灯片。

2）单击“幻灯片放映(D)”→“动画方案(C)”命令，弹出“动画方案”任务窗格，如图5-16所示。

3）从列表中选择所需方案，单击“应用于所有幻灯片”按钮，可将选定方案应用到当前演示文稿的所有幻灯片中。单击“播放”按钮，在当前视图下演示动画效果。

2. 自定义动画

操作步骤如下：

1）单击“幻灯片放映(D)”→“自定义动画(M)”命令，弹出“自定义动画”任务窗格。

2）在幻灯片窗格中选中要设置动画效果的对象。

3）在“自定义动画”任务窗格中，单击“添加效果”下拉按钮，然后单击需要的动画效果，如图 5-17 所示。

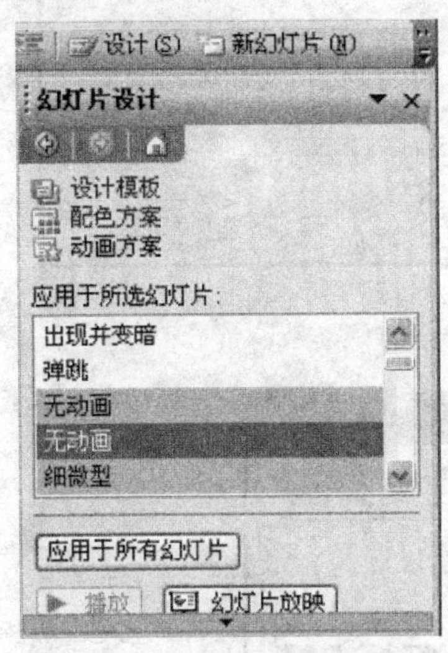

图 5-16　“动画方案”窗格

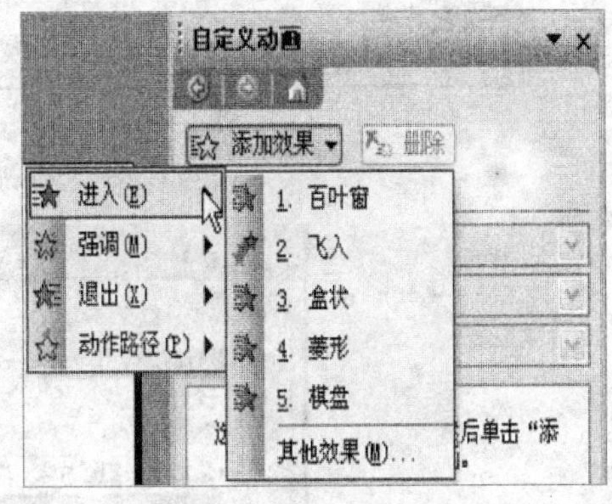

图 5-17　“自定义动画”窗格

4）选定的效果会按顺序排列在窗格中，同一个对象可以应用多个动画效果，但是播放时只能顺序播放，要更改动画播放顺序，用鼠标选中动画效果拖动即可。

5.4.2　演示文稿中的超链接

利用超链接技术可以控制幻灯片的放映顺序，或添加声音、切换到 Web 站点、执行其他应用程序等，从而使文稿的演示更为灵活。在演示文稿中建立超链接有两种方法：

方法一：使用“插入”菜单的“超链接”命令。操作步骤如下：

1）在幻灯片中直接选择某个对象，单击“插入(I)”→“超链接(I)”命令；或右键单击，在弹出的快捷菜单中选“超链接”命令。打开“插入超链接”对话框，如图 5-18 所示。

2）在对话框左侧的“链接到”区域中共有四个选项。选择一个选项后，进行相应的设置，单击“确定”按钮。

3）在幻灯片放映时，鼠标移到下划线处，就会变为超链接标志(形状)，这时单击鼠标，就会跳转到超链接设置的相应位置。

方法二：使用“幻灯片放映”菜单的“动作设置”命令。操作步骤如下：

1）单击“幻灯片放映(D)”→“动作按钮(I)”命令，选择一种按钮，在幻灯片上的合适位置拖动鼠标，出现一个超链接的动作按钮，同时弹出如图 5-19 所示的“动作设置”对话框。

2）选择“超链接到”选项，然后在列表中选择要跳转到的位置，单击“确定”按钮即可。

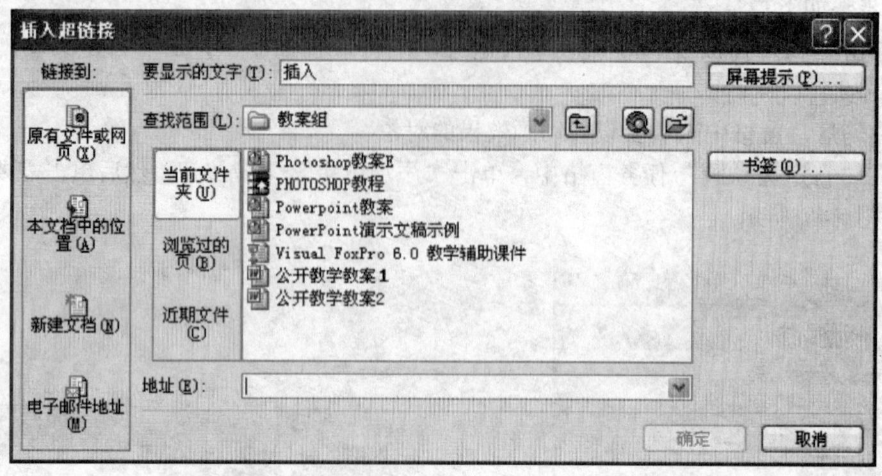

图 5-18 “插入超链接”对话框

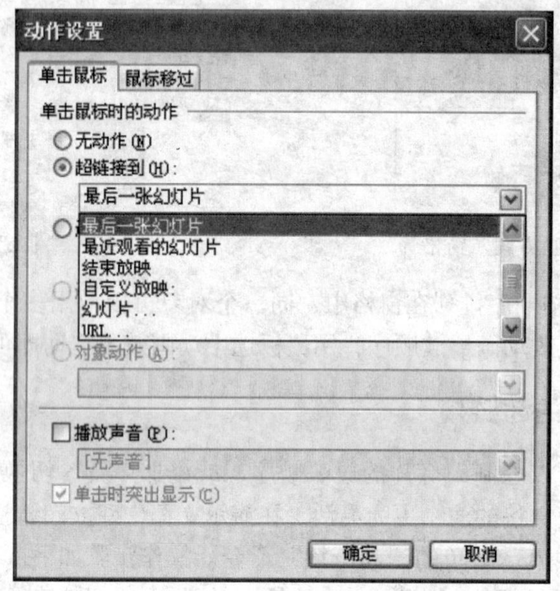

图 5-19 “动作设置”对话框

5.5 放映演示文稿

1. 在屏幕上观看幻灯片放映

（1）在 PowerPoint 中放映 以下几种方式，均可以启动幻灯片放映。

方法一：单击演示文稿窗口左下角“视图切换”工具中的“幻灯片放映”按钮，可以从当前所选的幻灯片开始放映。

方法二：按【F5】键。

方法三：单击“幻灯片放映(D)”→“观看放映(V)”命令，即可从第一张幻灯片开始全屏放映。

方法四：单击“视图(V)”→“幻灯片放映(W)”命令。

(2) 从桌面上激活幻灯片放映　在安装了 PowerPoint 的计算机上，可以直接放映制作好的演示文稿，不需要打开 PowerPoint。操作方法如下：在“我的电脑”或“资源管理器”窗口中找出要放映的文件，在文件名上单击鼠标右键，在弹出的快捷菜单中单击“显示”命令即可。

2. 控制幻灯片放映

(1) 在幻灯片之间切换　演示文稿通常由多张幻灯片组成，放映时需要在幻灯片之间切换。在幻灯片之间切换有以下几种情况：

1) 转到下一张幻灯片：单击、按空格键、【↓】键、【→】键或【Enter】键。

2) 转到上一张幻灯片：按【Backspace】键、【↑】键或【←】键即可转到上一张幻灯片，或者是单击右键，在弹出的快捷菜单上选择“上一张”选项。

3) 转到指定的幻灯片上：单击鼠标右键，在弹出的快捷菜单上选择“定位至幻灯片”选项，然后单击所需的幻灯片即可。

4) 观看以前查看过的幻灯片：单击右键，在弹出的快捷菜单上选择“上次查看过的”选项。

(2) 放映时在幻灯片上书写或绘画　在放映屏幕上单击右键，在弹出的快捷菜单中选择“指针选项”，其中有“圆珠笔”、“毡尖笔”和“荧光笔”三种笔型可供选择。还可以在“指针选项”的“墨迹颜色”的颜色框中选择一种需要的颜色。当选好笔型和颜色后，按住鼠标左键，就可以在幻灯片上书写或绘画，如图 5-20 所示。

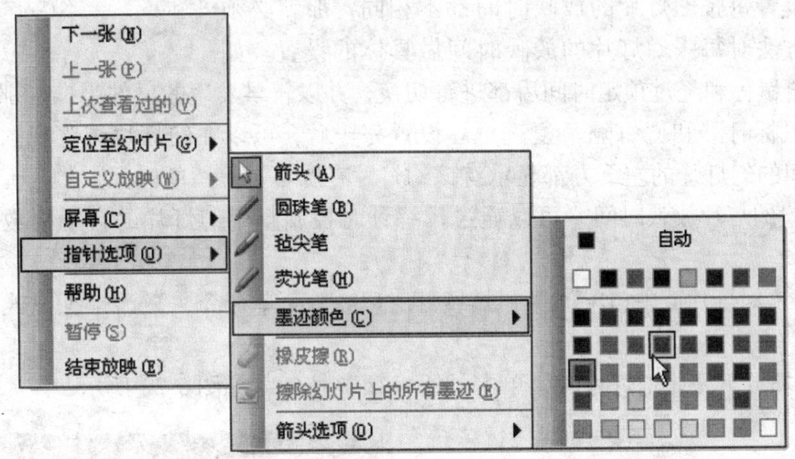

图 5-20　幻灯片放映控制菜单

如图 5-20 所示，单击“指针选项(O)”→“箭头选项(O)”→“永远隐藏(H)”选项，就可以在幻灯片放映时隐藏绘图笔或指针。

3. 设置幻灯片放映方式

通过设置，可以在幻灯片放映时，控制幻灯片自动播放或手动播放，并且可以添加从一张幻灯片切换到下一张幻灯片的时间间隔、切换效果等。

(1) 设置幻灯片切换效果　所谓切换方式，就是幻灯片放映时进入和离开屏幕时的方式。切换时可以加一些特殊效果，如“垂直百叶窗”、“盒状展开”等，不同的幻灯片放映时，可以选择各种不同的切换方式并改变其速度，也可以改变切换效果以引出演示文稿新的部分或强调某张幻灯片。

设置幻灯片切换效果的操作步骤如下：

1）选择要设置效果的幻灯片。

2）单击“幻灯片放映(D)”→“幻灯片切换(T)”命令，打开“幻灯片切换”窗格，如图5-21所示。

3）在“幻灯片切换”窗格中选择需要的切换效果，同时可以设定切换速度、切换时要播放的声音特效。

4）如果要将所做的设置应用于所有的幻灯片上，单击“应用于所有幻灯片”按钮。

（2）设置幻灯片自动切换　幻灯片放映的时候，可以手动切换幻灯片，也可以通过设置来让幻灯片自动切换。操作步骤如下：

1）在如图5-21所示的“幻灯片切换”窗格中，在“换片方式”选项区中去掉“单击鼠标时”的复选框，选中“每隔”复选框，然后在数值框内选择或直接输入希望幻灯片停留的时间(单位是秒)。

2）如果要将所做的设置应用于所有的幻灯片上，单击“应用于所有幻灯片”按钮，如果仅仅应用于当前幻灯片则不必执行此操作。

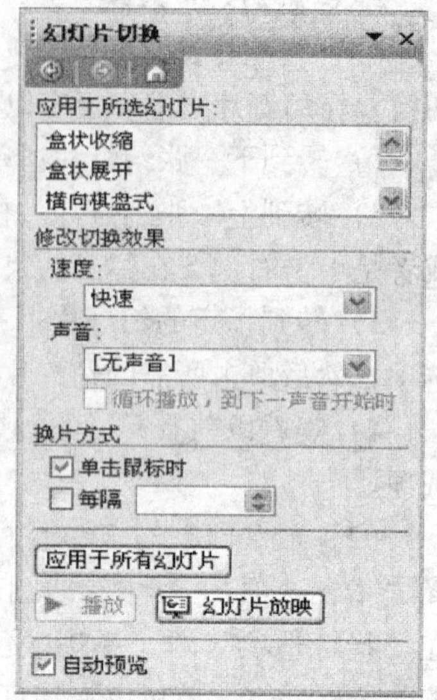

图5-21　“幻灯片切换”窗格

如果要设置每张幻灯片的放映时间都不相同，那就必须使用以上的方法对每张幻灯片的放映时间做具体的设置。如果希望在单击鼠标和经过预定时间后都进行切换，并以较早发生的事件为准，那么必须同时选中“单击鼠标时”和“每隔”复选框。设置完毕后，可以在幻灯片浏览视图下，看到所有设置了时间的幻灯片的左下方都显示有该幻灯片在屏幕上停留的时间。

（3）设置幻灯片放映时间　可以通过排练计时控制整个幻灯片的自动播放时间。操作步骤如下：

1）单击“幻灯片放映(D)”→“排练计时(R)”菜单命令，激活排练方式，弹出“预演”工具栏。

2）准备播放下一张幻灯片时，单击“下一项”按钮，如图5-22所示。

预演
0:00:14　0:00:14

图5-22　“预演”工具栏

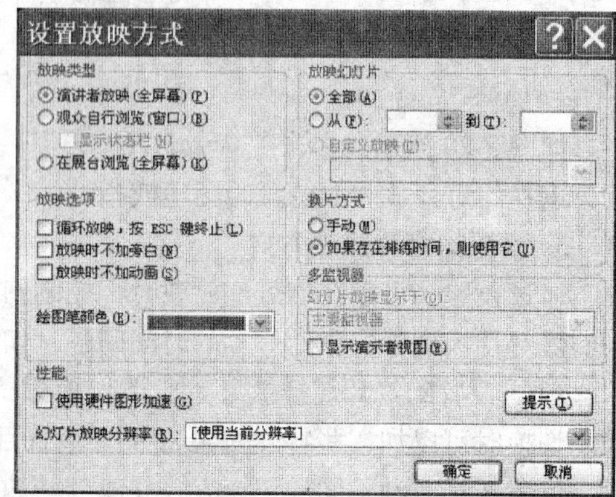

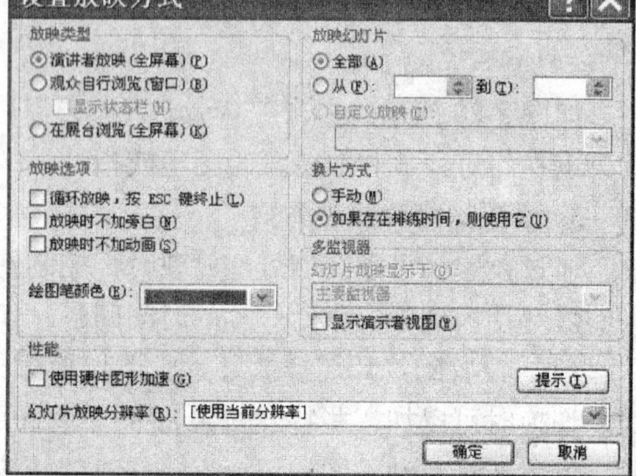

图5-23　“设置放映方式”对话框

3）放映到最后一张幻灯片时，弹出对话框显示总共的时间，并询问是否保留新的幻灯片排练时间。单击“是”按钮接受该时间，单击“否”按钮不保存。

4）单击“幻灯片放映(D)”→“设置放映方式(S)”命令，弹出“设置放映方式”对话框，如图 5-23 所示。在“换片方式”框中选中“如果存在排练时间，则使用它”。单击“确定”按钮即可。

5.6　演示文稿的打印

有时用户需要将演示文稿打印出来，打印内容可以分为幻灯片、讲义、备注和大纲四项内容。

1. 页面设置

打印之前，应设置打印纸张的大小和页面。方法如下：

（1）单击“文件”｜“页面设置”命令，打开如图 5-24 所示的“页面设置”对话框。

（2）选择幻灯片的大小、起始编号、打印方向。

（3）设置完成后，单击“确定”按钮。

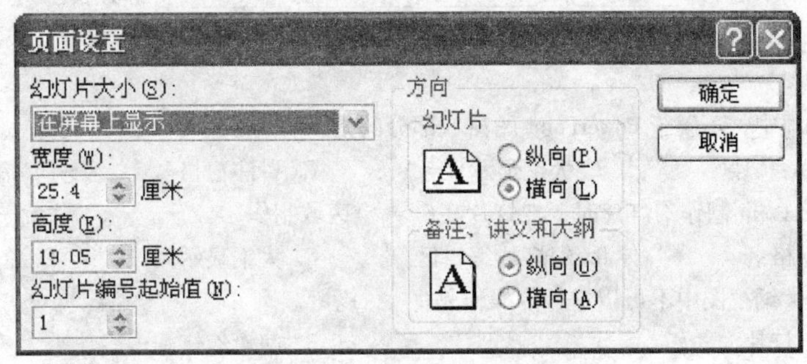

图 5-24　“页面设置”对话框

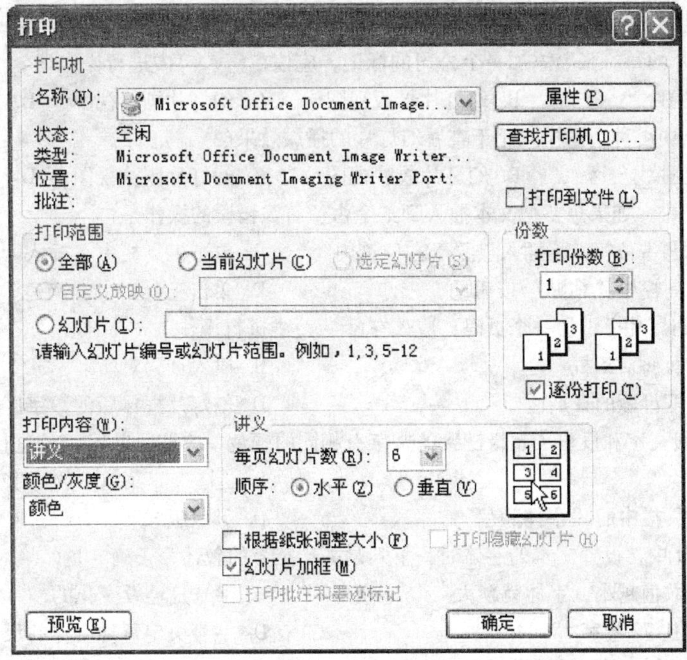

图 5-25　“打印”对话框

2. 打印操作

完成页面设置后，就可以开始打印了，方法是：

（1）选择“文件”｜“打印”命令，打开“打印”对话框，如图5-25所示。

（2）在“打印内容”列表框中选择要打印的内容。当选择讲义时，可以设定每页打印幻灯片的数目和方向。

（3）指明打印的份数、范围等。

（4）单击“确定”按钮开始打印。

习　题

1. 填空题

（1）用PowerPoint制作的文件称为________，其中每一张称为________。

（2）PowerPoint常用的有三种主要视图：________、________、________。

（3）演示文稿的扩展名是________。

（4）打开PowerPoint窗口时，显示的是________视图，其工作界面除包括常规Windows的窗口元素外，还有PowerPoint特有的幻灯片________、________、________、________等部分。

（5）为幻灯片中的文本或对象添加动画效果可以使用________或________两种方式。

2. 选择题

（1）下面的选项中，不属于PowerPoint的窗口部分的是(　　)。

A. 幻灯片编辑区　　B. 大纲显示区　　C. 备注窗格　　D. 播放区

（2）利用PowerPoint制作幻灯片时，幻灯片在(　　)区域制作。

A. 任务窗格　　B. 幻灯片编辑区　　C. 大纲显示区　　D. 备注窗格

（3）在幻灯片大纲视图中不可以进行的操作是(　　)。

A. 删除幻灯片　　B. 编辑幻灯片内容

C. 移动幻灯片　　D. 设置幻灯片的放映方式

（4）PowerPoint中，(　　)模式可以实现在其他视图中可实现的一切编辑功能。

A. 普通视图　　B. 大纲视图　　C. 幻灯片放映视图　　D. 幻灯片浏览视图

（5）要在幻灯片的每一张上添加一个公司的标记，应该在(　　)中进行操作。

A. 大纲视图　　B. 幻灯片母版视图　　C. 幻灯片浏览视图　　D. 普通视图

（6）PowerPoint中哪种视图模式用于查看幻灯片的播放效果(　　)。

A. 大纲视图　　B. 幻灯片放映视图　　C. 幻灯片浏览视图　　D. 普通视图

（7）PowerPoint中，如果想要把文本插入到某个占位符，错误的操作是(　　)。

A. 单击标题占位符，将插入点置于占位符内　　B. 单击工具栏中“插入”按钮

C. 单击工具栏中“粘贴”按钮　　D. 单击工具栏中“新建”按钮

（8）要在每张幻灯片上添加一个页码，应该在(　　)中进行操作。

A. 页眉和页脚对话框　　B. 插入页码对话框

C. 幻灯片框母版的日期区　　D. 幻灯片框母版的数字区

（9）要使得一般文字和设置了超级链接的文字有相同的颜色，应该通过(　　)进行操作。

A. 配色方案　　B. “格式”菜单中的“字体”命令

C. 绘图工具栏中的“字体颜色”　　D. 母版版式

（10）PowerPoint中，设置文本的字体时，下列是关于字号的叙述，正确的是(　　)。

A. 字号的数值越小，字体就越大　　B. 字号是连续变化的

C. 66号字比72号字大　　D. 字号决定每种字体的尺寸

（11）PowerPoint中，应用设计模板时，在菜单栏中选择下列哪项进入(　　)。

A. 视图　　B. 格式　　C. 工具　　D. 插入

(12) 选出关于 PowerPoint 中，插入图片操作叙述中有错的是(　　)。

A. 在幻灯片视图中，显示要插入图片的幻灯片

B. PowerPoint 中，插入图片也可以从菜单栏中的“插入”菜单开始操作

C. 插入图片的路径可以是本地的也可以是网络驱动器

D. 以上说法全不正确

(13) 在“幻灯片切换”对话框中，允许的设置是(　　)。

A. 设置切换时的视觉和听觉效果　　B. 只能设置切换时的视觉效果

C. 只能设置切换时的听觉效果　　D. 只能设置切换时的定时效果

(14) 幻灯片的打印内容可包括(　　)。

A. 讲义　　B. 大纲　　C. 备注　　D. 幻灯片中的动画

(15)“自定义动画”对话框中有关动画设置的选项不包括(　　)。

A. 动画顺序　　B. 预设动画　　C. 效果　　D. 声音

3. 上机练习题

(1) 利用“诗情画意”设计模板创建一个演示文稿，并添加 3 张幻灯片，其文字内容为介绍一本自己喜欢的书。

(2) 创建一个空白演示文稿，自己设计母版和配色方案，然后添加 5 张幻灯片用以介绍自己，并要求幻灯片上有声音和动画效果。

(3) 为一个公司制作宣传某种产品的演示文稿，要求如下：

1) 至少制作 10 张幻灯片。

2) 将第一张幻灯片(标题幻灯片)中的标题改设为艺术字。

3) 内容中包含产品图片、文字介绍、背景音乐、动画效果等。

4) 选择“自定义”方案重新配置幻灯片的颜色。

5) 添加切换效果并自动播放演示文稿。

6) 结果保存，文件名为“产品介绍 . ppt”。

第 6 章　计算机网络基础

学习目标

1）了解计算机网络按覆盖的地理位置的分类方法和网络的拓扑结构。

2）了解常用的网络协议、网络操作系统，了解传输介质和常用网络设备的名称。

3）了解 IP 地址和域名的概念。

4）了解 Internet 的常用服务。

5）掌握 IE 的使用和收发电子邮件的方法。

6.1　计算机网络概述

6.1.1　计算机网络与分类

1. 计算机网络的定义

计算机网络的应用已经渗透到社会的各个方面，尤其是 Internet 的出现和应用，使得计算机网络越来越普及。20 世纪 90 年代，随着 Internet 的迅速发展和家庭计算机的普及，人们将很多传统的业务转移到网络平台上。基于计算机网络的应用越来越多，计算机网络已经成为现代社会的重要基础“建筑”，人们形象地将其称为“信息高速公路”。

计算机网络是计算机技术和通信技术紧密结合的产物，它涉及到通信与计算机两个领域。计算机网络，就是利用通信设备和通信线路，将处于不同地理位置且具有独立功能的多台计算机互相连接起来，在网络软件的支持下实现彼此之间的资源共享和相互通信的系统。

计算机网络发展之初主要是为了实现计算机硬件资源的共享，因为那时的计算机硬件非常昂贵，人们不可能独自拥有一台计算机。随着计算机技术的发展，人们对软件资源、信息资源的共享要求也越来越迫切，于是计算机网络又承担起实现软件资源和信息资源的共享功能。

2. 计算机网络的分类

计算机网络的类型很多，而且有不同的分类依据。可以按覆盖的地理范围划分、按拓扑结构划分、按管理性质划分、按交换方式划分等。通常人们使用最多的是按网络覆盖的地理位置分类，计算机网络可以分为局域网、城域网和广域网三种。

（1）局域网(Local Area Network,LAN)　局域网是将小区域内的计算机及各种通信设备互连在一起的网络，其分布范围局限在一个办公室、一个建筑物或一个企业或校园内。局域网通常被应用于连接单位内部的计算机，以便共享资源(如打印机和数据库)和交换信息。它的特点是：距离短、延时小、数据速率高、传输可靠。

（2）广域网(Wide Area Network,WAN)　跨越地域范围较大的网络叫广域网，广域网也被叫做远程网，它提供计算机之间远距离资源共享和远距离通信的能力。广域网其分布范围可达数百千米乃至更远，可以覆盖一个地区，一个国家，更至全世界。Internet 是全球最大的广域网。广域网的主要作用并不是为了单独的一个组织服务，而是将分布在不同地区的计算机网络互相连接起来。

（3）城域网(Metropolitan Area Network, MAN) 城域网是分布范围介于局域网与广域网之间的一种网络，其规模局限在一座城市的范围内，从广义上讲城域网也是一种广域网。城域网设计的目的是在一个较大的地理区域内提供数据、声音和图像的传输。

局域网是组成其他两种网络的基础，城域网一般都加入了广域网。广域网的典型代表是Internet。因此，为了简单起见，我们也把计算机网络分为局域网和广域网两类。

6.1.2 计算机网络的功能

计算机网络的功能主要体现在资源共享、信息交换等方面。网络上的资源包括软件、硬件和数据资源。网络上的计算机不仅可以使用自身的资源，也可以共享网络上的其他资源。在网络上可以把一个大问题分解到不同的计算机上进行分布处理。计算机网络有如下功能：

1. 资源共享

资源共享既包括硬件资源的共享，如打印机、大容量磁盘等；同时也包括软件资源的共享，如程序、数据等，例如各种各样的 Web 服务器、FTP 服务器和搜索引擎等。

2. 信息交换

这是计算机网络最基本的功能，主要完成计算机网络中各计算机之间的通信。用户可以在网上传送电子邮件、开展电子商务、实施远程教育、视频会议、在线聊天等。

3. 分布式处理

计算机网络能协同处理比较难于处理的大型问题，它可以发挥网络中各种机器的不同优势，共同完成单机系统难以完成的工作。另外，计算机网络与具有相同处理能力的大型机相比，价格低廉，因而计算机网络具有比较高的性能价格比。

4. 提高可靠性

计算机网络中，每种资源(尤其程序和数据)可以存放在多个地点，而用户可以通过多种途径来访问网内的某个资源，从而避免了单点失效对用户产生的影响。通俗地说就是在工作过程中，当一台计算机出现故障时，可以用网络中的另一台计算机来代替；同理，如果在网络中一条线路出了故障，也可以用另外一条来代替。计算机网络还可以通过网络系统缓解用户资源缺乏与工作任务过重的矛盾，并可对网络负载进行均衡调节。

6.1.3 局域网的组成及拓扑结构

1. 局域网的组成

局域网是最常见的计算机网络，它是将小区域内的计算机及各种通信设备互连在一起的网络，其跨越的地域范围一般比较小，通常在几百米的范围之内。一个局域网可能仅仅连接了一个办公室中的设备，也可能覆盖了一座楼宇或一个范围不大的单位。使用局域网，可以方便地将计算机和其他设备连接在一起，实现计算机之间的数据交换或者共享设备资源。例如，可以让所有计算机共同使用连接在网上的一台打印机或其他设备。

2. 局域网的拓扑结构

按照网络中结点的连接方式，计算机网络的拓扑结构分为总线型网络、星形网络、环形网络、树形网络和网状网络，如图 6-1 所示。但后两种网络太复杂了，所以我们只讨论前三种网络。

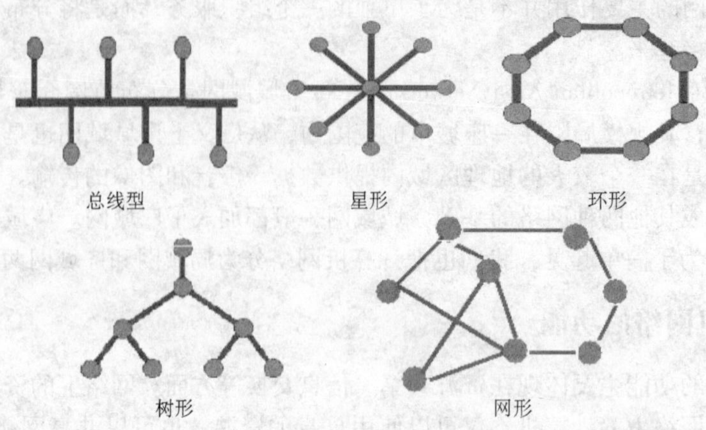

图 6-1　网络的拓扑结构

（1）总线型　总线型结构是网络上的所有结点都通过相应的硬件接口直接连接到干线网络上，干线电缆构成网络的总线。任何一个结点发送的信号都可以沿着总线传播，由于其他所有的结点共用一个传输线路，所以一次只能有一个设备发送数据，如图 6-2 所示。

总线型结构的优点是：电缆长度短，易于布线，实现容易，结构简单，传输介质又是无源元件，从硬件的角度看，十分可靠，易于扩展。

总线型结构的缺点是：故障检测比较困然、协议控制比较复杂、扩充站点时网络必须中断等。

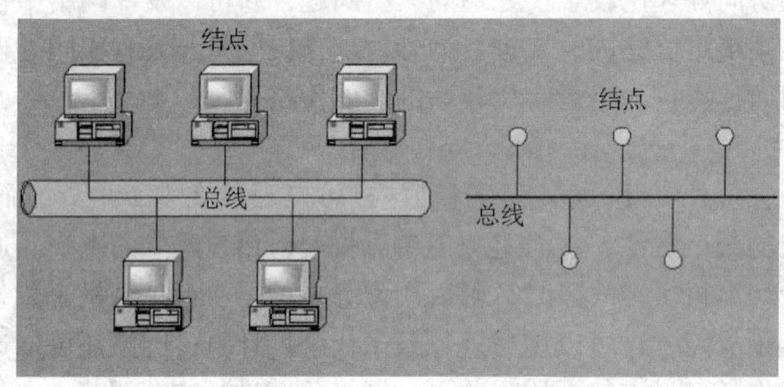

图 6-2　总线型结构

（2）星形　星形结构中所有结点都与一个特殊的结点连接，这个特殊的结点叫做中心结点。任何通信都由发送端送到中心结点，再由中心结点转发到接收端，如图 6-3 所示。

星形结构的优点是：利用中心结点可以方便地提供服务和重新配置网络；单个连接点的故障只影响一个设备，不会影响全网，容易检测和隔离故障，便于维护。

星形结构的缺点是：每个站点直接与中心结点相连，需要大量电缆，因此费用较高；如果中心结点产生故障，则全网不能工作，所以对中心结点的可靠性和冗余度要求很高。

（3）环形　环形结构中各个结点通过通信线路连接成一个闭合环路，数据信息在环上沿一个方向流动。通信时发送端发出的信号要按照一个方向传输，经过各个中间结点的转发才能到达接收端。很显然，如果环中一处发生了故障，就可能造成整个网络的瘫痪，所以实践中通常用双环来保证网络的可靠运行。环形结构在下面两种场合比较常见：一是工厂中，因为环形结构的抗干扰能力比较强；二是有许多大型机的场合，因为采用环形结构易于将局

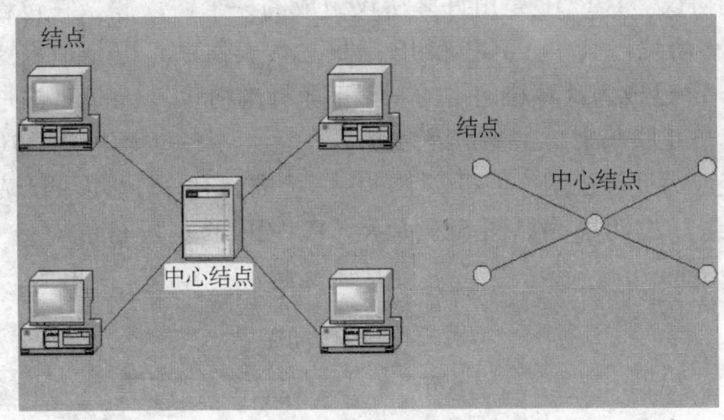

图 6-3　星形结构

域网用于大型机网络中，如图 6-4 所示。

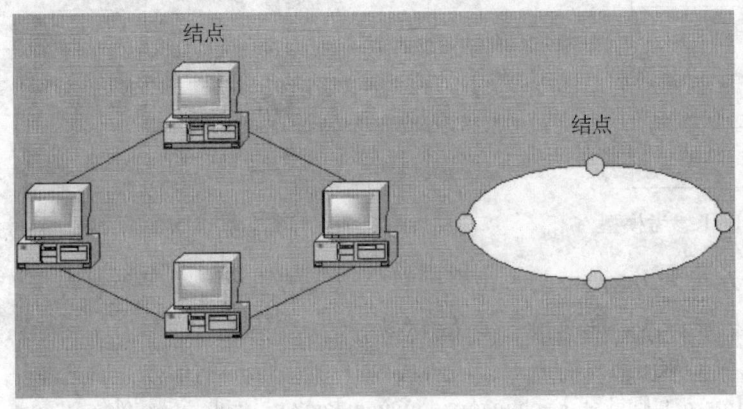

图 6-4　环形结构

环形结构的优点是：高速运行，避免冲突的结构相当简单。

环形结构的缺点是：设备昂贵，管理复杂。

6.1.4　网络协议

网络是一个相互连接的大群体，里面有许许多多的软件和硬件，因此要想加入到这个群体中来，就不能随心所欲，一定要遵循规则。就像一个国家或一个民族有自己的语言，大家都凭借共同的语言来相互交流一样，相互连接的网络中各个结点也需要拥有共同的“语言”，依据它所定义的规则来控制数据的传送，这种语言就是“协议”。协议是对网络中设备以何种方式交换信息的一系列规定的组合，它对信息交换的速率、传输代码、代码结构、传输控制步骤、出错控制等许多参数给出定义。网络协议实际上是为了网络中各设备之间通信而制定的一系列的规则。网络协议对于计算机网络来说必不可少。不同的网络，不同厂家的网络产品，所使用的协议也不同，但都遵循一些协议标准，这样便于不同厂家的网络产品进行互联。在局域网中常见的网络通信协议有 TCP/IP、IPX/SPX 和 NetBEUI。下面分别介绍这三种协议。

1. TCP/IP

TCP/IP(Transmission Control Protocol/Internet Protocol,传输控制协议/网际协议)协议是目

前世界上最流行的协议。TCP/IP 是由许多协议组成的一个协议簇，它包含 TCP、IP、DNS、HTTP 和 FTP 等很多协议。其中，TCP 和 IP 是最具代表性的，也是最重要的协议，TCP/IP 也因此得名。TCP/IP 已成为计算机网络的一套工业标准协议。Internet 之所以能将各种各样的网络系统的计算机互联起来，主要是因为应用了“统一”的 TCP/IP。TCP/IP 虽然不是国际标准，但是已经成为计算机网络的事实上的国际标准，有许许多多的产品支持 TCP/IP。

TCP/IP 将网络分成四层，如图 6-5 所示。TCP/IP 的一层可能对应 OSI 的多层。OSI（Open System Interconnection）参考模型是 ISO（国际标准化组织）提出的，OSI 有 7 层结构，如图 6-6 所示。

图 6-5 TCP/IP 参考模型

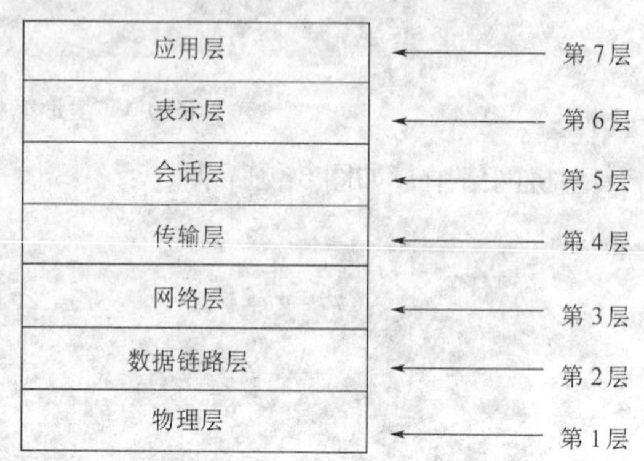

图 6-6 OSI 参考模型

TCP/IP 是连接到 Internet 上的计算机必须遵守的协议，是 Windows 操作系统的默认协议。TCP/IP 的功能强大，能支持大型网络。缺点是 TCP/IP 配置复杂。

2. IPX/SPX 协议

IPX/SPX（Internet Packet Exchange/Sequence Packet Exchange，网际包交换/顺序包交换）协议是 Novell 公司的通信协议集。IPX/SPX 协议比较庞大，在复杂环境下具有很强的适应性，具有强大的路由功能，适合于大型网络使用。

3. NetBEUI 协议

NetBEUI（NetBIOS Extended User Interface，用户扩展接口）协议由 IBM 于 1985 年开发完成，专用于 Windows 系列操作系统。它是一种体积小、效率高、速度快的通信协议，此协议几乎不需要任何配置即可使用。NetBEUI 协议是专为小型局域网开发的协议。目前在微软的主流产品中，NetBEUI 已成为其固有的默认协议。NetBEUI 协议的缺点是该协议不支持路由功能，只能用于局域网。

6.1.5 网络操作系统

常用的网络操作系统主要有 Windows 系列、UNIX、Linux 和 NetWare 等。

1. Windows 系列

Windows 系列包括 Windows NT/2000/2003 操作系统。Windows NT 操作系统分为 Windows NT Server 服务器端软件和 Windows NT Workstation 客户端软件两个部分。Windows 2000 操作系统包括：Windows 2000 Professional、Windows 2000 Server、Windows 2000 Advanced Server 和 Windows 2000 Datacenter Server。Windows 2003 Server 沿用了 Windows 2000 Server 和 Windows 2000 Advanced Serve 的先进技术，使之更易于部署、管理和使用，其高效的结构有

助于使网络成为企业的战略性资产。Windows 2003 Server 包括了客户需要的所有对业务至关重要的功能，如安全性、可靠性、可用性和可伸缩性等。

2. UNIX 操作系统

UNIX 操作系统作为工业标准已经被很多计算机厂商所接受，并被广泛应用于大型机、中型机、小型机、工作站与微型机上。

UNIX 是一个多任务、多用户操作系统。UNIX 操作系统的文件、目录与设备采用统一处理方式，如在用户权限、文件和目录权限、内存管理等方面都有非常严格的规定，使系统的安全性、可靠性得到了充分保障，因此 UNIX 操作系统的可靠性非常高。UNIX 具有很好的可移植性，直接支持网络功能，可方便地接入互联网。因为互联网的基础是 UNIX，互联网中运用的 TCP/IP 协议也是随 UNIX 的发展而不断发展和完善起来的。目前，大量的互联网服务器都安装了 UNIX 操作系统。

由于 UNIX 只能运行在较少数几家厂商制造的硬件平台上，所以在硬件的兼容性方面 UNIX 操作系统不够好。UNIX 的版本较多，各版本之间的兼容性也不好，与 Windows 系列操作系统相比可用的商业软件要少得多。UNIX 的建立和管理也比 Windows 等操作系统难得多。

3. Linux 操作系统

Linux 操作系统的发明人的设计目标是使 Linux 能够成为一个能够基于 Intel 硬件、在微型机上运行、类似于 UNIX 的新的操作系统。通过 Internet，Linux 系统开发的研究成果很快传播到世界各地，成为操作系统中一个新的重要研究内容。Linux 操作系统是免费的软件包，常见的 Linux 产品有 Turbo Linux、Red Hat Linux、BluePoint Linux、红旗 Linux 和 Fedora 等。随着 Linux 的不断发展，支持更多的硬件平台和各种网络协议，其应用将更加广泛。

Linux 操纵系统最大的特点是开放的源代码，任何人都可以通过 Internet 下载并修改它，然后公布修改结果。Linux 支持多用户、多任务、多处理器。Linux 可以在多种硬件平台上运行并支持多种外部设备，还可以仿真多种操作系统软件的环境。

Linux 存在的问题是：发行版本较多，且不同版本之间存在大量的不兼容之处，不利于 Linux 的普及。

4. NetWare 操作系统

NetWare 操作系统是 Novell 公司开发的。NetWare 操作系统以其强大的文件及打印服务能力而久负盛名，NetWare 可以将打印服务软件装入像文件服务器这样的硬件中，以方便地实现打印机资源共享。NetWare 操作系统具有良好的兼容性及系统容错能力，并有较完备的安全措施，NetWare 对入网用户进行注册登记，并采用 4 级安全控制原则以管理不同级别的用户对网络资源的使用。

NetWare 操作系统的不足之处是：NetWare 存在着工作站资源无法直接共享，安装及管理维护较复杂，多用户需要同时获取文件及数据时会导致网络效率降低，以及服务器的运算能力不能得到发挥等。

总之，以上介绍的网络操作系统各有特点。UNIX 的界面没有 Windows 友好，属于专家级的操作系统，但 UNIX 安全性最好。对于大型网络来说安全性非常重要，由于 UNIX 的安全性好，所以大型网络通常用 UNIX。而 Windows 界面友好，操作简单易学，使用的人很多，但安全性比 UNIX 差。Linux 的应用也越来越广泛，特别是在产品的研发方面，很多厂家的产品用 Linux 作操作系统，就是因为 Linux 是免费的，这样就省去花在操作系统上的投资了。NetWare 在 20 世纪 90 年代得到广泛应用，目前应用的范围越来越小，基本上被淘汰了。

6.2 传输介质与常用网络设备

6.2.1 传输介质

网络传输介质有各种各样，下面介绍几种常见的传输介质。

1. 同轴电缆

同轴电缆以单根铜导线为内芯，外面裹一层绝缘材料，外面再裹密集网状导体，最外面是一层保护性塑料。同轴电缆分为粗同轴电缆和细同轴电缆，如图6-7所示。同轴电缆曾经是使用范围最广泛的传输介质，目前基本被淘汰。

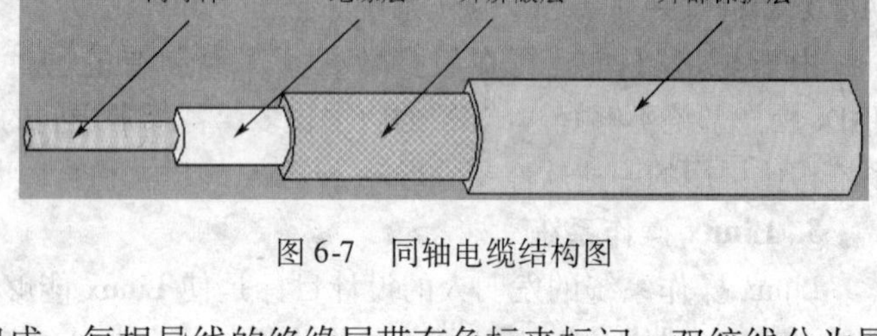

图6-7 同轴电缆结构图

2. 双绞线

双绞线由两根具有绝缘保护层的铜导线按一定密度相互绞在一起组成，每根导线的绝缘层带有色标来标记。双绞线分为屏蔽双绞线和非屏蔽双绞线，如图6-8所示。在目前局域网中，双绞线是发展较快、使用最广泛的一种计算机网络传输介质。

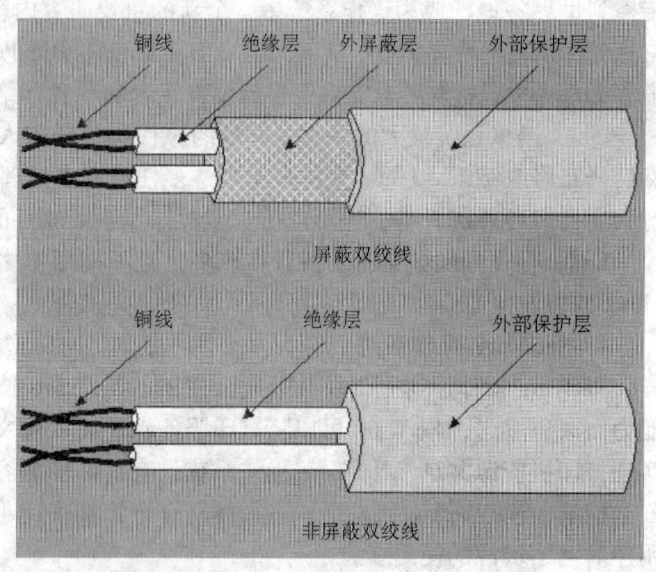

图6-8 双绞线示意图

3. 光纤

光纤是一种传输光束的细而柔软的媒质。光缆是将多根光纤放在一个松管内，在管内填充石油膏和钢丝形成的，如图6-9所示。

光缆是数据传输中最有效的一种传输介质。光缆具有传输速率高、频带宽，电磁绝缘性好，衰减小，抗化学腐蚀能力强等特点。缺点是质地脆，机械强度低，切断和连接中技术要求高，分路、耦合较麻烦等。

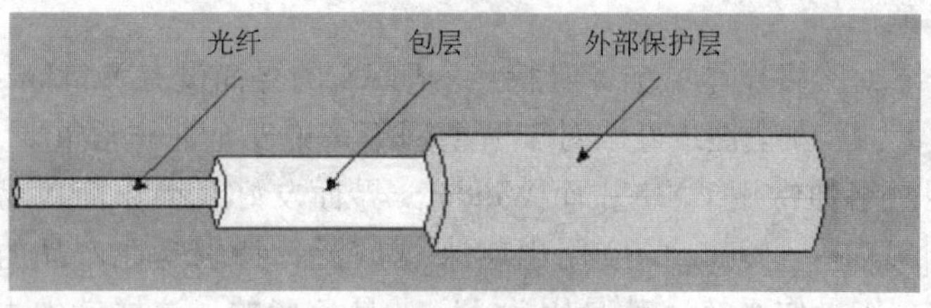

图6-9 光纤示意图

6.2.2　常用网络设备

1. 网卡(NIC)

网卡(Network Interface Card,网络接口卡)也称为网络适配器。网卡一方面将发送给其他计算机的数据转变成能在网络上传输的信号发送出去，另一方面又从网络上接收信号并转换成在计算机内传输的数据。

网卡的种类很多，有服务器专用网卡和工作站网卡，笔记本计算机专用网卡 PCMCIA。无线局域网网卡是近年来随着无线局域网技术的发展而产生的，与有线网卡不同的是，无线网卡在传送信息时不需要双绞线连接。图 6-10a 是有线网卡，图 6-10b 是带 USB 口的无线网卡。

a)　　b)

图 6-10　网卡

a）有线网卡　b）带 USB 口的无线网卡

2. 集线器(Hub)

集线器是一个多端口的信号放大设备，如图 6-11 所示。目前集线器应用的范围越来越小，逐渐被淘汰。

3. 交换机(Switch)

交换机是集线器的升级换代产品。从外观上看，它与集线器没有多大区别。使用交换机的所有用户独享带宽，因此交换机适合于需要更高网络性能的线路上，如图 6-12 所示。

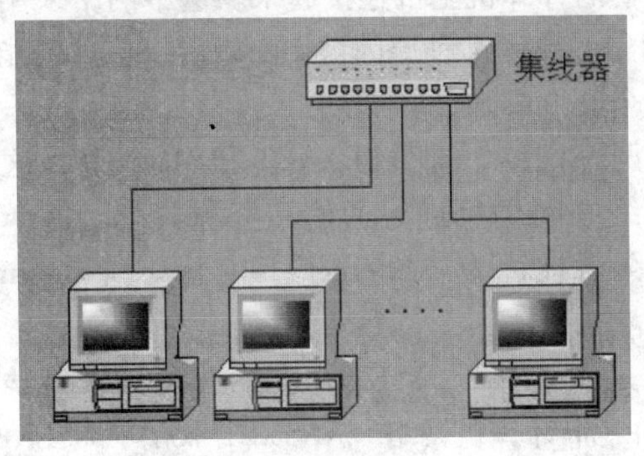

图 6-11　集线器

图 6-12　交换机

4. 路由器(Router)

路由器是一种多端口设备，它可以连接不同传输速率并运行于各种环境的局域网和广域网，也可以采用不同的协议。路由器的主要功能是：有效地指导包从一个网络传输到另一个网络，减少过度的流量；连接相临或远距离的网络；连接截然不同的网络；通过隔离网络的一部分来防止网络的瓶颈；保护网络免受入侵等，如图 6-13 所示。

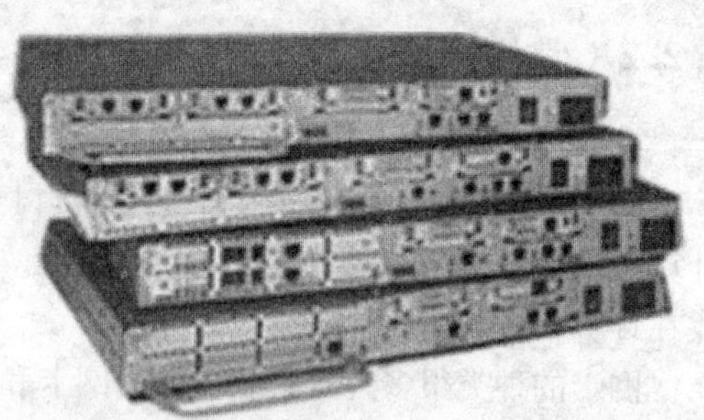

图 6-13　路由器

目前 Cisco 公司的路由器最为著名，在路由器市场上的份额最大。我国深圳华为公司的路由器产品也是后起之秀。

6.3　Internet 基础知识

6.3.1　Internet

1. Internet 概念

为了在各个网络之间能够实现信息的交换，人们提出了要把不同的网络连接在一起的要求，在更大的范围中实现资源共享。Internet 就是在这一需求下出现的，它是由多个网络连接而形成的大规模网络互联系统，因而被称为互联网。Internet 是世界各地的计算机通信的手段和方法，是信息的载体和传输系统，是连接全世界计算机的纽带，是一个功能强大的工具。Internet 并不是一个单一的计算机网络，而是由许多网络互联在一起的一个“网际网”。

Internet 起源于美国 1969 年开始实现的 ARPANET 计划，其目的是建立分布式的、存活力极强的全国性信息网络。当时正值苏美冷战时期，美国国防部认为，如果仅有一个集中的军事指挥中枢，万一这个中枢被苏联的核武器摧毁，全国的军事指挥将处于瘫痪状态，其后果将不堪设想。因此，应设计出一种分散的指挥系统，它由一个个分散的指挥点组成，当部分指挥点被摧毁后，其他点仍能正常工作，并且这些点之间，能够绕过那些已被摧毁的指挥点而继续保持联系。这样从 20 世纪 60 年代末到 70 年代初，由美国国防部资助，建立了一个名为 ARPANET 的网络，这个网络把几所大学的计算机主机连接起来。这个网络采用的技术能够保证：如果这几所大学之间的某一条通信线路因某种原因被切断以后，信息仍能够通过其他线路在之间传递，这个 ARPANET 就是今天 Internet 的雏形。

在 1983 年，原来 ARPANET 自行分裂成两个网络，即 ARPANET 和 MILNET，这两个网络并非相互无关而是相互连通的，两个网络之间仍可进行通信和资源共享。这个网际互联的网络最初被称为“DARPA”，随后不久就被称为“Internet”，它标志着 Internet 的诞生。

在 Internet 发展过程中另一个值得一提的是 NSFNET。NSFNET 是由美国国家科学基金 NSF(National Science Foundation)资助下建立的一个计算机网络。ANSNET 取代了 NSFNET 成为 Internet 的主干网。

Internet 产生后不久，美国国防通信局命令所有的 ARPANET 主机都必须使用 TCP 和 IP，即 TCP/IP 协议。现在我们说一个网络是否属于 Internet，关键看它在通信时是否采用 TCP/IP 协议。TCP/IP 协议导致了 Internet 环境的形成，并意味着更多的网络可以在不对已存在的网络产生任何影响的条件下加入 Internet。

2. Internet 特点

Internet 是全球最大的计算机网络，无论在不同的城市、地区，还是在不同国家的计算机都能通过 Internet 联系起来，因此 Internet 覆盖范围大。

每一个 Internet 网络成员都是自愿加入并承担相应的各种费用，与网上的其他成员和平共处，友好地传输数据，共同遵守网络协议。

由于 Internet 是由数以万计的子网通过自愿连接起来的网络，没有一个国家、地区叫 Internet，也没有 Internet 控制中心，因此称 Internet 为“网中网”。

6.3.2　IP 地址和域名

1. IP 地址

Internet 是由大量不同网络互联而成的，每个网络可以使用不同的协议，各个网络物理地址的编址方案也可能不同，这就为跨网通信带来了困难。

为此，必须设计一种与网络物理地址无关的，在整个 Internet 范围内惟一的地址。这种地址应是独立于网络物理地址的逻辑地址(或称虚拟地址)，由软件提供和维护，这种地址就是 IP 地址。

凡是连入 Internet 的计算机都要有一个 IP 地址，若要访问 Internet 上的其他计算机，必须知道它的 IP 地址才能与之通信。

(1) IP 地址的编址方案　一个 IP 地址由 32 位(即 4 个字节)二进制数组成，即采用 x. x. x. x 的格式来表示，每个 x 为 8 位，每个 x 的值为0 ~255。例如 202. 197. 192. 6。这种格式的地址被称为点分十进制(Dotted Decimal Notation)地址。IP 地址按层次结构组织，分为前缀和后缀两部分。前缀是网络的标识，表示网络地址；后缀是网络中的主机标识，是主机地址，如图 6-14 所示。

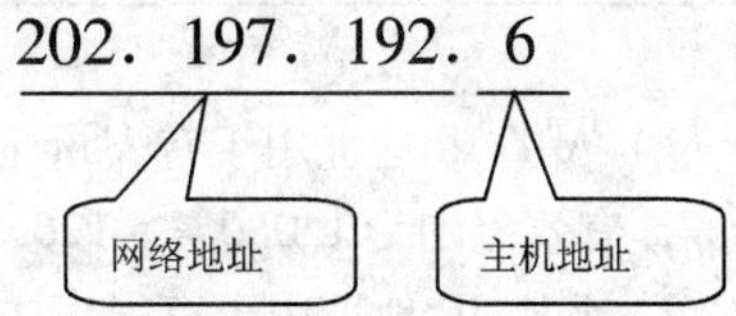

图 6-14　IP 地址

IP 地址具有以下一些重要特点：

1) 每一个 IP 地址都由网络号和主机号两部分组成。

2) 每台主机的 IP 地址在整个 Internet 范围内是惟一的。

3) 网络地址在 Internet 范围内统一分配，主机地址则由该网络自己分配。即当一个网络获得了一个网络地址之后，它可以自行对本网络中的每台主机分配主机地址，主机地址部分只需在本网络中惟一。

(2) IP 地址的分类　根据不同的取值范围，IP 地址分为五类，分别是 A 类、B 类、C 类、D 类和 E 类。IP 地址中前 5 位用于标识 IP 地址的类别，A 类地址的第一位为“0”，B 类地址的前两位为“10”，C 类地址的前三位为“110”，D 类地址的前四位为“1110”，E 类地址的前五位为“11110”，如图 6-15 所示。其中，A 类、B 类与 C 类地址为基本的 IP 地址，在 A 类、B 类、C 类 IP 地址中有少量地址用于特殊用途，不能分配给主机。这些保留地址是：后缀全 0 的主机地址；后缀全 1 的主机地址；前缀、后缀全 0 的 IP 地址；前缀、后缀全 1 的 IP 地址；前缀全 1 的 A 类地址，即第 1 个十进制数为 127 的 IP 地址。

A 类、B 类、C 类、D 类和 E 类 IP 地址的范围和用途分别如下(见表 6-1)：

1
8
16
24
32
A类地址
0
网络地址（7位）
主机地址（24位）
B类地址
10
网络地址（14位）
主机地址（16位）
C类地址
110
网络地址（21位）
主机地址（8位）
D类地址
1110
多播地址（28位）
E类地址
11110
保留用于实验和将来使用

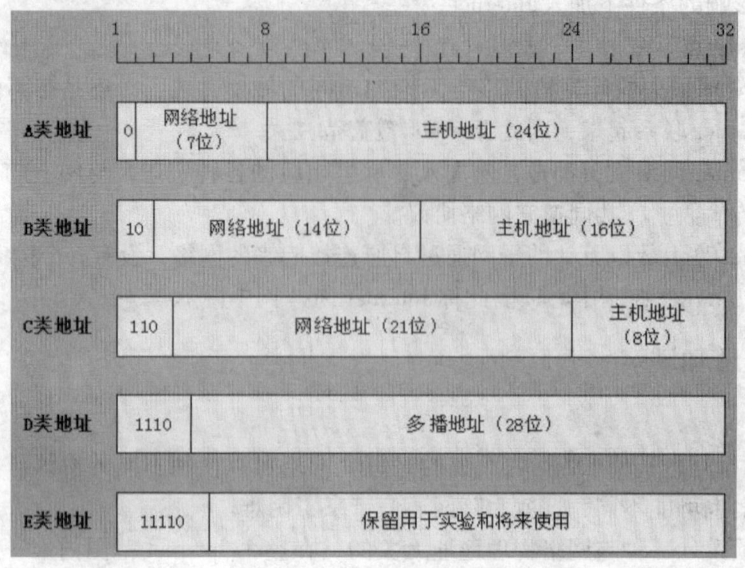

图 6-15　IP 地址的分类

表 6-1　Internet 的 IP 地址空间容量

类　型	范　围	网络地址数	网络主机数	类　型	范　围	网络地址数	网络主机数
A 类网络	1 ~ 126	126	16777214	D 类网络	224 ~ 239		
B 类网络	128 ~ 191	16382	65534	E 类网络	240 ~ 247		
C 类网络	192 ~ 223	2097150	254				

1）A 类 IP 地址用于有大量主机的超大型网络。其前 8 位标识网络号，后 24 位标识主机号，有效范围为 1.0.0.1 ~ 126.255.255.254，每个网络主机数量可以达到 16777214 个。

2）B 类 IP 地址用于有很多主机的大型或中型网络。其前 16 位标识网络号，后 16 位标识主机号，有效范围为 128.0.0.1 ~ 191.255.255.254，每个网络主机数量最多是 65534 个。

3）C 类 IP 地址用于主机数量不多的小型网络。其前 24 位标识网络号，后 8 位标识主机号，有效范围为 192.0.0.1 ~ 223.255.255.254，每个网络主机数量最多是 254 个。

4）D 类 IP 地址用于多目的地址广播传递。

5）E 类 IP 地址保留，主要用于研究和试验。

2. 子网掩码

子网掩码的作用就是将某个 IP 地址划分成网络地址和主机地址两部分。子网掩码不能单独存在，它必须结合 IP 地址一起使用。

与 IP 地址一样，子网掩码的长度也是 32 位，左边是网络位，用二进制数字“1”表示；右边是主机位，用二进制数字“0”表示。如图 6-16 所示，是 IP 地址为“192.168.0.1”和子网掩码为“255.255.255.0”的二进制对照。子网掩码中“1”有 24 个，代表与此相对应的 IP 地址左边 24 位是网络号；0 有 8 个，代表与此相对应的 IP 地址右边 8

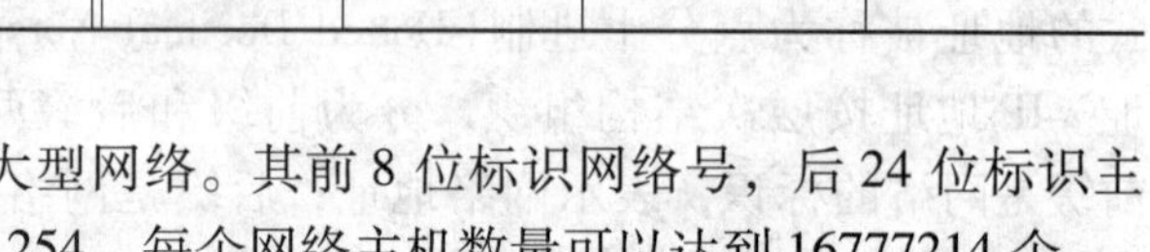

子网掩码
11111111.11111111.11111111.00000000
网络位
主机位
IP 地址
11000000.10101000.00000000.00000001
网络号
主机号

图 6-16　子网掩码与 IP 地址的关系

位是主机号。这样，子网掩码就确定了一个 IP 地址哪些是网络号，哪些是主机号。

（1）常用子网掩码　子网掩码有许多，现介绍我们常见的两个。

1）子网掩码是“255.255.0.0”的网络，此网络通常是 B 类网络，第 3 个字节的取值范围是 0～255，第 4 个字节的取值范围是 0～255。但主机号不能取全为“0”或“1”。

2）子网掩码是“255.255.255.0”的网络，此网络通常是 C 类网络，第 4 个字节的取值范围是 1～254。

（2）默认子网掩码　在 Windows XP 中，如果输入 IP 地址，系统会自动填入一个默认的子网掩码，如图 6-17 所示。

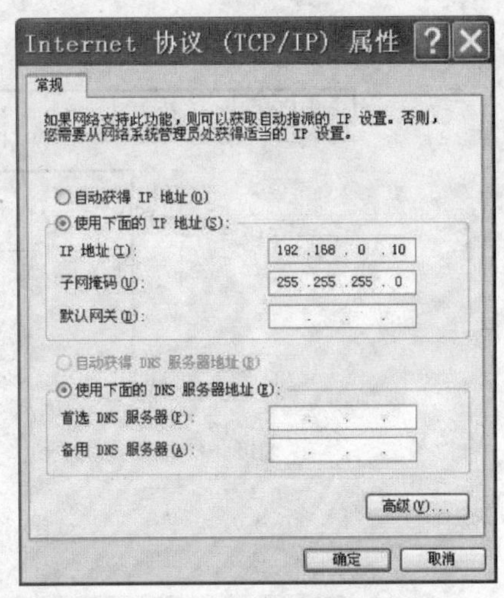

图 6-17　默认子网掩码

3. 域名

IP 地址，例如 202.197.192.6，用户很难记住，如图 6-18 所示。由于 IP 地址不便记忆，所以我们可以用域名 www.zepc.edu.cn 来代替 IP 地址 202.197.192.6，此域名的每个字符都有意义和规律，这样做用户既容易理解又好记忆。与日常生活中我们用姓名而不是用身份证号码来代表自己类似，其主要原因是姓名好记，身份证号码不好记忆。

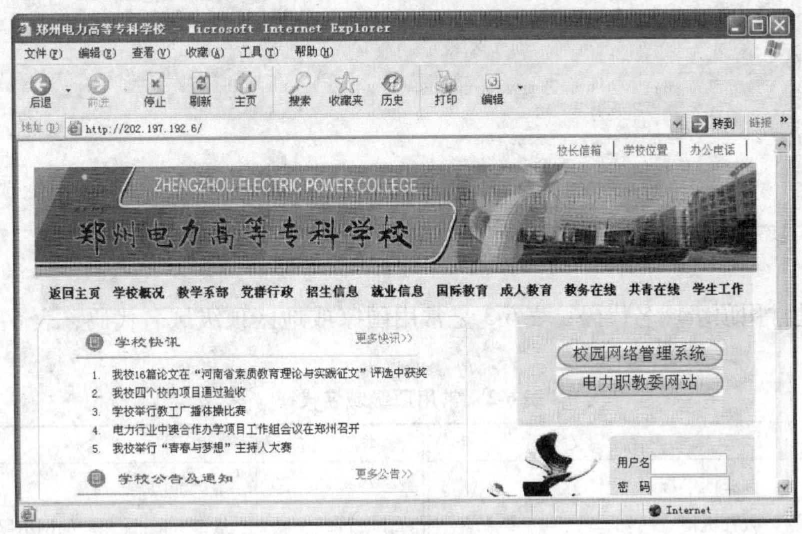

图 6-18　郑州电力高等专科学校的主页(用 IP 访问)

域名系统也与 IP 地址的结构一样，采用的是典型的层次结构。域名系统将整个Internet 划分为多个顶级域，并为每个顶级域规定了通用的顶级域名。网络信息中心(NIC)将顶级域的管理权授予指定的管理机构。各个管理机构再为它们所管理的域分配二级域名，并将二级域名的管理权授予其下属的管理机构。这样就形成了层次结构的域名体系。

Internet 主机域名的格式为：四级域名．三级域名．二级域名．顶级域名，即：主机名．机构名．网络名．顶级域名，如图 6-19 所示。例如在 www.zepc.edu.cn 中，最右边的部分 cn 表示这台主机在中国，edu 表示教育机构，zepc 表示郑州电力高等专科学校，www 表示是郑州电力高等专科学校的一台主机，名字叫 www，如图 6-20 所示。

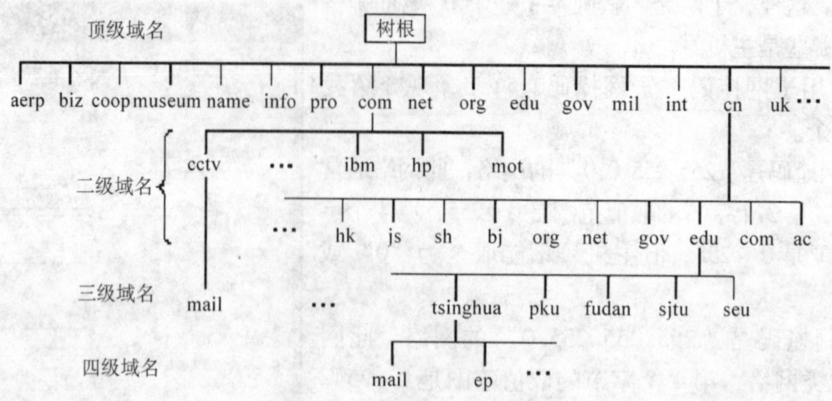

图 6-19　Internet 的域名空间

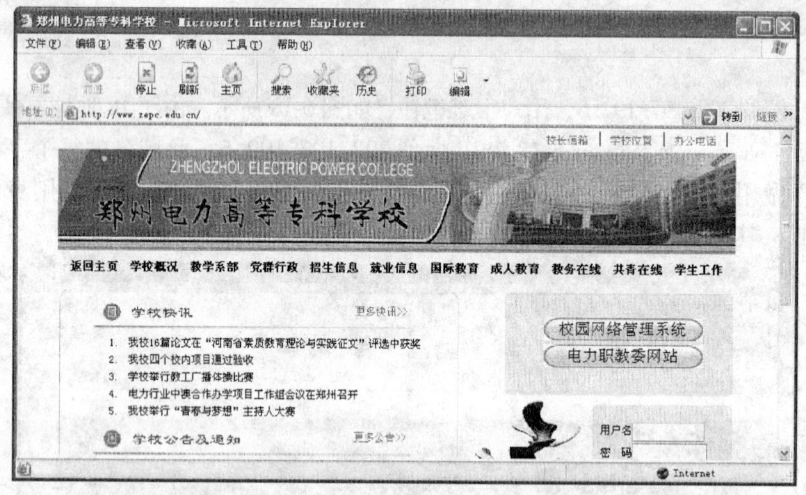

图 6-20　郑州电力高等专科学校的主页(用域名访问)

表 6-2 是常用顶级域名代码；表 6-3 是常用国家或地区顶级域名代码；表 6-4 是一些著名网站的网址。

表 6-2　常用顶级域名代码

类　型	含　义	类　型	含　义
com	商业性机构或公司	mil	军事部门
edu	教育机构	net	从事 Internet 相关的网络服务机构或公司
gov	政府部门	org	非盈利组织、团体
int	国际机构	国家或地区代码	各个国家或地区

表 6-3　常用国家或地区顶级域名代码

类型	国家或地区	类型	国家或地区	类型	国家或地区	类型	国家或地区
au	澳大利亚	de	德国	in	印度	ru	俄罗斯
ca	加拿大	fr	法国	it	意大利	se	瑞典
ch	瑞士	gh	英国	jp	日本	tw	中国台湾
cn	中国	hk	香港	mo	中国澳门	us	美国

表 6-4　一些著名网站的网址

网 站 名	网 址	网 站 名	网 址
新浪	www. sina. com. cn	哈佛大学	www. harvard. edu
雅虎 雅虎(中国)	www. yahoo. com www. yahoo. com. cn (cn. yahoo. win)	中国教育和科研计算机网 中央电视台	www. edu. cn www. cctv. com
搜狐	www. sohu. com	榕树下	www. rongshu. com
网易	www. 163. com	腾讯网	www. qq. com
百度	www. baidu. com	华军软件园	www. onlinedown. net www. newhua. com
Google	www. google. com		
淘宝网	www. taobao. com	微软公司 微软(中国)公司	www. microsoft. com www. microsoft. com/china
ChinaRen	www. chinaren. com		
北京大学	www. pku. edu. cn	MSN MSN(中国)	www. msn. com www. msn. com. cn
清华大学	www. tsinghua. edu. cn		

4. 下一代网际协议 IPv6

经过多年的发展，互联网协议 IPv4 已经走向成熟。而 IPv4 面临着一些难以解决的问题，例如 IPv4 地址资源面临枯竭，因为 IPv4 的地址为 32 位，已经不能满足人们对网址的需求。

互联网工程特别任务组(IETF)开发了新的互联网协议 IPv6，IPv6 不但解决了旧版本的问题，而且还给 IP 带来了一些新特性，使得 IP 协议在地址管理、移动性、安全及多媒体支持方面都有巨大的灵活性。IPv6 地址空间由 IPv4 的 32 位扩大到 128 位，2^{128} 是一个巨大的地址空间。采用 IPv6 地址后，未来的移动电话、冰箱等信息家电都可以拥有自己的 IP 地址。

IPv6 最大的特点是地址空间巨大，IPv6 能提供更安全的网络性能保障。随着信息技术的发展，IPv6 将使目前的 Internet 变成一个性能更高、成本更低的 Internet，但从 IPv4 过渡到 IPv6 是一个漫长的过程，目前有关 IPv6 的许多技术还处于实验室阶段。当然，IPv6 对我们既是机遇也是挑战，我们一定要抓住这次机会，要在 IPv6 的研究、开发和应用等方面处于领先地位。

6.4　Internet 上的信息服务

6.4.1　Internet Explorer 浏览器

单击“开始”→“所有程序(P)”→“Internet Explorer” 命令，就启动了 Microsoft 公司的“Internet Explorer” 浏览器。浏览器是用来浏览互联网上的信息的。

1. 窗口介绍

IE 窗口有标题栏、菜单栏、工具栏和地址栏等组成。下面分别介绍 IE 的各个部分。

图 6-21 所示的窗口显示的内容是“榕树下” 的网页，凡是带有下划线文字或颜色特殊的文字、图形等，鼠标移向时便会变成形状，即超文本链接，单击便可进入另一页面。

图 6-21 IE 浏览器窗口

工具栏中的“后退”、“前进”按钮可分别翻转到上一页与下一页，在网页下载过程中，单击“停止”按钮立即停止。工具栏中的“主页”是指 IE 启动时首先打开的起始页，并不是某个网站的主页。用户可以设定自己喜欢的页面为主页，操作方法是：单击“工具”→“Internet 选项”命令，在弹出的“Internet 选项”对话框的“常规”选项卡的“主页”下进行设置，如图 6-22 所示。

在页面打开过程中，右上角的标志会不停地动，直至整个页面完全打开，标志便停止运动。

(1) 工具栏 如图 6-23 所示为工具栏。表 6-5 是工具栏常用按钮的功能。

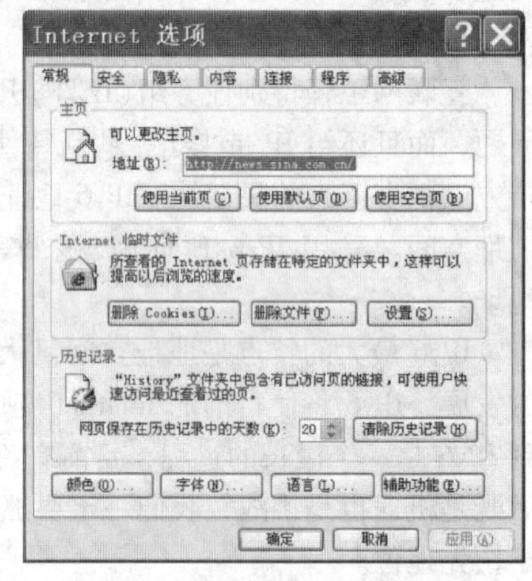

图 6-22 “Internet 选项”对话框

图 6-23 工具栏

表 6-5 工具栏常用按钮的功能

按 钮	名 称	功 能
后退	后退	返回到前面的界面
	前进	进入当前页面的下一个页面
	停止	立即终止 IE 对当前 Web 页的访问

（续）

按 钮	名 称	功 能
	刷新	重新传输一次当前页面，以反映页面的最新变化
	主页	返回到默认的起始页
搜索	搜索	打开“搜索”框，在其中完成 Web 页面的搜索
收藏夹	收藏夹	显示“收藏夹”的内容
	历史	打开“历史记录”框，可以查看最近访问过的站点
	邮件	可以阅读邮件、新建邮件、发送邮件、发送网页和阅读新闻
	打印	将页面打印出来
	编辑	显示当前页面的 HTML 的源代码（有三种编辑工具：Publisher、记事本和 Word）
	信息检索	打开“信息检索”框，输入关键词进行搜索
	QQ	“打开 QQ 用户登录”界面
	Messenger	登录 MSN

（2）地址栏　地址栏是输入和显示网页地址的地方，它告诉 IE 要访问的站点，图 6-24 所示是 IE 地址栏。

地址(D) http://news.sina.com.cn/ 转到

图 6-24　IE 地址栏

2. 网址输入

下面分别介绍在地址栏中输入网址的方法。

（1）键盘直接输入　在地址栏中直接键入网址。如新浪网的网址，其中“http：//”不用输入，系统会自动加入，所以只需输入“www. sina. com. cn”后回车，便可进入“新浪网”的网站。

（2）单击“地址栏”的下拉列表，选择最近访问过的网址。

（3）利用“历史记录”　单击工具栏中的“历史”按钮，窗口左侧将出现“历史记录”栏，从中选择网址，如图 6-25 所示。

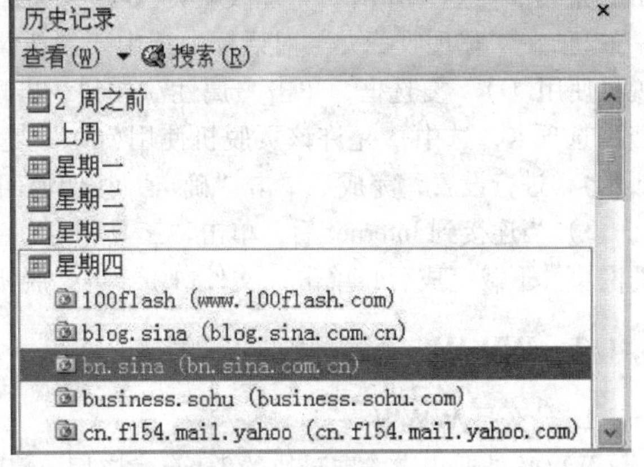

图 6-25　“历史记录”栏

在上网的过程中，“地址栏”的下拉列表中只记录了网站的网址，而“历史记录”记下的是所有网页的地址。

(4) 利用“收藏夹” 单击“收藏夹”按钮 收藏夹，打开“收藏夹”栏，可以从中选择网址。

在上网浏览过程中，遇到自己喜欢的网站，可将网址加入到“收藏夹”栏进行收藏，下次上网时可直接从“收藏夹”中调出。将网址加入到“收藏夹”的方法是单击“收藏夹”按钮，在“收藏夹”栏单击“添加”按钮即可，如图6-26所示。单击“整理”按钮弹出“整理收藏夹”对话框，可以对网址进行编辑整理，如图6-27所示。

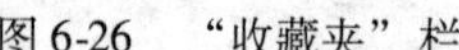
图6-26 “收藏夹”栏

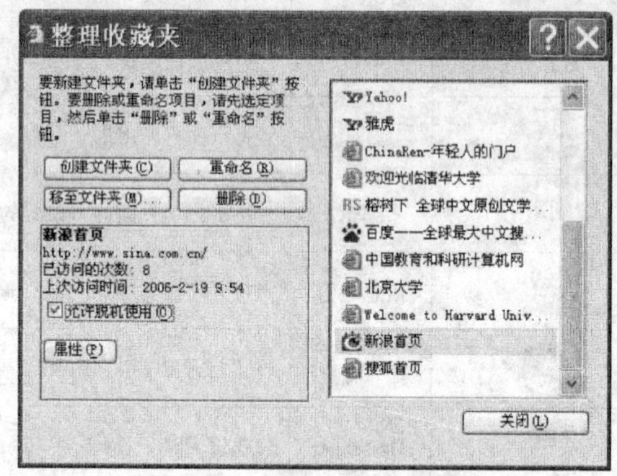

图6-27 “整理收藏夹”对话框

注意：“地址”栏、“历史记录”栏中的网址是自动保存下来的，而“收藏夹”栏则是人为保存的。

3. 脱机浏览

脱机浏览是在离线情况下访问磁盘缓存中的网页。实现离线查看功能就是平时说的脱机浏览。只要将浏览的网页添加到“收藏夹”后，就可以实现脱机浏览了，具体操作步骤如下：

1）单击“收藏夹”按钮，弹出“收藏夹”栏，如图6-26所示。在“收藏夹”栏中单击“整理”命令，弹出“整理收藏夹(O)”对话框，如图6-27所示。

2）在“整理收藏夹”对话框中选中要脱机浏览的网页(如新浪首页)，再选中“允许脱机使用(O)”复选框，单击“属性”按钮，出现如图6-28所示的对话框。选择“Web文档”选项卡，选中“允许该页脱机使用(O)”复选框。再选中“下载”选项卡(如图6-29所示)，进行设置，完成后单击“确定”按钮返回。

3）当连接到Internet后，单击“工具(T)”→“同步(S)”命令，即开始下载脱机浏览的网页。下载完成后，单击“文件(F)”→“脱机工作(W)”命令就可以脱机浏览了。

6.4.2 WWW

1. 什么是WWW

WWW是近年来发展最快的Internet应用。WWW是World Wide Web的缩写。WWW又称为万维网，是Internet技术发展中的一个重要的里程碑。

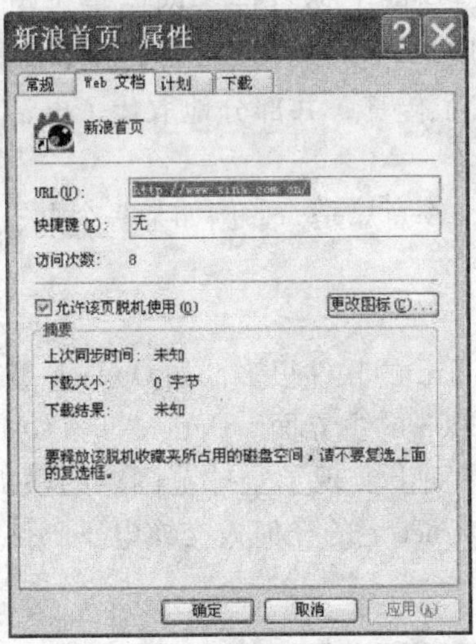

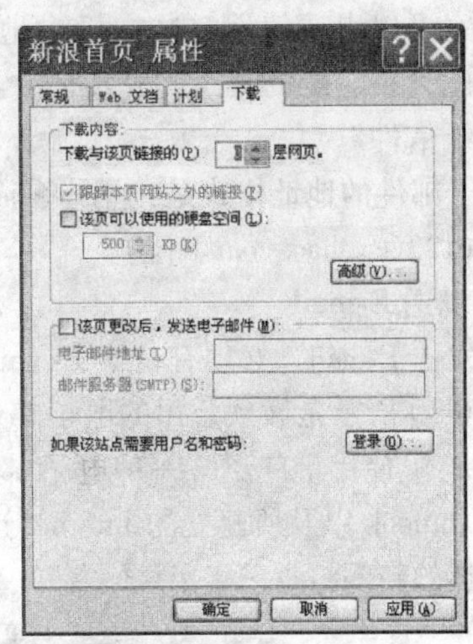

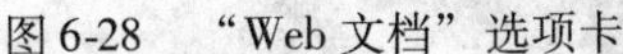
图 6-28　“Web 文档”选项卡

图 6-29　“下载”选项卡

WWW 上的网页要让使用不同计算机和操作系统的人们都能浏览，就必须有一套编写标准。HTML(Hyper Text Markup Language,超文本标记语言)就是用于编写网页的语言规范。只有采用 HTML 制作的网页，浏览器才能正确地阅读和运行。HTML 文档也称为 Web 文档，它由文本、图形、声音和超链接组成。所谓超文本有两个含义：一是信息的表达方式，即由文本文件加入图片、声音和音像等组成超文本文件；一是信息间的超链接(hyperlink)。超文本将信息资源通过关键字方式建立链接，使信息不仅可按线性方式搜索，而且可按交叉方式访问。在一个文档中选中某关键字，即可进入该关键字链接的另一个文档，另一个文档可能存在于同一计算机中，也可能存在于互联网上的另一台主机上。众多的超文本文件的集合形成了互联网上一个独立的系统，这就是被称为 WWW 的万维网。

超文本传输协议(HTTP)是浏览器和 Web 站点之间进行信息传输的协议。使用浏览器访问网站时通常在访问的网站的域名前加上“http://”，目的是告诉浏览器访问网站时通信用的协议是 HTTP 协议。

2. WWW 的特点

WWW 以超文本方式组织网络多媒体信息，用户可以访问文本、语音、图形和视频等信息。用户可以在 Internet 范围内的任意网站之间查询、检索、浏览及发布信息，并实现对各种信息资源的透明访问。WWW 提供了生动、直观、统一的图形用户界面。

6.4.3　E-mail

1. E-mail 的概念

E-mail(Electronic mail,电子邮件)是 20 世纪 70 年代出现的一种新型的通信手段，是一种以计算机网络为载体的信息传递方式，也就是网上传送的信件，是普通信件的电子版。E-mail改变了人们传统的通信方式，从某种意义上说它也改变了人们关于距离的概念。

E-mail 是 Internet 上使用得最广泛的一种服务。使用 E-mail 能实现文字信息的输入、编辑、发送和阅读，也可以存储和转发邮件。除了基本的文字信息外，E-mail 还能传送图片、视频、声音、图像、程序等数据文件。过去以传真方式传送的信息，如照片、图片、手书、签名盖章的合同或其他有纸原件等，都可以先用扫描仪扫描生成图形文件，再作为

E-mail 的附件在网上传送，且传送质量远比传真高。在网上还有许多网站提供免费的邮箱，大家可以申请使用，这样极大地方便了广大的用户。由于在网上传输文件既快又省钱，因此，在短短的几年间，E-mail 在很多地方取代了传真，并部分地取代了电话以及传统的有纸信件。

电子邮件的地址格式是：用户名 + @ + 主机域名，@ 意思是 at，例如某一个电子邮件地址为 abc123@ yahoo. com. cn。

2. 发送 E-mail

要发送 E-mail，必须有一个 E-mail 软件，目前 E-mail 的软件很多，如 Outlook 等。

图 6-30 所示是微软公司的电子邮件软件 Outlook 2003 的主界面。Outlook 是 PC(Personal Computer)上使用最广泛的一种电子邮件软件。它在桌面上实现了全球范围内的联机通信。借助于 Outlook 以及所建立的 Internet 连接，可以与 Internet 上的任何人交换电子邮件并加入许多有趣的新闻组。

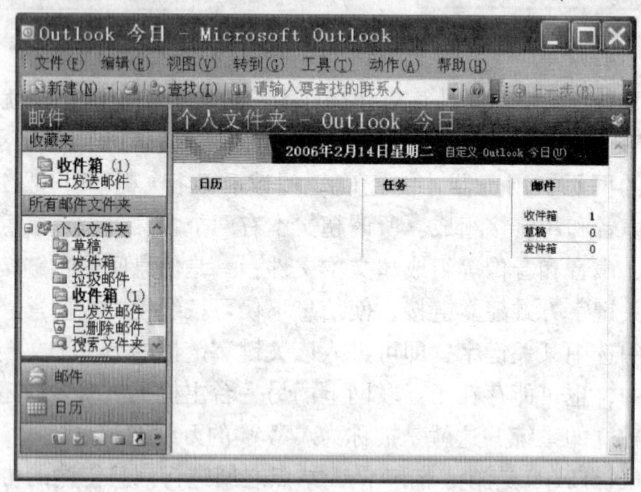

图 6-30 Microsoft Outlook 主界面

除了用专门的软件，我们还可以直接在网站上发 E-mail。具体方法是登录网站，进入邮箱，写好信后就可以发送了，图 6-31 所示是网易的电子邮箱的窗口。

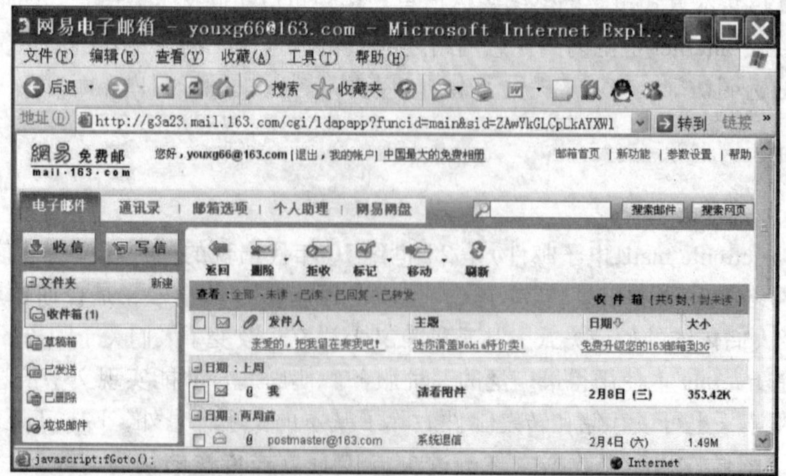

图 6-31 网易电子邮箱窗口

6.4.4　IP 电话

1. 什么是 IP 电话

IP 电话是近年来出现的一种新的电信业务。IP 电话是按照互联网协议规定的网络技术内容开通的电话业务。IP(Internet Protocol)，IP 电话翻译为网络电话，即是通过 Internet 进行实时的语音传输服务。

IP 电话是一种数字型电话，比起传统的模拟电话来，语音信号在传送之前先进行一系列的处理然后送到网络上进行传送；而传统的模拟电话是以纯粹的音频信号在线路上进行传送。

最初的 IP 电话是个人计算机(Personal Computer, PC)与个人计算机之间的通话。目前已进行普通电话与普通电话之间的通话。这种通过 Internet 从普通电话——普通电话的通话方式就是人们通常讲的 IP 电话，也是目前发展最快而且最有商业化前途的电话，图 6-32 是思科(Cisco)的 IP 电话机。

图 6-32　思科的 IP 电话机

2. IP 电话的特点

由于 IP 电话是以数字形式作为传输媒体，节省了网络的带宽，降低了通信成本，即 IP 电话占用资源小，成本很低，所以 IP 电话可以为用户提供更经济的服务，尤其提供更为经济的国内、国际长途电话业务。IP 电话的不足之处是通话质量没有传统电话好。

图 6-33　北大未名 BBS 主页

Internet 上的信息服务，除了上面介绍的 WWW、E-mail 和 IP 电话外，还有很多。例如 FTP 服务、电子商务、网上购物、聊天、网络新闻组、电子公告牌 BBS(图 6-33 是北大 BBS)和博客等。

生活中我们会用搜索引擎比如百度(如图 6-34 所示)、Google(见图 6-35)、雅虎等到网上查询一些资料；也会上网看新闻；发 E-mail；玩网络游戏；用各种聊天软件比如 QQ(见图 6-36 和图 6-37)、MSN(见图 6-38 和图 6-39)、UC 等跟好朋友或陌生人聊天；在线看电影、flash 动画；下载 mp3；有时还会参加网上购物等。

图 6-34 百度主页

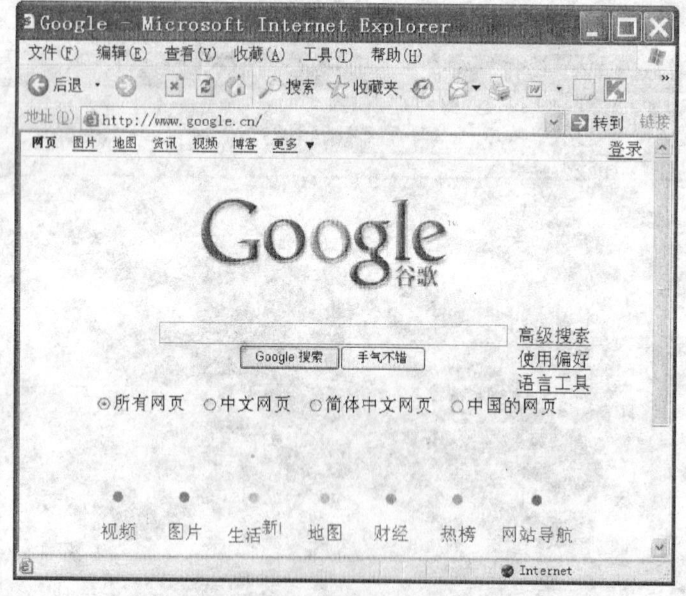

图 6-35 Google 主页

总之，我们的生活和 Internet 越来越密切。其实，Internet 早已融入我们的生活中，成为我们生活的一部分。

图 6-36　QQ 登录窗口

图 6-37　QQ 主界面

图 6-38　MSN 登录窗口

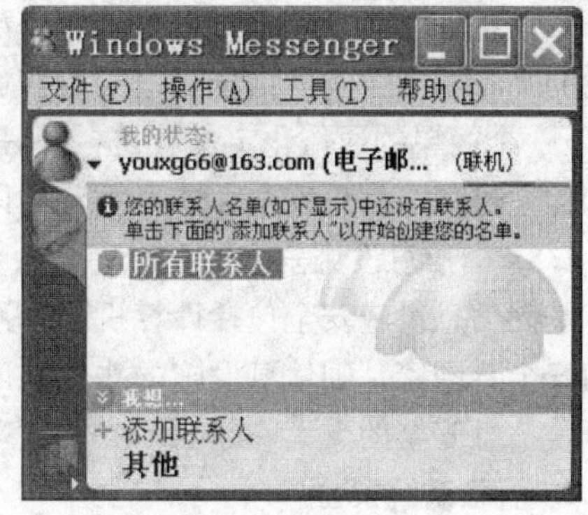

图 6-39　MSN 主界面

习　题

1. 填空题

(1) IP 地址由________位二进制组成。

(2) IP 地址分为______类，分别是______类、______类、______类、______类和______类。

(3) E-mail 的中文意思是________。

2. 上机操作题

(1) 在网上申请一个免费的 E-mail 信箱，给自己发一封 E-mail。

(2) 你有 QQ 号码吗？如果没有，请申请一个，然后跟班上同学聊天。

第7章　计算机信息安全

学习目标

1）了解计算机信息安全的基本概念。
2）掌握计算机病毒的概念。
3）掌握计算机病毒的特点、分类、传播途径。
4）了解计算机病毒的一般症状。
5）掌握计算机病毒的防治方法。
6）掌握常用杀毒软件的使用方法。

7.1　信息安全的基本概念

7.1.1　信息安全概述

在信息化时代，信息安全是人们广泛关注的问题，特别是随着计算机网络的出现、全球最大的互联网的普及，信息安全成为普通百姓也关注的话题。给信息安全(Information Security)下一个简单的通俗化定义就是：使信息不受威胁和远离危险。目前，按照信息存在的环境和传递过程，信息安全大体上可分为以下几类：

1. 基础信息设施安全

基础信息设施安全包括计算机网络系统，广播、电视和电话等通信系统，电力分配系统等的安全。国家基础信息设施的恶化或瘫痪会给国家造成灾难性后果。因此，基础信息设施安全是信息安全的重大问题。

2. 信息系统安全

信息系统安全指整个体系的安全，包括系统结构的安全、系统运行的安全、系统的柔韧性、工作系统在遭到破坏以后的自我恢复能力等。保证信息系统安全的主要任务是防止信息体系被干扰、阻塞、中断、混乱和利用，避免信息系统恶化甚至完全瘫痪。

3. 信息内容安全

信息内容安全是信息交流的主体和核心。除了要求信息内容不被泄露以外，还必须保证信息内容的完整和可用性，即信息内容不被有选择地修改、删除、添加、伪造和重排甚至毁坏。

4. 信息过程安全

信息过程包括信息的获取、存储、显示、变换、传递和处理等。信息过程的安全包括机密信息和敏感信息的安全传送，即信息加密问题；信息的安全获取、存储和处理问题，即信息访问控制问题；在信息传递和变换的过程中防止合法用户的位置、身份、账号、密码等机密信息的暴露问题。此外，在信息的发送端和接收端，因信息显示的电磁泄漏引起的安全问题等。

5. 信息设备安全

信息设备由电子、电磁、声学和光学器件等组成，除了物理摧毁之外，人为的无线电干扰、激光束和粒子束对电子设备的定向照射、“芯片细菌”对电路芯片的嗜蚀和纳米级机器人对电路的破坏，以及某些病毒对硬件电路的侵害等，均可造成信息设备的安全问题。

6. 计算机信息安全

计算机信息安全总体上可分为硬件安全和软件安全。硬件安全包括所有硬件电路和设备自身的可靠性和外部因素对硬件的影响。软件的安全包括操作系统的安全、文件的安全、程序的安全、数据库的安全以及病毒的防范等问题。

7. 网络信息安全

网络信息安全主要包括过滤不良信息；防止非法用户进入网络存取敏感信息、保证网络共享数据和信息的安全；允许合法用户不受限制地访问和使用网络资源；保证网络互连的安全，使用安全的网络协议；不断堵塞协议的不安全漏洞；防病毒、防黑客。

7.1.2 信息安全的概念

按照国际标准化组织(ISO)的定义，较为严格的信息安全是指：“为数据处理系统建立所采取的技术和管理的安全保护，保护计算机硬件、软件和数据不因偶然和恶意的原因而遭到破坏、更改和泄露”。在信息化时代，信息安全问题不仅是在更大范围的保密(秘密、不泄露)问题，还包括保证信息的可靠性、可用性、可控性、完整性和不可抵赖性等等。广义说来，在信息存在和流通的任何一个环节上都有可能存在信息安全问题。理解信息安全的概念有利于人们更容易地了解名目繁多及众多延伸出来的信息安全理论及其方法技术。安全的信息应该有如下特性：

1. 信息的完整性(Integrity)

信息的完整性指信息在存储、传递和提取的过程中没有残缺、丢失等现象出现，这就要求信息的存储介质、存储方式、传播媒体、传播方法、读取方式等要完全可靠，因为信息总是以一定的方式来记录、传递与提取的，它以多样的形式存储于多种物理介质中，并随时可能通过某种方式来传递。简单地说，如果一段记录由于某种原因而残缺不全了，那么其记录的信息也就不完整了。我们就可以认为这种存储方式或传递方式是不安全的。

2. 信息的机密性(Confidentiality)

信息的机密性就是信息不被泄露或窃取，这也是一般人们所理解的安全概念。人们总希望有些信息不被自己不信任的人所知晓，因而采用一些方法来防止，例如把信息进行加密，将文件放在别人无法拿到的地方等等，都是实现信息机密性的方法。

3. 信息的有效性(Availability)

一种是对信息的存取有效性的保证，即以规定的方法能够准确无误地存取特定的信息资源；一种是信息的时效性，指信息在特定的时间段内能被有权存取该信息的主体所存取等。

当然，信息安全概念是随着时代的发展而发展的，信息安全概念以及内涵都在不断地发展变化，并且人们以自身不同的出发点和侧重点，提出了许多不同的理论。另外，针对某特定的安全应用场合，这些关于信息安全的概念也许并不能完全地包含所有情况，例如信息的真实性(Authenticity)、实用性(Utility)、占有性(Possession)等，就是针对一些其他具体的信息安全情况而提出的。

7.1.3 网络信息安全所要解决的问题

计算机网络安全在层次上大致可分为：物理安全、安全控制、安全服务三个方面。

1. 物理安全

物理安全是指在物理介质层次上对存储和传输的网络信息的安全保护。为了使计算机网络设备、设施等免于遭受自然或人为的破坏，主要应注意的有三种物理安全：环境安全即自然环境对计算机网络设备与设施的影响；设备安全则是指防止设备被盗窃、毁坏、电磁辐射、电磁干扰、窃听等；媒体安全即保证媒体本身以及媒体所载数据的安全性。

物理安全层次上的不安全因素包括以下几类：

（1）自然灾害、物理损坏、设备故障　此类不安全因素的特点是：突发性、自然性、非针对性。这种不安全因素对网络信息的完整性和可用性威胁最大，而对网络信息的保密性影响却较小，因为在一般情况下，物理上的破坏将销毁网络信息本身。解决此类不安全隐患的有效方法是采取各种防护措施、制定安全规章、随时备份数据等。

（2）电磁辐射、痕迹泄露等　此类不安全因素的特点是：隐蔽性、人为实施的故意性、信息的无意泄露性。这种不安全因素主要破坏网络信息的保密性，而对网络信息的完整性和可用性影响不大。解决此类不安全隐患的有效方法是采取辐射防护、屏幕口令、隐藏销毁等手段。

（3）操作失误、意外疏漏　其特点是：人为实施的无意性和非针对性。主要破坏了网络信息的完整性和可用性，而对保密性影响不大。主要采用状态检测、报警确认、应急恢复等来防范。

2. 安全控制

安全控制是指在网络信息系统中对存储和传输辐射信息的操作和进程进行控制和管理，在网络信息处理层次上对信息进行安全保护。安全控制主要有下面几类：

（1）操作系统的安全控制　操作系统的安全控制包括对用户合法身份的核实，对文件读写权限的控制等。此类控制主要是保护被存储数据的安全。

（2）网络接口模块的安全控制　网络接口模块的安全控制是在网络环境下对来自其他机器的网络通信进程进行安全控制。此类控制主要包括身份认证、客户权限设置与判别、日志审计等手段。

（3）网络互联设备的安全控制　网络互联设备的安全控制是对整个子网内的所有主机的传输信息和运行状态进行安全检测和控制。此类控制主要通过网管软件或路由器配置实现。

3. 安全服务

安全服务是指在应用程序层对网络信息的保密性、完整性和真实性进行保护和鉴别，防止各种安全威胁和攻击，可以在一定程度上弥补和完善现有操作系统和网络信息系统的安全漏洞。安全服务主要内容包括：安全机制、安全连接、安全协议、安全策略等。

（1）安全机制　安全机制是利用密码算法对重要而敏感的数据进行处理。以保护网络信息的保密性为目标进行的数据加密和解密；以保证网络信息来源的真实性和合法性为目标进行的数字签名和签名验证；以保护网络信息的完整性，防止和检测数据被修改、插入、删除和改变进行的信息认证等。

（2）安全连接　安全连接是在安全处理前与网络通信方之间的连接过程。安全连接为安全处理进行了必要的准备工作。安全连接主要包括会话密钥的分配和生成以及身份验证。

（3）安全协议　安全协议使网络环境下互不信任的通信方能够相互配合，并通过安全连接和安全机制的实现来保证通信过程的安全性、可靠性、公平性。

（4）安全策略　安全策略是安全机制、安全连接和安全协议的有机组合方式，是网络信息安全性完整的解决方案。不同的网络信息系统和不同的应用环境需要不同的安全策略。

7.1.4　网络信息安全技术

面对网络信息安全的诸多问题，实践中人们采取了多种防范措施，解决了很多问题。

1. 防火墙技术

防火墙是指设置在不同网络（如可以信任的企业内部网和不可信的外部网）或网络安全域之间的一系列软件或硬件的组合。在逻辑上防火墙是一个限制器和分析器，能够有效地监控内部网和 Internet 之间的活动，保证内部网络的安全。为了满足广大用户的需要，可以在网络中实施三种基本类型的防火墙：网络层、应用层和链路层防火墙。

创建防火墙时，必须决定防火墙允许或不允许哪些传输信息从 Internet 传到本地网或从别的部门传到一个被保护的部门。目前三种最流行的防火墙是：双主机防火墙、主机屏蔽防火墙和子网屏蔽防火墙。

（1）双主机防火墙　双主机防火墙是把一台主机作为本地网和 Internet 之间的分界。这台主机使用两块独立网卡把每个网络联接起来。

（2）主机屏蔽防火墙　建立主机屏蔽防火墙应把屏蔽路由器加到网络上并使主机远离 Internet，即主机并不直接与 Internet 相连，如果网络用户需要连接到 Internet，则必须先通过与路由器相连的主机。

（3）子网屏蔽防火墙　子网屏蔽防火墙的结构把内部网络与 Internet 隔离开来。它把两台独立的屏蔽路由器和一台代理服务器连接起来。一台路由器控制从本地到网络的传输，另一台屏蔽路由器监测并控制传输进出 Internet。

2. 网络信息数据的加密技术

目前，信息在网络传输时被窃取，是个人和公司面临的最大安全风险。为防止信息被窃取，必须对所有传输的信息进行加密。加密体系可以分为：常规单密钥加密体系和公用密钥体系。

（1）常规单密钥加密体系　常规单密钥加密体系是指在加密和解密过程中都必须用到同一个密钥的加密体系，此加密体系的局限性在于，在发送和接收方传输数据时必须先通过安全渠道交流密钥，保证在他们发送或接收加密信息之前有可供使用的密钥。但是，该种加密方法的最大问题在于如何将加密所用到的密钥安全地从加密方送达解密方。

（2）公用密钥体系　公用密钥需要两个相关的密码，一个密码作为公钥，一个密码作为私钥，在公用密钥体系中，对方可以把他的公用密钥放到 Internet 的任意地方，或者用非加密的邮件发给你，你用他的公钥加密信息然后发给他，他则使用自己的私钥解密信息。所有公钥加密算法中，最流行的是 RSA 算法。RSA 算法的数学原理，是数论中一个很大的整数很难分解成两个互质的因数的难题。

3. 数字签名

通过加密，只解决了传送信息的保密问题，但是如何对发送方的身份进行验证，即保证没有冒名顶替者给接受方发送信息，这就要求对传输进行鉴定和证实。而数字签名技术是解决这个问题的手段。数字签名的目的是接受方核实发送方的身份、发送方不能抵赖、接受方不能伪造。

7.1.5 网络信息安全技术发展趋势展望

随着网络技术的日益普及，以及人们对网络安全意识的增强，许多用于网络的安全技术得到强化并不断有新的技术得以实现。不过，从总的看来，信息的安全问题并没有得到所有公司或个人的注意，同时，很多的中小型公司或企业对网络信息安全的保护还只处于初级阶段，有的甚至不设防。所以，在安全技术提高的同时，提高人们对网络信息的安全问题的认识是非常必要的。当前，一种情况是针对不同的安全性要求的应用，综合多种安全技术定制不同的解决方案，以及针对内部人员安全问题提出的各种安全策略，尽量防范网络的安全遭到内部和外部的威胁；另一种是安全理论的进步，并在工程技术上得以实现，例如，新的加密技术，生物识别技术等。目前，利用生物免疫技术原理的信息安全技术正处在初步发展阶段，但它是未来信息安全技术的方向。

7.2 计算机病毒与防治

计算机病毒是计算机技术和以计算机为核心的社会信息化进程发展到一定阶段的产物，计算机病毒的出现不仅干扰和威胁着计算机应用的发展，而且成为一种高科技犯罪的手段，影响着社会的安全。但是，只要我们了解、掌握计算机病毒的知识，就能有效地控制和消灭它，就不会“闻毒色变”。

7.2.1 计算机病毒的概念

计算机病毒(Computer Viruses)，是指一种能够通过自身复制、传染、起破坏作用的计算机程序。由于它具有隐蔽性、潜伏性、传染性及破坏性等类似于生物病毒的特征，故取名为计算机病毒。1994 年 2 月 18 日，我国正式颁布实施了《中华人民共和国计算机信息系统安全保护条例》，在第二十八条中明确指出：计算机病毒，是指编制或者在计算机程序中插入的破坏计算机功能或者毁坏数据，影响计算机使用，并能自我复制的一组计算机指令或者程序代码。

7.2.2 计算机病毒的特点

计算机病毒的主要特点如下：

1. 破坏性

计算机病毒的主要目的是破坏计算机系统，使系统资源和数据文件受到干扰甚至被摧毁。有的计算机病毒仅仅干扰软件的运行而不破坏该软件；有的计算机病毒无限制地侵占系统资源，使系统无法正常运行；有的计算机病毒可以毁掉部分数据和程序，使之无法恢复；有的恶性病毒甚至可以毁坏整个系统，导致系统崩溃。

2. 传染性

传染性即自我复制能力，是计算机病毒最根本的特征，也是计算机病毒和正常程序的本质区别。正常的计算机程序一般是不会将自身的代码强行连接到其他程序上的。而病毒却能使自身的代码强行传染到一切符合其传染条件的未受到传染的程序上。计算机病毒可通过各种可能的渠道，例如磁盘、计算机网络等去传染其他的计算机。当你在一台机器上发现了病毒时，曾在这台计算机上用过的软盘已感染上了病毒，而与这台机器联网的其他计算机也许也被该病毒感染上了。

3. 隐蔽性

计算机病毒虽然是一个程序，但它并不是以一个独立的文件存在，病毒程序总是隐藏在其他文件或程序中，不容易被发现。

4. 潜伏性

大部分的病毒感染系统之后一般不会马上发作，它可以长期隐藏在系统中。在潜伏期中，它并不影响系统的正常运行，只是悄悄地进行传播、繁殖，使更多的正常程序成为病毒的“携带者”，一旦满足触发条件，病毒才发作。

5. 可触发性

触发的实质是一种条件控制，一个病毒程序可以按照设计者的要求，在一定条件下实施攻击。例如当指定的日期、时间或特定的条件出现时，在某个点上激活并发起攻击。

6. 针对性

病毒的编制者往往有特殊的破坏目的，因此不同的病毒，攻击的对象也不同。

当然，计算机病毒除以上主要特征外，还有非法性、不可预见性等。

7.2.3　计算机病毒的分类

按照计算机病毒的特点及特性，计算机病毒的分类方法有许多种。

1. 按照计算机病毒的破坏情况分为：良性病毒和恶性病毒

（1）良性病毒　良性病毒指那些只是为了表现自身，并不彻底破坏系统数据，但会增加系统开销，降低系统工作效率的一类计算机病毒，不过在某些条件下，例如交叉感染时，良性病毒也会带来意想不到的后果。这类病毒有小球病毒、毛虫病毒、Dabi 病毒等。

（2）恶性病毒　恶性病毒指那些一旦发作后，就会破坏系统或数据，造成计算机系统瘫痪的一类计算机病毒。这类病毒的破坏力和危害之大是令人难以想象的。例如 Disk Killer 病毒，当病毒发作时会自动格式化硬盘致使系统瘫痪。

2. 按照计算机病毒的寄生部分分为：引导型病毒、文件型病毒、混合型病毒

（1）引导型病毒　引导型病毒是指寄生在磁盘引导区或主引导区的计算机病毒。此类计算机病毒会感染磁盘的引导扇区，致使计算机无法顺利启动，进而破坏磁盘中的数据。如 Disk Killer 病毒、大麻病毒等。

（2）文件型病毒　文件型病毒指能够寄生在文件中的计算机病毒。这类病毒会感染可执行文件或数据文件，造成文件损坏。如宏病毒、CIH 病毒等。

（3）混合型(复合型)病毒　混合型(复合型)病毒是指同时具有引导型病毒和文件型病毒特点的计算机病毒。此类病毒不但能感染磁盘的引导扇区，而且能够感染可执行文件，令人防不胜防，所以它的破坏性更大，传染的机会也更多，此种病毒也是最难清除的。如大榔头(Hammer)病毒、NATAS 病毒等。

3. 按计算机病毒的链接方式分为：源码型、入侵型、操作系统型和外壳型病毒

（1）源码型病毒　源码型病毒攻击高级语言编写的源程序，在源程序编译之前插入其中，并随源程序一起编译、连接成可执行文件。源码型病毒往往隐藏在大型程序中，一旦插入到大型程序中其破坏性和危害性是很大的。

（2）入侵型病毒　入侵型病毒也称嵌入型病毒，这类病毒入侵到现有程序中，实际上是把病毒程序的一部分插入到目标程序中，使病毒与目标程序成为一体。当病毒程序入侵到现有程序后，不破坏主文件就难以除去病毒程序，此类病毒破坏力极大。

（3）操作系统型病毒　操作系统型病毒可以用其自身部分加入或替代操作系统的部分功能。由于其直接感染操作系统，所以这类病毒的危害性也较大，可以导致整个系统的瘫痪。

（4）外壳型病毒　外壳型病毒对原来的程序不做修改，而是将自身附在正常程序的开头或结尾，相当于给正常程序加了个外壳。外壳型病毒易于编写，大部分的文件型病毒都属于这一类，该类病毒也易于检测或被清除。

7.2.4　计算机病毒的传播途径

计算机病毒具有自我复制和传播的特点，因此，研究计算机病毒的传播途径是极为重要的。计算机病毒的传播主要通过以下几种途径：

1. 通过磁盘

通过使用被感染的磁盘，例如不同渠道来的系统盘、来历不明的软件、游戏盘等是最普遍的传播途径。由于使用带有病毒的磁盘，使机器感染病毒并传染给未被感染的“干净”的磁盘。大量的磁盘交叉使用，合法或非法的程序拷贝，不加控制地随便在机器上使用各种软件，造成了病毒的感染、泛滥、蔓延。

2. 通过光盘

通过光盘也可以传播计算机病毒，尤其是盗版光盘。

3. 通过网络

网络为计算机病毒的传播提供了新的“高速公路”，特别是随着 Internet 的普及，计算机会通过通信或数据共享时感染上病毒。通过 Internet 感染计算机病毒的途径有：电子邮件、BBS、下载、即时通信软件等。例如美丽莎(Melisa)病毒、我爱你病毒等就是完全依靠网络传播的。

4. 通过点对点通信系统和无线通信系统传播

这种渠道与通过网络进行传输的渠道很相似，但又有区别。通过无线通信和利用计算机通信口可以实现计算机间传送文件。目前，这种传播途径还不是十分广泛，但预计在未来的信息时代，这种途径很可能与网络传播途径成为病毒扩散的两大“时尚渠道”。

7.2.5　计算机病毒的一般症状

被计算机病毒感染的计算机系统，因为具体病毒程序的实现过程不同，表现出来的症状也各不相同，从目前所发现的计算机病毒的情况来看，主要症状如下：

1）计算机系统出现异常“死机”、重新启动或不能正常启动的现象。

2）硬盘不能正常引导系统。

3）系统启动时间比平时长，运行速度慢。

4）计算机系统运行速度明显变慢。

5）磁盘文件数目无故增多、磁盘容量无故变小。

6）文件或数据无故丢失或文件的大小发生变化。

7）执行程序文件时出现无法预料的后果。

8）出现蜂鸣声或其他异样的声音。

9）屏幕上出现异常画面或信息。

10）键盘、打印机发生异常现象。

7.2.6　计算机病毒的防治

计算机病毒防治工作的基本任务是：在计算机的使用管理中，利用各种行政和技术手段，防止计算机病毒的入侵、存留、蔓延，通常可采取如下预防措施：

1）系统启动盘要专用，保证机器是无毒启动。

2）对所有系统盘和重要数据盘，应进行写保护。

3）不用来历不明的磁盘和光盘，对于外来磁盘，做到先进行病毒检测处理后再使用。

4）对从网上下载的软件最好先检测再使用。

5）对一些来历不明的邮件及附件先不要打开，应该做到先进行病毒检测处理后再使用。

6）系统中重要数据要定期备份。

7）安装病毒预警软件或防毒卡。

8）定期对所使用的磁盘进行病毒检测。

9）发现计算机系统的任何异常现象，应及时采取检测和杀毒措施。

10）注意国家公布防范病毒的日期。

7.2.7　常见病毒的介绍

1. 蠕虫病毒

蠕虫是一种通过网络传播的恶性病毒，它具有病毒的一些共性，如传播性、隐蔽性、破坏性等，同时具有自己的一些特征，如不利用文件寄生(有的只存在于内存中)、对网络造成拒绝服务，以及和黑客技术相结合等，在产生的破坏性上，蠕虫病毒也不是普通病毒所能比拟的，网络的发展使得蠕虫可以在短短的时间内蔓延整个网络，造成网络瘫痪。

蠕虫的基本程序结构为传播模块、隐藏模块和目的功能模块。传播模块负责蠕虫的传播；隐藏模块负责病毒入侵主机后隐藏蠕虫程序，防止被用户发现；目的功能模块负责对计算机的控制、监视或破坏等功能。其中传播模块又可以分为扫描模块、攻击模块和复制模块三个基本模块。扫描模块负责探测存在漏洞的主机，当程序向某个主机发送探测漏洞的信息并收到成功的反馈信息后，就得到一个可传播的对象；攻击模块按漏洞攻击步骤自动攻击找到的对象；复制模块通过原主机和新主机的交互将蠕虫程序复制到新主机并启动。

近几年危害很大的“尼姆达”病毒就是蠕虫病毒的一种，这一病毒利用了微软视窗操作系统的漏洞，计算机感染这一病毒后，会不断自动拨号上网，并利用文件中的地址信息或者网络共享进行传播，最终破坏用户的大部分重要数据。

蠕虫病毒的一般防治方法是：使用具有实时监控功能的杀毒软件，并且注意不要轻易打开不熟悉的邮件附件。

2. 木马病毒

木马病毒源自古希腊特洛伊战争中著名的“木马计”而得名，顾名思义就是一种伪装潜伏的网络病毒，等待时机成熟就出来破坏。传染方式是通过电子邮件附件发出，捆绑在其他的程序中。该病毒特性是会修改注册表、驻留内存、在系统中安装后门程序、开机加载附带的木马。木马病毒的破坏性是木马病毒的发作要在用户的计算机里运行客户端程序，一旦发作，就可设置后门，定时地发送该用户的隐私到木马程序指定的地址，一般同时内置可进入该用户计算机的端口，并可任意控制此计算机，进行文件删除、复制、修改密码等非法操作。

防范措施是要求用户提高警惕，不下载和运行来历不明的程序，对于不明来历的邮件附件也不要随意打开。

3. 熊猫烧香

“熊猫烧香”其实是一种蠕虫病毒的变种，而且是经过多次变种而来的。它能感染系统中 exe、com、pif、src、html 和 asp 等文件，还能中止大量的反病毒软件进程并且会删除扩展名为 gho 的文件。被感染的用户系统中所有 exe 可执行文件全部被改成熊猫举着三根香的样子(见图 7-1)，因此也称为“熊猫烧香”病毒。中毒计算机可能会出现蓝屏、频繁重启以及系统硬盘中数据文件被破坏等现象。

图 7-1 “熊猫烧香”病毒

此外常见的病毒还有 CIH 病毒、QQ 小尾巴等病毒。

7.3 常用杀毒软件

随着计算机病毒的发展和蔓延，为了保证计算机系统运行的安全和计算机用户的利益，国内外一些组织和公司研制了几百种反病毒软件，近几年比较流行的杀毒软件有瑞星、金山毒霸、诺顿和卡巴斯基等。此外，北京江民新技术有限公司的 KV 系列产品，也是比较优秀的国产杀毒软件，拥有较多的用户。

检测和清除病毒一般有两种办法：一种是用杀毒软件，它是根据已知的各种计算机病毒的结构和工作原理而设计的专用程序，能检测和清除已发现的各种计算机病毒，也可以在一定程度上预防新病毒的侵入；另一种是使用防病毒卡，防病毒卡是把防病毒软件固化在一块存储器上，把它插在主机的 I/O 扩展槽中，就可以防止病毒侵入计算机了。防病毒卡一般有以下几个功能：病毒的预报、病毒的清除、磁盘文件的保护等。

本节简单介绍瑞星、金山、诺顿、卡巴斯基等几种常用杀毒软件的使用方法。

7.3.1 瑞星

瑞星杀毒软件(Rising Anti-Virus Software,RAV)，是由北京瑞星科技股份有限公司开发的优秀杀毒软件，瑞星杀毒软件可以对各种恶性病毒，例如 CIH、Melisa 等病毒进行查找、清除和实时监控，可查杀 DOS、邮件、脚本以及宏病毒等未知病毒，还可自动查杀 Windows 未知病毒。其特点是使用方便，升级及时。瑞星杀毒软件可在 Windows 操作系统下运行。图 7-2 为“瑞星杀毒软件 2008”的主界面。

1. 瑞星杀毒软件的启动

方法一：单击“开始”→“所有程序(P)”→“瑞星杀毒软件”→“瑞星杀毒软件”命令。

方法二：双击 Windows 桌面上的瑞星杀毒软件快捷方式图标。

方法三：双击 Windows 任务栏中瑞星杀毒软件的图标。

2. 查杀病毒的操作步骤

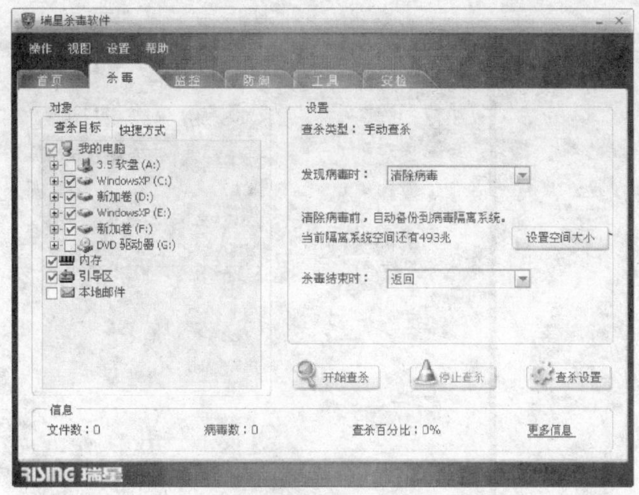

图 7-2　“瑞星杀毒软件 2008”的主界面

1）启动瑞星杀毒软件。

2）在“查杀目标”中打勾的目录即是当前选定的查杀目标。

3）单击“开始查杀”按钮，即开始扫描所选目标，发现病毒时程序会提示用户如何处理，扫描过程中可以随时单击“暂停查杀”按钮来暂时停止扫描，单击“继续查杀”按钮则继续扫描，或单击“停止查杀”按钮则停止扫描。如果扫描中发现了病毒，那么文件名、所在文件夹、病毒名称和状态都将显示在病毒列表窗口中。

4）扫描结束后，扫描结果将自动保存到杀毒软件工作目录的指定文件中，用户可以通过历史记录来查看以往的扫描结果。

5）如果用户想继续扫描其他文件或磁盘，重复步骤 2)、3) 即可。

当用户遇到外来陌生文件时，为避免外来病毒的入侵，可以启动快捷扫描。启动快捷扫描的操作方法是：用鼠标右键单击查杀目标，在弹出菜单中单击“瑞星杀毒”命令，即可启动瑞星杀毒软件对此进行查杀毒操作；或用鼠标将查杀目标拖放到桌面上的“瑞星杀毒软件”快捷方式图标上；或者拖放到瑞星杀毒软件主程序窗口中，即可调用瑞星杀毒软件对此目标进行查杀病毒。

3. 查杀设置

在默认设置下，瑞星杀毒软件是对所有文件进行查杀病毒的。为了节约时间，用户可以有针对性地对指定文件类型进行查杀病毒，操作方法是：单击“设置”→“详细设置”命令，如图 7-3 所示。在弹出的“详细设置”窗口中根据需要进行参数的设置：可以选择查杀文件类型、也可以设置发现病毒时和杀毒结束后的处理方式、定时升级及硬盘备份等选项，如图 7-4 所示。

4. 瑞星的升级

如果计算机接入 Internet，单击“升级软件”按钮可以及时升级瑞星版本，如果安装有瑞星杀毒软件的计算机不方便上网，可以在具备上网条件的计算机上登录瑞星网站手动下载升级文件来完成升级。

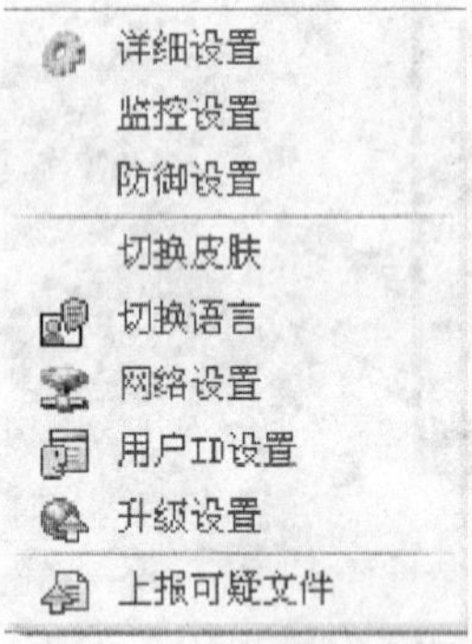

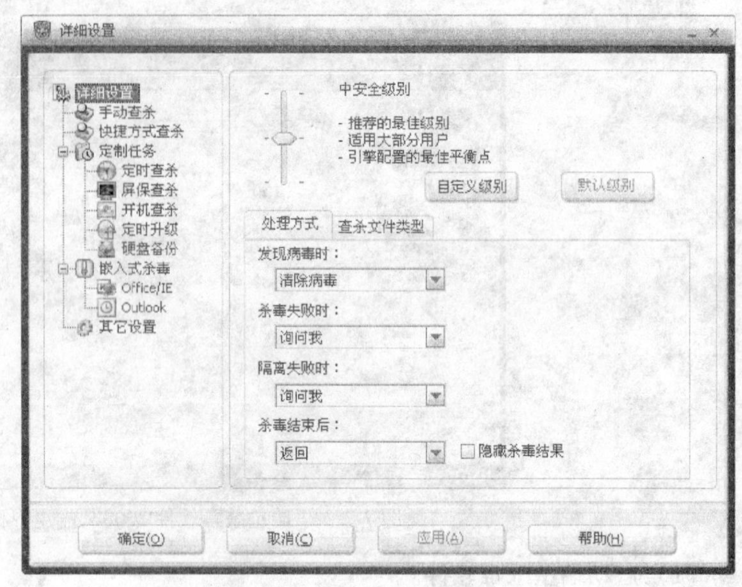

详细设置
监控设置
防御设置
切换皮肤
切换语言
网络设置
用户ID设置
升级设置
上报可疑文件

图 7-3　“设置”菜单

图 7-4　“详细设置”窗口

7.3.2　金山毒霸

金山毒霸是金山软件股份有限公司开发的一款功能强大、方便易用的高智能反病毒软件。它能保护用户的计算机免受病毒、黑客、垃圾邮件、木马和间谍软件等的危害，其特点是使用方便，升级及时。金山杀毒软件可在 Windows 操作系统下运行。图 7-5 为“金山毒霸 2008”的主界面。

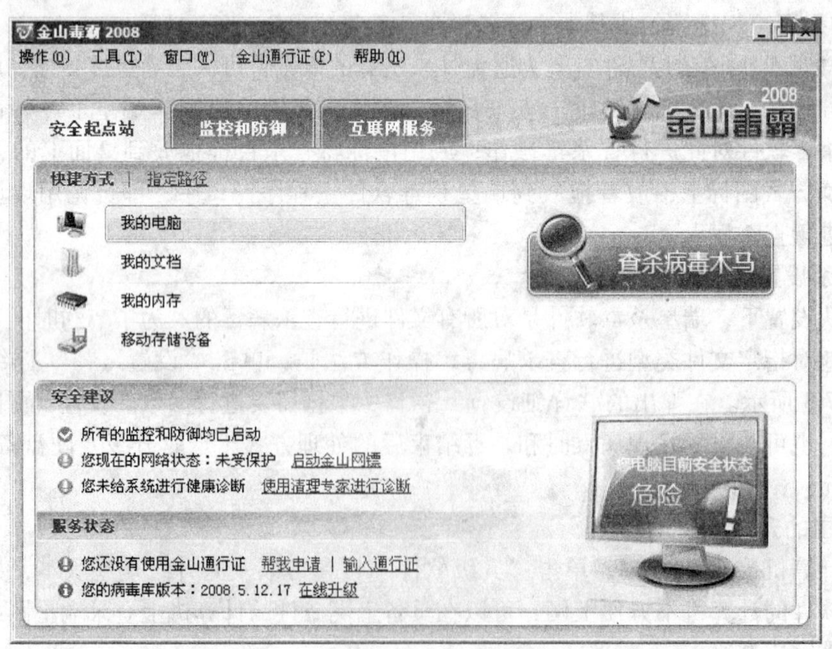

图 7-5　“金山毒霸 2008”的主界面

1. 金山杀毒软件的启动

方法一：单击“开始”→“所有程序(P)”→“金山毒霸 2008 杀毒软件”→“金山毒

霸 2008”命令。

方法二：双击 Windows 桌面上的金山杀毒软件快捷方式图标。

2. 查杀病毒的操作步骤

1）启动金山杀毒软件。

2）用户可根据需要，选择不同的扫描范围。包括扫描整个计算机，或者特定的文件夹、文件或者用户自订制扫描的范围。

3）单击“查杀病毒木马”按钮。

4）杀毒结束后，将弹出查杀结果。

金山毒霸常用的扫描方式有在线杀毒、右键杀毒和屏保杀毒。

- “右键杀毒”是选中一个文件或文件夹，单击鼠标右键，从弹出的菜单中单击“使用金山毒霸进行扫描”命令。
- “屏保杀毒”是充分利用计算机空闲时间，在不影响用户工作的情况下，确保用户计算机免受病毒之害。程序一直运行在后台，一旦金山毒霸屏保被激活，便自动启动病毒扫描程序对当前硬盘所有分区进行随机病毒扫描，屏保结束时中止查毒，并弹出杀毒结果的对话框。

注意：所有对屏保杀毒进行的设置都必须以“将毒霸专用屏保作为系统当前屏保”为前提。

3. 查杀设置

单击“工具”→“综合设置”→“杀毒设置”→“手动设置”命令，即可进行查杀设置。

4. 金山的升级

金山毒霸 2008 必须经过注册才能使用其全部功能，而升级可以完善用户的病毒库，将用户的毒霸升级为最新版本，更好地保护计算机不受病毒侵害。

金山毒霸 2008 可以通过 Internet、本地局域网，以增量方式更新病毒库和查毒引擎，更新过程无需过多的操作。同时，智能升级程序使用简单、界面友好、支持断点续传、使用户的升级过程有质的飞跃。

7.3.3　诺顿

诺顿杀毒软件(Norton AntiVirus)是 Symantec 公司开发的一款功能强大而有力的防毒软件，它可以侦测上万种已知和未知的病毒，并且每当开机时，自动防护便会常驻在 System Tray，当用户从磁盘、网络、E-mail 中开启档案时诺顿便会自动侦测档案的安全性：若档案内含病毒，便会立即警告，并作适当的处理，对于暂时无法清除的病毒，软件会自动将其隔离。另外它还附有“Live Update”的功能，可以自动连上 Symantec 的 FTP Server 下载最新的病毒码，下载完后自动完成安装更新的动作。图 7-6 为“诺顿 2008”的主界面。

1. 诺顿杀毒软件的启动

方法一：单击“开始”→“所有程序”→“诺顿杀毒软件”→“诺顿 2008”命令。

方法二：双击 Windows 桌面上的诺顿杀毒软件快捷方式图标。

2. 查杀病毒的操作步骤

1）启动诺顿杀毒软件。

2）用户可根据需要，选择不同的扫描目标，包括扫描我的电脑、所有可拆卸驱动器、

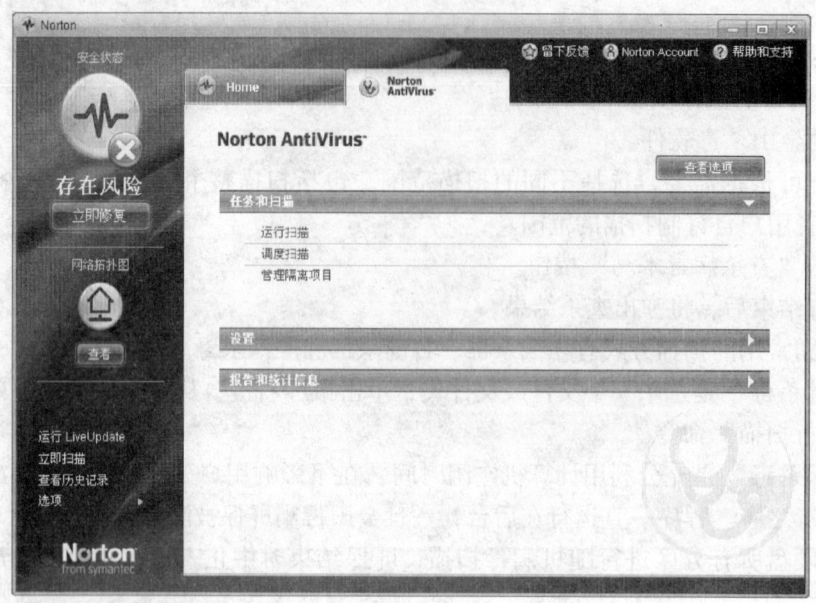

图 7-6　“诺顿 2008” 的主界面

所有的软驱、驱动器、文件或文件夹。

3）单击“扫描病毒”命令即可。

4）杀毒结束后，将弹出杀毒报告。

诺顿除了有自动防护、更新病毒防护、压缩文件防护、电子邮件防护等功能外，还有 Bloodhound 技术、Norton AntiVirus 的活动程序和启动文件扫描功能、密码保护、特洛伊木马检测等功能。

7.3.4 卡巴斯基

卡巴斯基(Kaspersky Labs)是国际著名的信息安全厂商，总部设在俄罗斯首都莫斯科。公司为个人用户、企业网络提供反病毒、防黑客和反垃圾邮件产品。现在卡巴斯基反病毒软件不仅在个人市场上大有收获，同时在企业市场上也取得长足的进步。

卡巴斯基互联网安全套装 7.0 可以防御病毒、间谍程序、垃圾邮件以及隐私威胁，并且还添加了家长控制和隐私控制功能。

1. 卡巴斯基杀毒软件的启动

启动卡巴斯基杀毒软件常用以下两种方法：

方法一：单击“开始”｜“所有程序”｜“卡巴斯基互联网安全套装 7.0”｜“卡巴斯基互联网安全套装 7.0”命令。

方法二：双击桌面上的“卡巴斯基”快捷方式图标。

如图 7-7 所示为“卡巴斯基互联网安全套装 7.0”操作窗口。

2. 查杀病毒的操作步骤

1）启动卡巴斯基软件。

2）用户可根据需要，选择不同的扫描范围。包括扫描整个计算机，或者特定的文件夹、文件或者用户自订制扫描的范围。

3）单击“启动扫描”命令。

图 7-7　“卡巴斯基互联网安全套装 7.0”操作窗口

4）杀毒结束后，将弹出杀毒报告。

3. 卡巴斯基的升级

卡巴斯基可以通过 Internet、本地局域网，以增量方式更新病毒库和查毒引擎，更新过程无需过多的操作。同时，智能升级程序使用简单、界面友好、支持断点续传、使用户的升级过程有质的飞跃。

当然，任何一种杀病毒软件都不是万能的，我们平时要注意对重要文件和资料的备份工作，养成良好的习惯。只要坚持实时更新病毒库并按照正确的方法杀毒，计算机一定会远离病毒，安全地运行。

习　题

1. 填空题

（1）计算机信息安全大体上可分为________安全、________安全、________安全、________安全、________安全、________安全和________安全七大类。

（2）信息安全一般指信息的________性、信息的________性和信息的________性。

（3）计算机病毒是指________。

（4）计算机病毒的特点主要有________、________、________、________、________和________。

（5）计算机病毒按破坏情况分为________病毒和________病毒；按寄生的部分分为________病毒、________病毒和________病毒；按链接方式分为________病毒、________病毒、________病毒和________病毒。

（6）计算机病毒的传播途径主要通过________、________、________和________。

2. 上机操作题

（1）利用计算机上已安装的杀毒软件，对“我的电脑”进行病毒查杀。

（2）对你的计算机上已安装的杀毒软件进行在线升级。

第 8 章　常用工具软件

学习目标

1）掌握系统备份软件 Ghost 的功能和使用方法。

2）掌握下载软件 FlashGet 和迅雷的使用方法，学会如何下载软件。

3）掌握压缩软件 WinRAR 的功能和使用方法。

8.1　系统备份和还原软件——Ghost

大多数的计算机用户一定都有这样的经历：由于病毒或者操作的失误，导致硬盘上的数据丢失和系统崩溃，对于一个事先未做好备份工作的使用者来说，造成的损失可能是无法弥补的，而重新安装系统又要花费相当长的时间。因此，对计算机进行经常性的备份，提高系统的安全性，已经成为计算机工作必不可少的一部分。下面我们学习一种操作方便、功能强大的系统备份还原工具——Ghost。

Ghost 软件是美国著名软件公司 Symantec 推出的硬盘复制工具。Ghost 软件在备份和恢复数据上有绝对的优势，因为它是按照硬盘上的簇进行的数据备份，恢复时原来分区会完全被覆盖，已恢复的文件与原硬盘上的文件地址不变，因此能使受到破坏的系统完璧归赵，并能一步到位。此外，使用 Ghost 还可以将硬盘上的内容“克隆”到其他硬盘上，这样，可以不必重新安装原来的软件，省去大量时间，这是软件备份和恢复工作的一次革新。它给个人计算机的使用者带来的便利是不用多说的，尤其使大型机房的日常备份和恢复工作省去了重复和繁琐的操作，节约了大量的时间，也避免了文件的丢失。下面以 Ghost8.0 为例给用户讲解使用 Ghost 备份和恢复数据的方法。

1. 准备工作

1）Ghost 是著名的备份工具，在 DOS 下运行，因此需准备 DOS 启动盘一张（如 Windows98 启动盘）。

2）下载 ghost8.0 程序，大小 1.362KB，各大软件站均有免费下载，建议下载后将它复制到一张空白软盘上，如果你的硬盘上有 FAT32 或 FAT 文件系统格式的分区，也可把它放在该分区的根目录，便于 DOS 下读取这个命令。

3）为了减小备份文件的体积，建议禁用系统还原、休眠，清除临时文件和垃圾文件，将虚拟内存设置到非系统区。

2. 基本操作

启动进入 DOS 后，取出 DOS 启动软盘，插入含有 Ghost.exe 的软盘。在提示符“A:\>”下输入“Ghost”后回车，即可开启 ghost 程序，出现如图 8-1 所示的界面。单击“OK”按钮，显示主程序界面，如图 8-2 所示。

Ghost 有多种工作方式，下面将详细介绍如何使用 Ghost 进行系统备份。

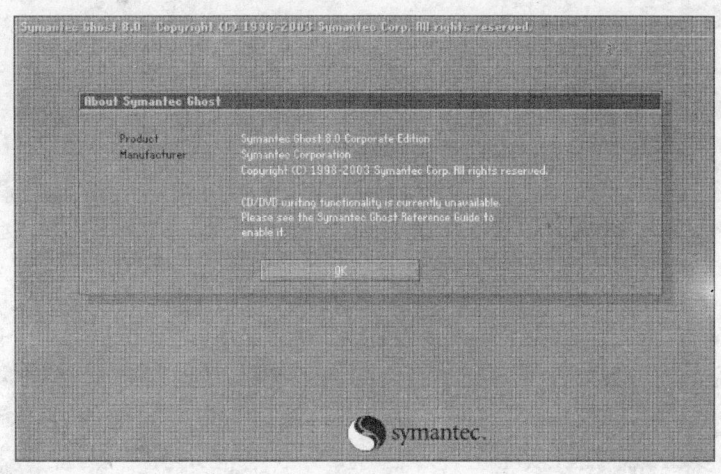

图 8-1　启动进入 Ghost 界面

（1）“整个硬盘”方式　这种方式就是将一个硬盘的内容“复制”到另一个硬盘。操作步骤如下：

1）单击“Local”→“Disk”→“To Disk”命令，如图 8-3 所示。

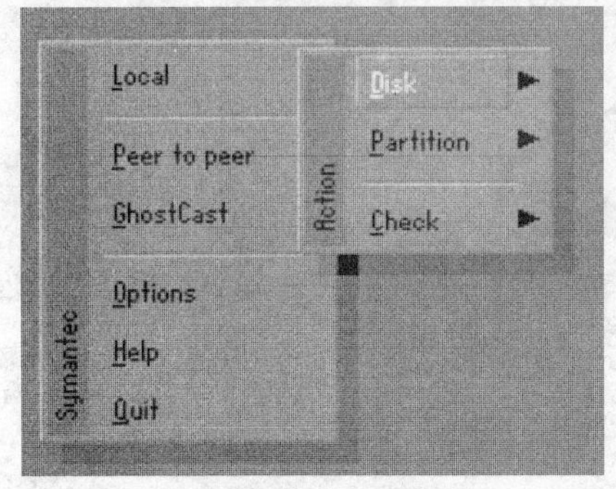

图 8-2　Ghost 的主程序界面

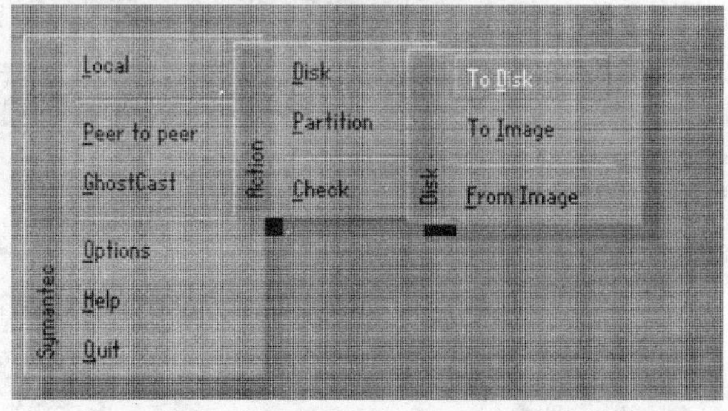

图 8-3　“整个硬盘”工作方式菜单

2）在弹出的对话框中选择“源盘”，然后单击“OK”按钮。

3）选择“目标盘”（注意:源盘和目标盘千万不要选错,否则后果不堪设想），确定后在出现的新对话框中，单击 New Size 下面的对话框，可以改变目标盘分区的大小，其中 Old Size 显示了源盘各分区的大小，Data Size 是源盘中各分区文件占用的磁盘空间。

4）“复制”完成后，提示用户重新启动计算机，单击“Continue”按钮即可。

（2）将硬盘内容制作镜像文件　具体操作步骤如下：

1）单击“Local”→“Disk”→“To Image”命令。选择源盘，单击“OK”按钮，如图 8-4 所示。

2）在如图 8-5 所示的对话框中，系统要求用户指定镜像文件存放的磁盘、目录和文件名，其默认扩展名为 gho。

注意：镜像文件必须存放在另外的磁盘中。

3）确认后，出现如图 8-6 所示的对话框，询问用户使用何种压缩方式保存镜像文件。

- No：无压缩，速度最快。

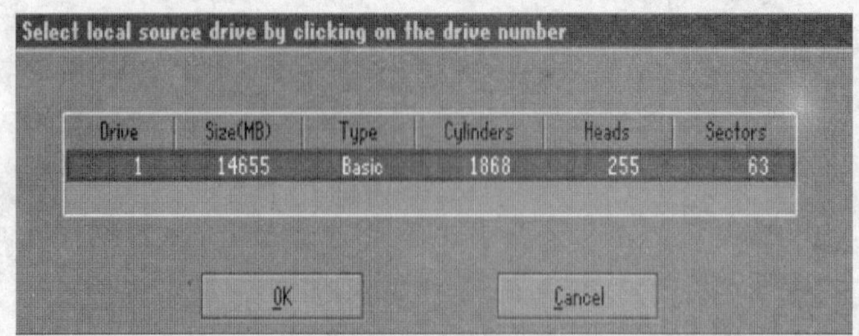

图 8-4　选择源盘

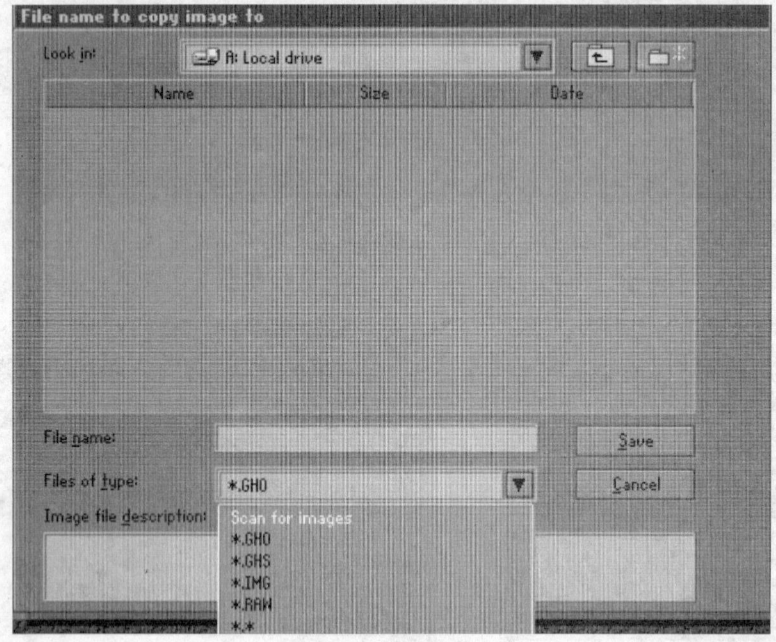

图 8-5　保存镜像文件对话框

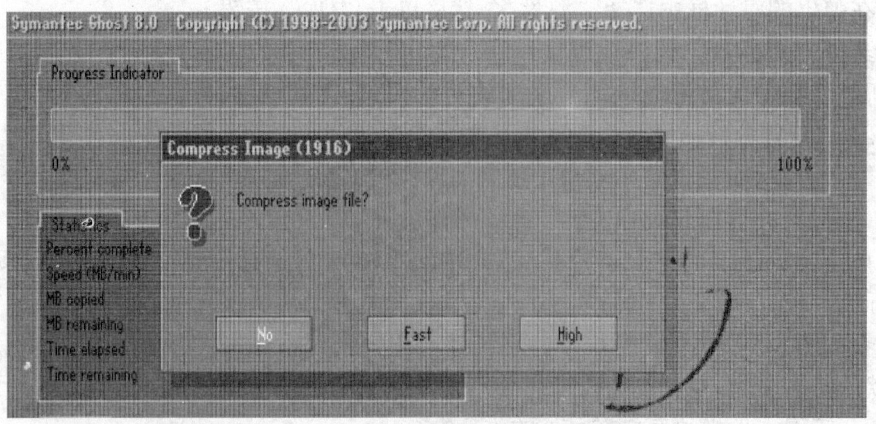

图 8-6　压缩方式选择

- Fast：为使用较小的压缩率保存，速度较快。
- High：为使用最大压缩率保存，速度最慢，但镜像文件最小。

(3) 从镜像文件中恢复硬盘　操作步骤如下：

1）单击“Local”→“Disk”→“From Image”命令，在出现的对话框中选择镜像文件。

2）在随后出现的对话框中，选择目标盘，单击“OK”按钮。

3）出现对话框询问用户是否恢复，单击“Yes”按钮，开始恢复硬盘。

注意：在备份系统时，单个的备份文件最好不要超过2GB。

(4) 将一个硬盘分区“克隆”到另一个硬盘分区

1）单击“Local”→“Partition”→“To Partition”命令。

2）在如图 8-4 所示的对话框中选择源盘，单击“OK”按钮。

3）在如图 8-7 所示的对话框中选择要操作的分区，选中后，单击“OK”按钮。

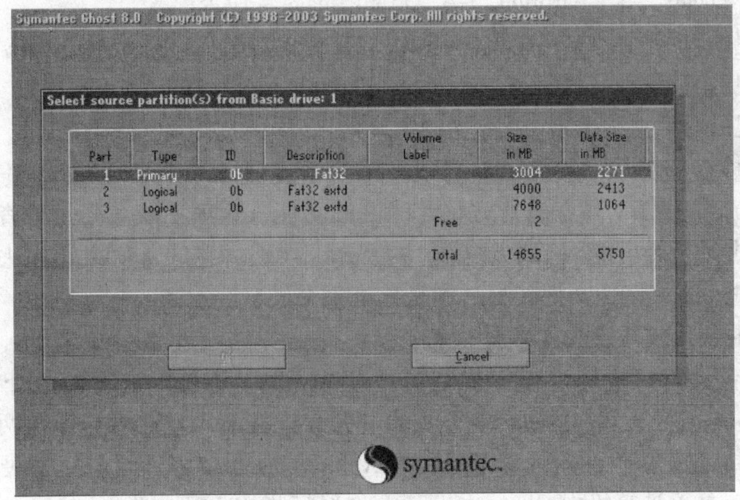

图 8-7　选择源分区对话框

4）选择备份存放的分区、目录路径及输入备份文件名称，如图 8-8 所示。

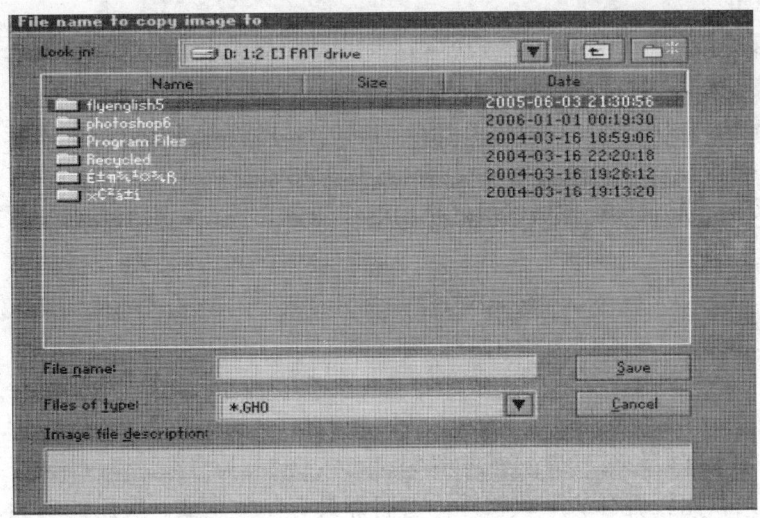

图 8-8　选择备份存放分区及目录

注意：在列表中显示的分区盘符（C、D、E）与实际盘符会不相同，但盘符后跟有 1:2 的磁盘对应分区（即第一个磁盘的第二个分区）与实际相同，选分区时请留意。

5）选择压缩方式，按【Enter】键后即开始进行备份。

（5）将硬盘分区制作成镜像文件　操作步骤如下：

1）单击“Local”→“Partition”→“To image”命令。

2）在出现的对话框中依次选择源盘、源盘中的分区。

3）在之后出现的对话框中选择镜像文件存放的位置及文件名，再单击“Open”按钮，同样会提示用户选择的压缩方式保存镜像文件。

4）在出现的对话框中单击“Yes”按钮开始备份。

（6）从镜像文件中恢复到硬盘分区　操作步骤如下：

1）单击“Local”→“Partition”→“From Image”命令。

2）在出现的对话框中选择镜像文件和镜像文件的源分区，选定后，单击“OK”按钮。

3）在出现的对话框中选择目标盘和目标盘分区。

4）在出现的对话框中单击“Yes”按钮开始恢复。

（7）硬盘检查　在开始“克隆”之前，用户最好对源硬盘进行测试，以确保“克隆”的正确性。Ghost 提供了对硬盘进行完整性测试的功能，这项功能主要是检查整个硬盘或者备份的分区，查看是否可能因整个硬盘或某个分区被破坏造成备份或还原失败。检查分两种，一种是检查 Image 镜像文件，另一种是检查整个硬盘。

3. Ghost 的使用技巧及注意事项

（1）在两台计算机之间进行“复制”　使用 Ghost 还可以进行两台计算机之间“复制”。方法是：首先用电缆线将两台计算机通过并口连接起来，然后分别在两台计算机中运行 Ghost。这里，我们假设两台计算机分别为 A 和 B，如果要将 A 计算机的硬盘复制到 B 计算机的硬盘中。在 A 计算机中 Ghost 主界面上将鼠标指向 LPT，单击“Master”按钮；在 B 计算机 Ghost 主界面上将鼠标指向 LPT，再单击“Slave”按钮，之后两台计算机开始连接，连接成功后，在 A 计算机上开始操作，方法与上述相同。

（2）注意事项

1）在恢复系统时，最好先检查一下要恢复的目标盘是否有重要的文件还未转移，千万不要等硬盘信息被覆盖后才后悔莫及。

2）在选择压缩率时，建议不要选择最高压缩率，因为最高压缩率非常耗时，而压缩率又没有明显的提高。

3）在新安装了软件和硬件后，最好重新制作映像文件，否则很可能在恢复后出现一些莫名其妙的错误。

8.2 下载工具

传统的 Windows 系统提供的下载工具，不但速度慢，而且下载过程中一旦出现错误就必须从头再来，非常耽误时间。

下面介绍两款比较流行的下载软件，它们都具有非常全面、实用的功能，例如断点续传、下载任务管理、定时下载以及自动拨号关机等功能，下载的速度也超过了 IE 浏览器的下载速度，受到用户的欢迎。

8.2.1　FlashGet

FlashGet(网际快车)是目前比较流行的一种下载工具。它采用多线程技术，把一个文件分割成几个部分同时下载，从而成倍地提高下载速度，同时 FlashGet 可以为下载文件创建不同的类别目录，从而实现下载文件的分类管理，且支持拖拽、更名、查找等功能，使用户管理文件更加得心应手。

1. 界面风格

FlashGet 的界面由下载管理窗口、下载任务窗口、下载任务的详细信息窗口组成。FlashGet 的工具栏比较醒目并附有中文名称，由于实现已下载文件和未下载文件的分类管理，在使用的时候，界面中不会有太多的列表项，如图 8-9 所示。

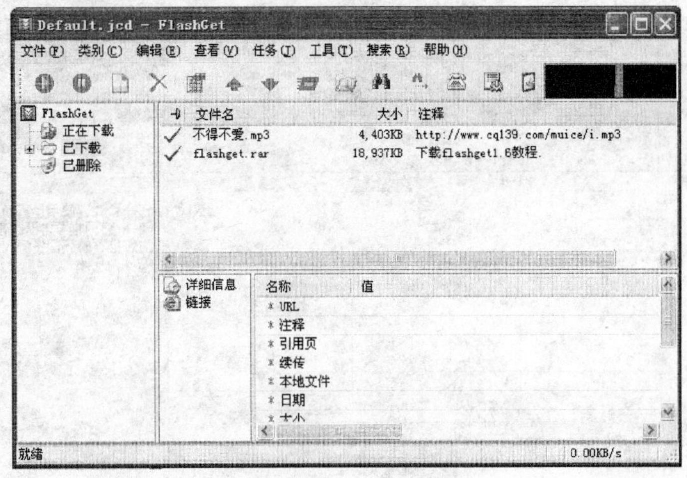

图 8-9　FlashGet 主界面

2. 添加下载任务

FlashGet 主要有以下 5 种方式添加下载任务：

(1) 手动添加下载任务(见图 8-10)。

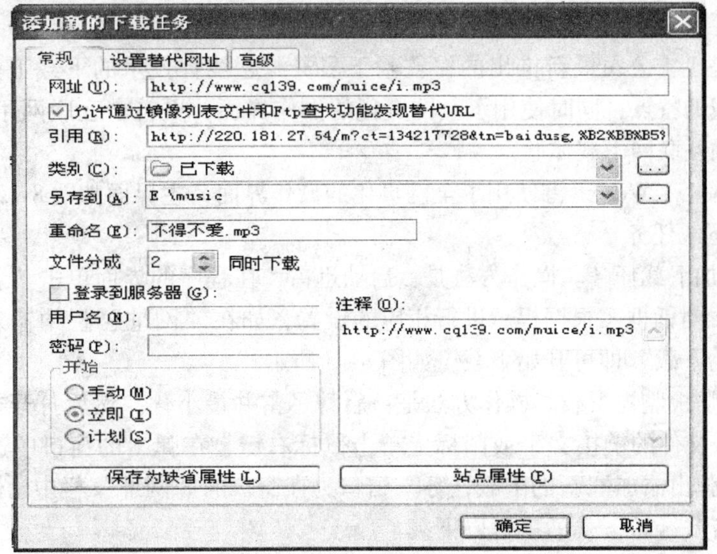

图 8-10　“添加新的下载任务”对话框

（2）使用剪贴板监视下载。

（3）使用拖动链接到悬浮窗口。

（4）单击网页的下载链接开始下载。

（5）通过 IE 的右键弹出菜单开始下载。

8.2.2 迅雷和 Web 迅雷

1. 迅雷

迅雷是一款智能下载软件，它拥有比目前用户常用的下载软件快 7 ~ 10 倍的下载速度，它是一款基于多资源超线程技术的下载工具。

迅雷 5 的主界面如图 8-11 所示。

图 8-11 迅雷 5 的主界面

2. Web 迅雷

Web 迅雷是迅雷公司最新推出的一款基于多资源超线程技术的下载工具，它具有操作简便、高速下载的特点，同时使用了全网页化的操作界面，更符合互联网用户的操作习惯，带给用户全新的互联网下载体验。

（1）界面风格 Web 迅雷使用了全网页化的操作界面，主界面如图 8-12 所示。

（2）添加下载任务

1）手动添加下载任务。操作方法是：启动迅雷，在程序的界面单击“新建”按钮，弹出“新的下载”对话框。根据提示进行相应的设置，如在“网址”栏中输入下载文件的地址。单击“开始下载”即可开始下载，如图 8-13 所示。

2）使用剪贴板监视下载。操作方法是：启动迅雷并最小化，然后打开要下载文件所在网页，在要下载文件的链接文字或图标上单击鼠标右键，在弹出的窗口中选择“复制到剪贴板”，同样也弹出添加“新的下载任务”窗口，在窗口的“网址”栏中已经填上了剪贴的链接地址。单击“开始下载”就可以下载了。

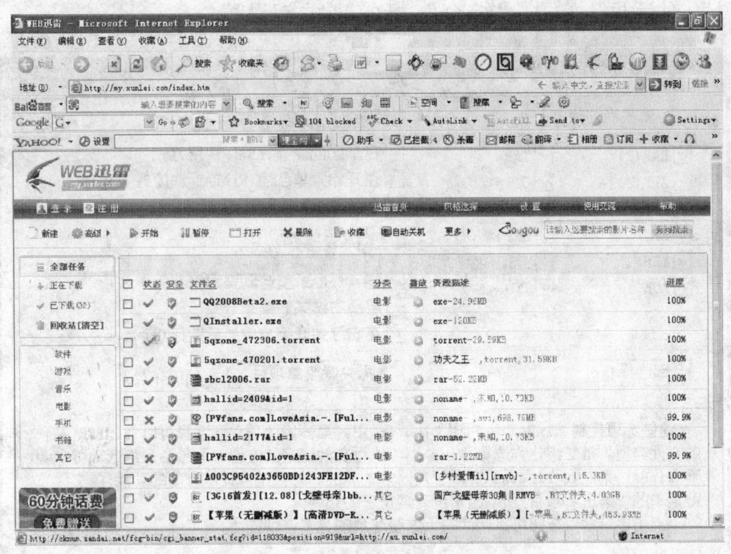

图 8-12　Web 迅雷的主界面

3）使用拖动链接到悬浮窗口。Web 迅雷也有支持拖动链接地址的悬浮窗口，这个窗口可以在一般文件和程序窗口的上面，用户可以在浏览器中将一个文件下载的链接地址拖动到悬浮窗中，同样 Web 迅雷将打开添加下载任务窗口，并在“网址”栏中填上了拖动的链接地址。

4）单击网页的下载链接开始下载。Web 迅雷可以监视浏览器的单击，当单击网页中 URL 时，可监视该 URL，如果该 URL 链接正是设定的下载文件类型，则弹出下载任务添加窗口，单击“开始下载”即可下载。

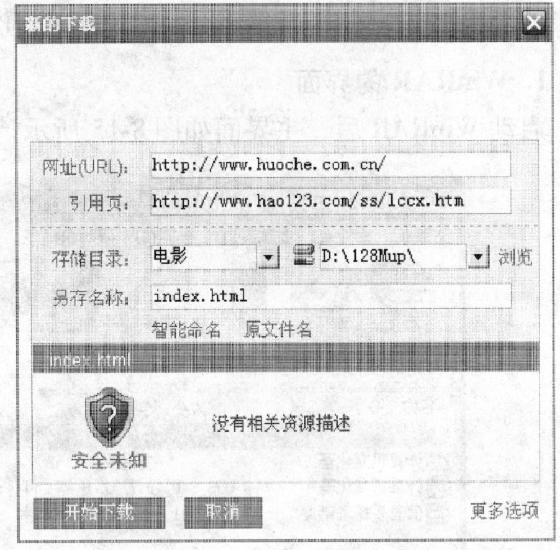

图 8-13　“新的下载”对话框

8.3　压缩工具

我们经常会遇到这样的问题，面对许多自己需要存储的软件以及多媒体文件，而存储设备的容量却有限，解决方法是用户可以使用压缩工具把软件进行不同程度的压缩，以达到存储的目的。文件压缩就是将文件内容所占空间压缩，以节约计算机的磁盘空间，方便存储和传输。在此介绍比较流行的压缩软件 WinRAR。

WinRAR 是一款功能强大且控制灵活的压缩软件。它的优点是压缩率大，速度快。当设置成最快压缩方式的时候，压缩包比较小，速度比较快。它支持非 RAR 压缩文件，可轻松方便地制造多卷压缩文件和创建自解压文件，与资源管理器整合，操作简单快捷。

如图 8-14 所示是安装界面。通过这个界面，可以设置 WinRAR 的关联文件类型，以及相关的设置。这个窗口的相关设置，在安装完成后还可以通过单击“选项”→“设置”命令，打开“设置”对话框，单击“综合”标签来重新设置。

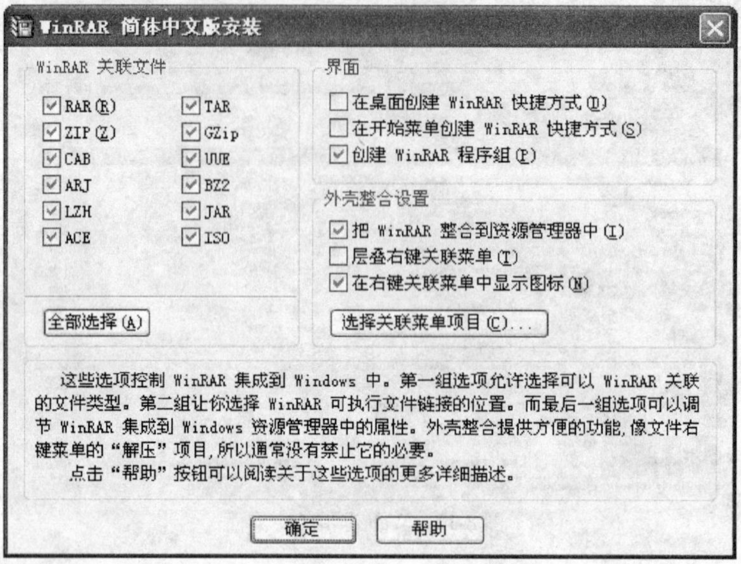

WinRAR 简体中文版安装

WinRAR 关联文件

RAR (R) TAR
ZIP (Z) GZip
CAB UUE
ARJ BZ2
LZH JAR
ACE ISO

全部选择 (A)

界面

在桌面创建 WinRAR 快捷方式 (D)
在开始菜单创建 WinRAR 快捷方式 (S)
创建 WinRAR 程序组 (P)

外壳整合设置

把 WinRAR 整合到资源管理器中 (I)
层叠右键关联菜单 (T)
在右键关联菜单中显示图标 (N)

选择关联菜单项目 (C)...

这些选项控制 WinRAR 集成到 Windows 中。第一组选项允许选择可以 WinRAR 关联的文件类型。第二组让你选择 WinRAR 可执行文件链接的位置。而最后一组选项可以调节 WinRAR 集成到 Windows 资源管理器中的属性。外壳整合提供方便的功能，像文件右键菜单的“解压”项目，所以通常没有禁止它的必要。

点击“帮助”按钮可以阅读关于这些选项的更多详细描述。

确定 帮助

图 8-14 “WinRAR 简体中文版安装”对话框

1. WinRAR 的界面

启动 WinRAR 后，主界面如图 8-15 所示。

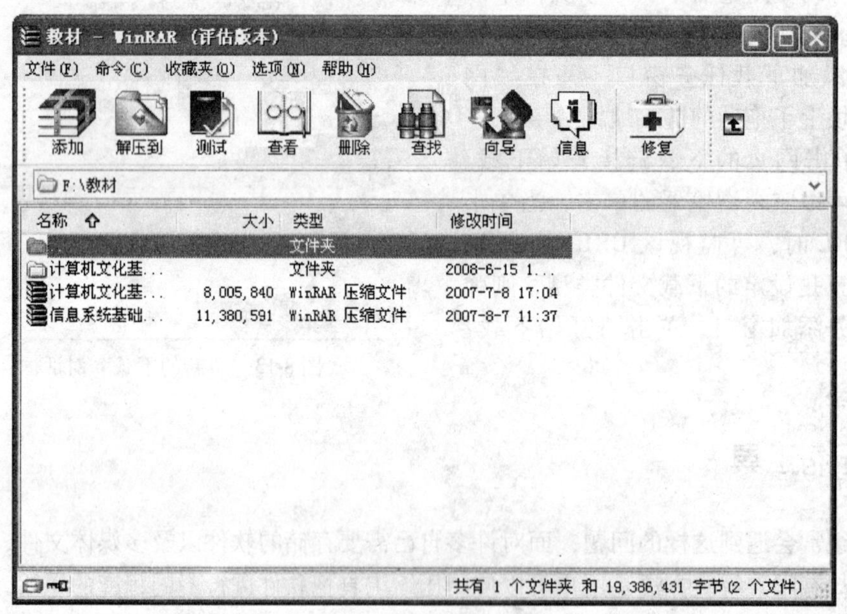

图 8-15 WinRAR 的主界面

2. 建立压缩文件的方法

在 WinRAR 中建立新压缩文件有很多种方法。

(1) 在 WinRAR 窗口中使用命令建立压缩文件

1) 在 WinRAR 启动后，在主窗口的文件列表中，选择要压缩的对象，单击快捷工具栏上的“添加”按钮，弹出“压缩文件名和参数”对话框，如图 8-16 所示。

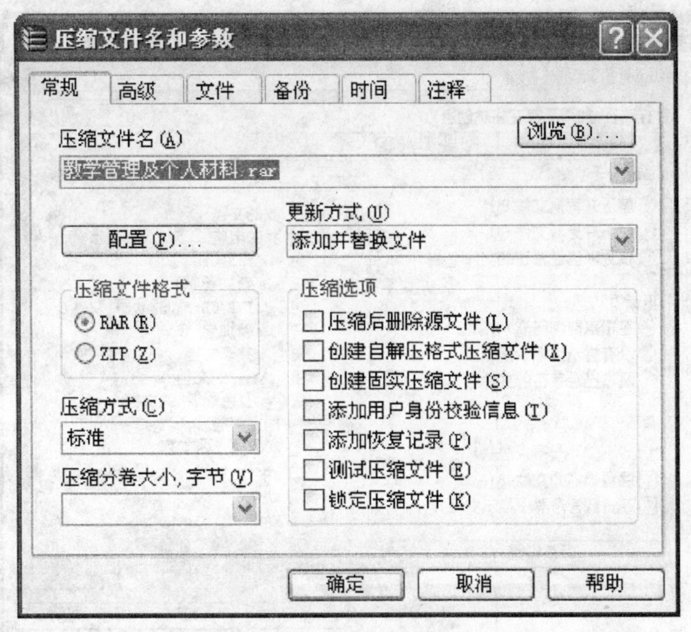

图 8-16　“压缩文件名和参数”对话框

2）在“压缩文件名”一栏中填写要生成压缩文件的文件名。设置好后单击“确定”按钮，WinRAR 就开始压缩了。

（2）在资源管理器中创建压缩文件

1）在资源管理器中选择要压缩的文件，然后单击右键，弹出快捷菜单，如图 8-17 所示，单击“添加到压缩文件”菜单项，弹出“压缩文件名和参数”对话框，如图 8-16 所示。

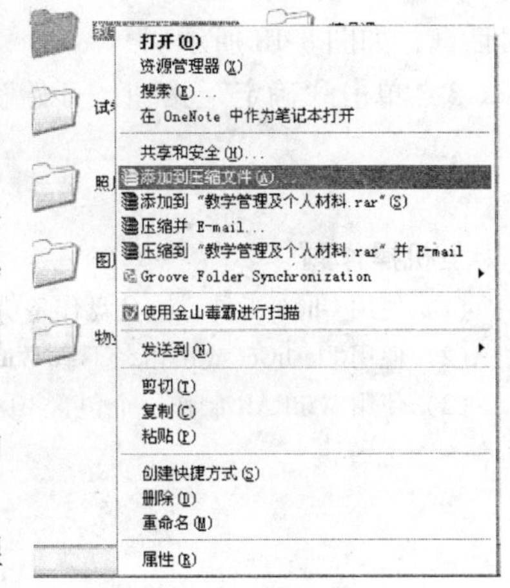

图 8-17　快捷菜单

2）设置好压缩文件名压缩文件格式等，单击“确定”按钮，WinRAR 就开始压缩了。

（3）使用鼠标拖动的方法建立压缩文件　选中希望压缩的文件和文件夹，拖动鼠标到 WinRAR 窗口，松开鼠标，WinRAR 弹出“压缩文件名和参数”对话框，设置好压缩文件名及压缩文件格式等，单击“确定”按钮，WinRAR 就开始压缩了。

3. 解压缩文件的方法

（1）在 WinRAR 窗口中使用命令解压缩文件

1）选择要释放的压缩文件。

2）单击快捷工具栏上的“解压到”按钮，弹出如图 8-18 所示的“解压路径和选项”对话框。

3）单击“确定”按钮，开始解压。

（2）在资源管理器中解压缩文件

1）在资源管理器中选择要解压缩的文件。

2）右键单击文件，弹出快捷菜单，单击“解压文件”命令，弹出“解压路径和选项”

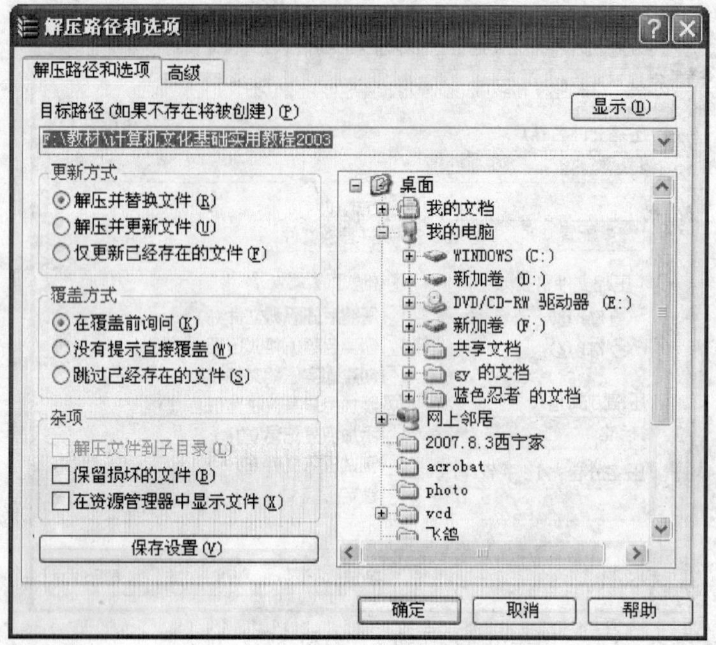

图 8-18 “解压路径和选项”对话框

对话框，如图 8-18 所示。

3）单击“确定”按钮，开始解压。

习　题

上机操作题

（1）使用 Ghost 工具，给 C 盘作备份。

（2）使用 FlashGet 或迅雷，下载 WinRAR。

（3）使用 WinRAR 制作一个包含 10 个文件的压缩文件。

参 考 文 献

[1] 王健南．计算机应用基础教程[M]．北京：航空工业出版社，2004.

[2] 王诚君．微机操作培训教程[M]．北京：清华大学出版社，2002.

[3] 吴功宜，吴英．计算机网络教程[M]．4 版．北京：电子工业出版社，2007.

[4] 张国锋，黄华国．局域网组建与维护[M]．北京：中国电力出版社，2004.

[5] 王贺明，于立红．大学计算机基础[M]．郑州：郑州大学出版社，2005.

[6] 黄京连．计算机文化基础应用教程[M]．北京：中国水利水电出版社，2004.

[7] 龙腾科技．中文版 Office 2003 三合一[M]．北京：北京希望电子出版社，兵器工业出版社，2005.

[8] 梁为民，崔亚量．计算机操作应用五合一经典教程[M]．北京：航空工业出版社，2005.

[9] 赵鹏，孙志超．流行工具软件使用技巧[M]．北京：人民邮电出版社，2001.

[10] 徐士良．计算机公共基础[M]．5 版．北京：清华大学出版社，2004.

[11] 卢湘鸿．计算机应用教程(Windows 2000 环境)[M]．北京：清华大学出版社，2004.

[12] 刘瑞挺．计算机应用基础[M]．2 版．北京：高等教育出版社，2003.

[13] 刘文清．计算机网络技术基础[M]．北京：中国电力出版社，2005.

[14] 李育文，等．计算机应用基础[M]．西安：西北工业大学出版社，2003.

[15] 张连堂．计算机基础及应用教程[M]．2 版．北京：机械工业出版社，2007.

[16] 杨振山，等．大学计算机基础[M]．4 版．北京：高等教育出版社，2004.